粤科达 101 樱桃番茄

粤科达 101 樱桃番茄单果

粤科达 201 樱桃番茄果实及纵切面

粤科达 201 樱桃番茄

粤科达 301 樱桃番茄单果

粤科达 301 樱桃番茄

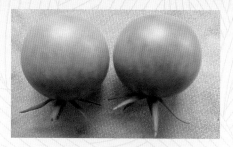

粤科达 401 樱桃番茄果实

粤科达 501 樱桃番茄果实

粤科达 601 樱桃番茄

中樱 6 号樱桃番茄（国艳梅）

樱莎黄樱桃番茄（黄婷婷）

樱莎红 4 号樱桃番茄（黄婷婷）

浙樱粉 1 号樱桃番茄（阮美颖）

京番粉星 1 号樱桃番茄（李常保）

京番红星 1 号樱桃番茄（李常保）

京番黄星 7 号樱桃番茄（李常保）

千禧樱桃番茄

夏日阳光樱桃番茄

奶油生菜

意大利生菜

黄太极甜椒
（广州胜天农业工程有限公司）

曼迪甜椒

阳光玫瑰葡萄

夏黑葡萄

红巴拉多葡萄

温克葡萄

石斛粤斛 1 号

石斛粤斛 2 号

石斛粤斛 3 号

福建圆叶　　　红霞　　　福建尖叶

金线莲品种

广西 13　　　　广东清远　　　　广东河源　　　　广东罗浮山

福建 6 号　　　　福建 2 号　　　　黄金岁月　　　　广东南昆山

金线莲品种资源

营养液循环控制系统　　　　栽培系统（栽培槽）

设备控制系统

华南型工厂化生产（水培）技术模式

樱桃番茄岩棉基质栽培 樱桃番茄椰糠基质栽培

葡萄根域限制栽培 甜椒椰糠基质栽培

蔬菜深液流水栽培 蔬菜管道栽培

草莓（立体）基质栽培

铁皮石斛工厂化栽培

金线莲工厂化栽培

金线莲林下仿野生栽培

水肥一体化设备（变频控制箱、母液罐、灌溉施肥机）

蔬菜育苗阶段补光场景　　　　　　　蔬菜工厂化育苗中水帘墙的应用

樱桃番茄育苗盘基质育苗

都市农业（蛇瓜栽培）　　　　　　　都市农业（辣椒树）

都市农业（番茄树）

都市农业（立体栽培）

都市农业景观栽培（摄于山东寿光）

蓝色粘虫板（蓟马等）

黄色粘虫板（粉虱等）

杀虫灯
（鳞翅目成虫、鞘翅目成虫）

二斑叶螨（冬瓜）

扶桑绵粉蚧（樱桃番茄）

烟粉虱

二斑叶螨叶片为害状（辣椒）

烟粉虱为害后导致果实和叶片霉污

番茄锈瘿螨叶片为害状（番茄）

美洲斑潜蝇为害番茄叶片（鬼画符）

斜纹夜蛾幼虫蛀食樱桃番茄叶片

小菜蛾蛀食白菜叶片　　　　　蓟马为害致葡萄果实表皮疤痕硬化

蓟马为害葡萄叶片（左：叶片皱缩；右：叶脉边缘褐变）

辣椒青枯病为害状（左：植株萎蔫状；右：根部维管束褐变）（佘小漫）

黄瓜霜霉病叶片为害状（黄色不规则病斑）（蓝国兵）

番茄黄化曲叶病为害状（植株矮化，叶片褪绿卷曲）

番茄感染番茄花叶病毒后发病症状
（植株矮化，枝叶丛生）（佘小漫）

番茄感染黄瓜花叶病毒后发病症状
（蕨叶）（佘小漫）

烟草花叶病毒造成番茄叶片
黄化、皱缩

茄子白粉病发病症状
（叶片产生灰白色霉点）（蓝国兵）

黄瓜炭疽病发病症状（黄色病斑）

黄瓜枯萎病造成黄瓜整株枯死（蓝国兵）

辣椒疫病发病症状（左：猝倒；右：皮层腐烂）（蓝国兵）

现代
设施园艺
新品种新技术

郑锦荣　吴仕豪　张长远　李艳红 ◎ 编著

中国农业出版社

北 京

内 容 提 要

　　本书围绕现代设施园艺的现状及未来发展趋势,借鉴国内外经验,从设施设备、专用品种、精准化栽培及产业化技术等方面,重点介绍了设施园艺包括蔬菜、果树、南药新品种、新技术。书中介绍了蔬菜、果树、南药近 200 个设施专用品种,这些品种大都是近年来我国培育或从国外引进的,也有部分是地方优良新品种。在新技术方面结合相应品种介绍了在华南热带、亚热带气候条件下浮板毛管水培、深液流水培、基质栽培等精准化生产管理技术,还重点介绍了工厂化育苗技术、水肥一体化技术、设施条件下病虫害综合防控技术及都市农业生产关键技术等。

　　本书适合各级设施园艺工作者包括科技人员、农技推广人员、经营者、种植者等阅读参考。

编写人员

主　　编　郑锦荣

副 主 编　吴仕豪　张长远　李艳红

编 著 者（以姓名笔画为序）

　　　　　　叶蔚歆　史亮亮　邝　舒　李正刚

　　　　　　李艳红　吴仕豪　张长远　张白鸽

　　　　　　陈　潇　邱道寿　余　平　余超然

　　　　　　林毓娥　郑锦荣　赵俊宏　聂　俊

　　　　　　曹　健　黄晓梅　梁肇均　程俊峰

　　　　　　谢玉明　谭德龙　熊瑞权　熊　燕

设施园艺新品种新技术是农业现代化生产的关键，随着农业现代化水平的不断提高，设施园艺得到较快发展，特别是近几年国家实施乡村振兴战略，广东省推动"五位一体"和现代农业产业园建设，有力促进了设施园艺的发展，在生产中新品种、新技术得到广泛应用，但与国内外先进水平相比，仍有不小差距，为此，我们结合生产实际编著这本书，介绍现代设施园艺新品种、新技术，以期帮助解决目前生产上存在的问题。

本书内容包括三大部分。第一部分从设施、品种、技术等介绍设施农业的基本概况及国内外基本情况。第二部分是本书的重点，分 13 章介绍主要设施园艺作物樱桃番茄、黄瓜、甜椒、西甜瓜、叶用莴苣（生菜）、葡萄、草莓、铁皮石斛、金线莲等新品种近200 个，结合新品种介绍华南型樱桃番茄工厂化生产关键技术、黄瓜基质栽培、西、甜瓜基质栽培、甜椒基质培关键技术、生菜深液流水培技术、设施葡萄根域限制栽培、铁皮石斛、金线莲设施生产关键技术等，包括浮板毛管水培、深液流水培、基质培等精准生产技术。还重点介绍了工厂化育苗技术、水肥一体化技术、设施条件下病虫害综合防控技术及都市农业生产关键技术等。第三部分从设施品种、技术及产业化等方面分析广东设施农业的现状、存在问题及未来发展趋势。本书在撰写过程中力求结合生产实际及团队专家多年科研成果，借鉴国内外先进经验，做到有生产实操性也有一定学术性，内容详实，适合从事设施农业的科研工作者、种植者、经营者及广大基层科技人员参阅。

　　本书在整个写作过程中得到相关领导、专家的关心与帮助，特别是广东省农业厅种植业处的领导与专家的大力支持，在此表示衷心感谢。同时得到中国农业科学院王孝宣研究员、国艳梅研究员，广东省农业科学院李康活研究员，北京市农林科学院李常保研究员，浙江省农业科学院阮美颖研究员，青岛市农业科学研究院黄婷婷研究员，广东胜天农业工程有限公司陈育辉研究员，广东省农业技术推广总站赵强经理等的热情支持，在此一并表示感谢！

　　限于编著者的学识水平，内容难免有不妥之处，敬请批评指正。

编　者

2019 年 12 月

第一部分

现代设施园艺
概况及发展现状

设施农业是农业现代化的重要标志，也是实现农业现代化的重要手段，是一种高投入、高产出的资源集中型和技术密集型生产模式。现代设施农业技术包括设施设备、品种和生产管理三个方面。本部分从这三个方面阐述现代设施农业概况与国内外发展现状。

第一章
现代设施园艺概况

第一节　设施设备

一、现代设施园艺定义与作用

设施园艺是指在环境相对可控条件下，采用工程技术手段，简化栽培园艺技术，进行作物高效生产的一种现代农业生产方式。

为实现环境可控和栽培园艺简化，需要结合设施设备。实际生产过程中，通常根据作物生长的不同需求、当地气候、成本投入等因素，选择合适的设施设备。广东省位于北回归线附近，大部分地区属于亚热带气候环境，主要气候逆境为高温、高湿、台风等。因此，需要通过设施设备进行主动或被动调控和保护，保证作物的产量与品质。广东地区现有农业设施设备实现的主要功能包括温度调控、湿度调控、防台风、防雨、防虫、遮阳、灌溉、水肥一体化施肥等。

（一）温度调控

夏季高温和温室效应不利于作物良好生长。高温是华南地区温室栽培的主要问题，主要从结构和设备两方面进行解决。

（1）从结构上。可以采用自然通风方式降温。①通过卷帘器将温室四周薄膜卷起，或利用齿轮转动推动齿条打开四周窗户，实现温室内部与外部空气的流通。②增加屋顶通风，通过屋顶开窗的方式，利用实现温室顶部热空气的流通。③增加温室大棚高度，扩大温室内体积，减缓温室升温速度，利用热空气上升原理，底部作物层温度上升速度更为缓慢，从而减少高温时间。

（2）从设备上。通过加装主动降温设施降低温室内温度。①最有效的方法是加装空调。②加装风机，将温室内高温气体抽出，将室外空气引入，实现气体的循环降温。③加装风机湿帘，强制气流通过湿帘进入室内，利用湿帘水分蒸发吸收热量，降低进入温室的气体温度。④加装喷淋设备降温，利用喷射雾化水滴气化吸收热量进行降温。

（二）湿度调控

主要是降湿，相对湿度过高不利于作物生长与病虫害控制。降湿一般与空调相配合，通过冷凝的方式，将室内空气中水蒸气液化，减小相对湿度。该方式降湿的同时会造成温室内温度的降低。

（三）防风和防雨

1. 防风 防止台风、大风等天气对作物造成不可修复的伤害，从而造成经济损失。通过玻璃或薄膜等覆盖温室大棚顶部与四周，形成密封结构。通过支撑框架抵抗风对温室大棚的压力。抗风强度与框架结构、框架材料和表面材料相关。

2. 防雨 雨水会对作物的叶片、果实等造成伤害和感染，从而影响叶片光合作用和果实品质，还易引发土传病害。防雨主要实现方法是通过玻璃或薄膜遮挡作物顶部，将雨水引导至其他处，通常配合棚架、温室等框架结构实现。

（四）其他功能

1. 防虫 通过物理手段隔绝外界害虫，减少害虫接近作物的机会。主要通过高密度防虫网围护的方式实现。

2. 遮阳 通过黑色编织网遮蔽温室顶部，削弱太阳辐射强度，防止光照度超过光饱和点，同时能够降低温室内温度。

3. 灌溉 灌溉方式主要有微灌、喷灌、潮汐灌溉三种方式。

（1）微灌。主要有滴灌、微喷、雾喷三种方法。通过导管和喷头，将水灌溉至植物根部，以满足植物的生长需求。微灌的特点是耗水量最少，但管道铺设较多。

（2）喷灌。利用喷头将水雾化，喷射到作物表面。喷灌的特点是喷射范围较大，一般用于密度较高、范围较大的场景，铺设成本较低，水量消耗较大。

（3）潮汐灌溉。通过水漫的方式浸泡作物根部，为作物供给水分。特点是灌溉完成后可将水进行回收，轮灌多个区域。

4. 水肥一体化施肥　将可溶性肥溶入水中，结合微灌管道将肥施加到作物的根部。该种方法更加节省肥料，减少了施肥的劳动力消耗。进一步与栽培技术结合，可以采用水培的方式，通过肥与水结合，调配营养液，持续供给植物根部营养。

二、设施类型

设施类型主要包括保护设施与种植设施。保护设施通过工程技术手段减少环境逆境对作物生长造成伤害。种植设施结合特定的手段简化栽培园艺，实现作物的高效生产。

（一）保护设施类型

设施大棚主体采用钢管材料，覆盖薄膜、遮阳网、防虫网、PC 板、玻璃等透光材料制作而成的作物保护栽培设施，包括单栋或连栋的塑料薄膜大棚、PC 板大棚和玻璃温室。设施大棚类型，根据跨度、肩高、开间、拱距进行区分，分为加强型大棚、通用型大棚、经济型大棚和简易型大棚。

由于实际建设过程中表面覆盖材料对单位面积造价有较大影响，工程建设时根据表面覆盖材料划分大棚主要有两类：玻璃温室和薄膜大棚。连栋大棚是单栋大棚的一种升级，用更加合理的设计连接独立大棚，获得更大的作业空间，较独立大棚更容易实现标准化统一，操作更科学，可节约空间，提高效率。

2018 年，农财两部印发的《关于进一步做好 2018—2020 年农机新产品购置补贴试点工作的通知》中将设施农业大棚骨架正式纳入农财两部补贴范围，补贴类型包括单体塑料大棚 GP－C622、单体塑料大棚 GP－C825、单体塑料大棚 GP－C832、连栋钢架大棚 GLP622、连栋钢架大棚 GLP832 以及玻璃连栋温室。下面将根据表面覆盖材料对不同大棚进行介绍，实际使用设施多基于下述结构改进或简化。

1. 玻璃温室 表面主要保护材料为玻璃，具有较好的透光性和耐用性，可承受更加恶劣天气，适用于强台风地区，合理的结构可承受 12 级风。同时由于玻璃温室美观，结构多变，可以建设为观光生态温室，增加温室的附加价值。温室顶部可以为单脊、双脊、文洛式、单拱、双拱，单栋可为跨度 12m、开间 6m、肩高 6m。玻璃温室具有较强的支撑结构，可以添加更加多的功能设施和环控设施，如顶部电动天窗、四周电动侧窗、电动外遮阳、电动内保温遮阳、风机湿帘降温、室内循环风机、室内喷雾加湿降温、天面喷淋降温系统及热泵系统（冷暖）、补光系统、气候环境自动控制系统等设施设备。由于玻璃价格较高，且对应的支撑材料使用也较多，造价较高（图 1-1-1）。

图 1-1-1　玻璃温室

2. 薄膜大棚 采用薄膜作为覆盖材料，是华南地区应用范围最广的大棚结构。现在通用型薄膜大棚的基础上，衍生出了抗台风能力较强的加强型薄膜大棚和造价较低的插地大棚。

（1）通用型薄膜大棚。薄膜大棚结构形式有单栋和连栋，建设成本较低。主体结构如图 1-1-2 所示，合理的结构可承受 9~10

级风。大棚顶部可以为小齿型或单拱型，可以添加部分功能设施和环控设施，如顶部卷膜窗、四周卷膜窗、电动外遮阳、风机湿帘降温、室内循环风机、室内喷雾加湿降温、天面喷淋降温等设施设备。

图 1-1-2　薄膜大棚

（2）加强型薄膜大棚。加强型薄膜大棚配置较强主体框架，抗风能力仅次于玻璃温室，可承受 11～12 级大风。大棚顶部可以为双齿型或双圆拱型，单栋，可以添加部分功能设施和环控设施，如顶部卷膜窗、四周卷膜窗、电动外遮阳、风机湿帘降温、室内循环风机、室内喷雾加湿降温、天面喷淋降温系统及热泵系统（冷暖）、补光系统、气候环境自动控制系统等设施设备。造价成本高于通用型薄膜大棚，但低于玻璃温室。

（3）插地大棚。通过将支撑框架插入土地的方式，实现大棚的框架搭建，可承受 7～8 级大风。通过薄膜覆盖表面，添加卷帘器实现侧帘上卷，从而使得温室自然通风，可添加室外固定遮阳、室内循环风机系统、室内喷雾加湿降温系统等环控设施。该大棚结构能满足基本的生产需求，适用于内陆地区，种植环境不敏感的作物。特点是建设简易、成本较低、应用范围最广。主体结构多为单栋，如图 1-1-3 所示。

图 1-1-3　插地大棚

（二）主要种植设施

1. 育苗设施　育苗对环境要求较严苛，幼苗的质量对后期种植影响较大。通过温室大棚抵抗高温、低温、雨水等恶劣天气，可以提高幼苗成活率和质量。根据育苗需求添加育苗设施，可减少劳动力需求，提高温室的利用效率。

主要育苗设施包括催芽设备、精量播种机、喷灌系统、环境调控设施。为方便人员操作，苗床将幼苗抬高至腰部，可以通过转动圆形钢管移动苗床，减少过道占用空间，提高温室使用效率（图 1-1-4）。

通过喷淋设施，实现幼苗灌溉及降温，加快幼苗成长，提高成苗率。

图 1-1-4　育苗床

2. 栽培设施 栽培设施主要与栽培方式匹配，华南地区设施农业主要采用的栽培方式有土培、基质栽培、水培。下面简单介绍栽培方式与配套的灌溉设施。

（1）土培。土培是传统的种植方法，种植过程中作物直接从土壤中汲取养分。主要通过移动设备实现大棚内的生产作业。设施主要包括整地设施、播种设施、覆膜设施和灌溉设施。

（2）基质栽培。基质栽培是无土栽培的一种。栽培过程中，将作物的根系固定在有机或无机的基质中，以替代土壤。基质本身养分含量较低，需要通过水肥一体化灌溉的方法供给养分，实现作物水分、氧气及营养等生长要素调控。基质栽培主要用到包括岩棉条、椰糠条、基质槽、水肥一体化设备、吊线等材料和设施设备（图1-1-5、图1-1-6）。

图1-1-5 岩棉基质栽培　　　　图1-1-6 椰糠基质栽培

（3）水培。水培种植是直接将作物根系放置到了营养液中，保证根系水分与营养，通过部分根系裸露和营养液循环的方法，保证作物根系氧气供给。水培设施包括自动混肥设施、营养池、营养液过滤回收设施、水培槽等（图1-1-7）。

图 1 - 1 - 7 水培

（三）配套设施

配套设施主要包括自动施肥灌溉系统、采收设施装备、植保设施装备。

1. 自动施肥灌溉系统 包括储存设备、混肥设备、施肥设备三部分。其中混肥设备可分为施肥罐、注肥泵、施肥机三种。

（1）施肥罐。需要预先调配好药液再倒入罐中，通过水泵增压传输。特点是需要人力调配药剂，药剂浓度较低。

（2）注肥泵。无需外部电源，工作原理是通过水压抬升阀门至一定高度，将高浓度药剂抽出，并注入一定量的水中。特点是布置相对灵活，配合轮灌机构，可以实现较大范围的灌溉（图 1 - 1 - 8）。

（3）施肥机。通过文丘里结构高速产生的压差抽入高浓度营养液，通过多通道实现多种药液的混合。配备回流设施、pH 传感器和 EC 传感器等，实现较精确的混合比例。特点是投入成本较高，适合多药高精度混合灌溉（图 1 - 1 - 9）。

2. 采收设施装备 升降车和轨道多用于较高的温室大棚中，由于作物生长速度较快、高度较高。升降车可以方便人工进行修剪、采摘等作业。升降车在行间的双轨轨道中行使，人工可以通过上部控制器控制升降车升降和行进，降低了作业强度。特点是升降车可以拓展种植的空间，提高设施内的空间利用率，配合合适的品种和栽培技术，可以提高设施内的产量（图1-1-10）。

图1-1-8　注肥泵　　　　　图1-1-9　施肥机混肥设备

图1-1-10　轨道升降车

3. 植保设施装备 农药雾化喷洒机，可以将农药高压后雾化喷出，较为均匀地喷洒到目标位置，并减少农药的浪费（图 1-1-11）。

图 1-1-11 高压雾化农药喷洒机

(四) 设施覆盖材料

常用的覆盖材料有玻璃、PC 板、薄膜。

1. 玻璃 具有透光度高、抗风压能力强、抗老化抗酸碱能力强，可反复清洗，使用寿命长等特点，可用于长期温室使用。

2. PC 板 又称聚碳阳光板、卡普隆板、聚碳酸酯板等，是以高性能的工程塑料聚碳酸酯树脂加工而成，具有透明度高、质轻、抗冲击、隔音、隔热、难燃、抗老化等特点，有良好的透光性，透光率达 80%，抗冲击性是普通玻璃的 250~300 倍，但不耐酸、不耐碱，是一种综合性能极佳，节能环保型塑料板材。

3. 薄膜 具有透光度高、无毒、无味、抗拉、使用寿命长、成本低等特点，是使用最广泛的覆盖材料之一。市场上薄膜种类繁多，特性与价格存在加大差异，主要有聚氯乙烯（PVC）、聚乙烯（PE）、乙烯-醋酸乙烯（EVA）和调光性农膜。

（1）聚氯乙烯（PVC）薄膜。聚氯乙烯薄膜以聚氯乙烯树脂为主材料，通过压延工艺制作。膜厚度（0.1~0.15mm），密度较小（0.92g~1.3g/cm³）。特性是透光性高，柔软，无毒，自身耐候性和保温性较差，需要添加耐老化剂、增塑剂、无滴剂等，才能适用于温室大棚的使用。同时，随着使用时间的延长，薄膜中增塑剂会析出，降低薄膜的透光性，并因静电作用吸附灰尘，不利于长时间使用。

因添加剂的不同聚氯乙烯薄膜呈现不同的特性，主要有以下几种：

①聚氯乙烯长寿膜无滴膜。通过添加一定比例的增塑剂、受阻胺光稳定剂或紫外线吸收剂等防老化剂，提高使用寿命，可连续使用2年以上，成本低；通过添加聚多醇酯类或胺类等复合型防雾滴助剂，增加薄膜的临界湿润能力，使薄膜表面水分凝结时不易形成露珠附着于薄膜表面而滴落至作物上，从而减小病害发生，提高作物品质。

②聚氯乙烯长寿无滴防尘膜。通过涂抹防尘的工艺，在上述聚乙烯长寿膜无滴膜的表面附着一层均匀的有机涂料，以防止增塑剂、防雾滴剂的析出，降低薄膜的静电特性，实现防尘的作用，延长薄膜的寿命。

（2）聚乙烯（PE）薄膜。聚乙烯薄膜以低密度聚乙烯（LDPE）树脂或线型低密度聚乙烯（LLDPE）树脂，通过吹塑工艺制成。其特性有透光性高，无增塑剂释放，耐酸、耐碱、耐低温、柔软、无毒，自身耐候性较差，保温性差。主要有以下两种。

①聚乙烯长寿无滴膜。加入一定比例的紫外线吸收剂、防老化剂和抗氧化剂等，延长使用寿命达2年以上。加入防雾滴剂后，可增加流滴性，并提高透光率。

②聚乙烯多功能复合膜。加入防老化剂（最外层）、保温剂（中层）、流滴剂（内层）等功能助剂，通过三层共挤加工工艺生产，同时具有了无滴、保温、耐候等功能。该种膜因综合性能好，被广泛应用，取得较好的投入产出比。

（3）乙烯-醋酸乙烯（EVA）薄膜。多功能复合膜以乙烯-醋酸乙烯共聚物为主原料，加入紫外线吸收剂、保温剂和防雾滴助剂等，通过多层挤压工艺制作而成。其外表面具有较强的耐候性并可防止防雾滴剂渗出，一般以LLDPE、LDPE或EVA树脂为主，添加耐候剂、防尘剂等助剂；中层和内层具有较高的保温性和防雾滴性，主要通过不同含量的EVA为主。其特性良好，质轻，寿命长

（3～5年），透明度高，防雾滴剂渗出率低，防尘效果好。EVA相容好、色融性好，提高了复合膜的综合性能，并保持长时间稳定，得到了广泛地应用。

（4）调光性薄膜。通过添加剂改变薄膜的透光性，实现对光线的选择透过性，获得不同的调光性质。

①漫反射膜。在聚乙烯母料中添加调光物质，薄膜可将进入温室大棚的直射光漫反射为均匀的散射光，提高设施内的光线均匀性，保证作物的受光，减小设施内温差。同时还具有一定的光转化能力，能把部分紫外线吸收转换为能级较低的可见光，提高可见光的通过率。

②转光膜。在聚乙烯母料中添加光转化物质和助剂，使将紫外线转换为有利于作物光合作用的橙红光，增强光合作用。相对比同质的PE膜透光率高8%左右。同时转光膜可提高温室大棚的保温性能。

③有色膜。在母料中添加一定颜料以改变设施内的光线环境，创造更加合适光合作用的光谱，提高特定作物的生长速度。同时有色膜还具有调节控制环境、抑制杂草、减少害虫和增产增收的作用。但是使用时需根据作物自身特性进行选择，否则可能不利于作物生长。

（5）常用品牌介绍。

①希腊利得膜（PEP）。采用三层共挤技术生产复合膜，产品种类多样，在多个国家应用。主要通过LLDPE或EVA两种材质进行排列，保持柔软、抗老化和透光率高等优点，并减少不利影响。通过添加红外线吸收剂、光扩散添加剂、防雾滴剂等，提高光线透过率，提高温室温度保持能力，且具有防尘、防流滴等特性。

②以色列温室薄膜。采用五层共挤技术生产复合膜，主要材料采用聚乙烯（PE），具有外层可提高紫外线防护能力，中层提高透光率，内层具有防流滴和隔长波辐射的作用，并可以根据需求选择不同的颜色，提高作物产量。

（赵俊宏）

第二节　设施园艺品种

一、设施园艺品种概念及主要作物种类

（一）设施园艺品种概念

设施园艺品种是一类适宜设施条件下栽培的品种，与露地栽培品种相比具有优质、商品性好、高产、高效、抗病、抗逆等特点，也可称为设施专用型品种。

（二）设施园艺主要作物种类

设施园艺栽培的主要作物种类有设施蔬菜、设施果树、设施南药、设施花卉等，本文主要对设施蔬菜、设施果树、设施南药进行介绍。

1. 设施蔬菜　主要设施蔬菜有茄果类、叶菜类、瓜类，此外，还有豆类、芽菜类、食用菌类等。

（1）茄果类。主要有番茄、辣（甜）椒、茄子等。

（2）叶菜类。主要有生菜、叶用甘薯、油麦菜、芹菜、菠菜、苋菜、茼蒿等。

（3）瓜类。主要有黄瓜、南瓜、丝瓜、冬瓜、甜瓜、西瓜、西葫芦、苦瓜等。

2. 设施果树　主要有草莓和葡萄，另外还有少量桃、柑橘、无花果、番木瓜、枇杷等。

3. 设施南药　主要有铁皮石斛、金线莲等。

二、设施园艺品种特性

设施园艺属于高投入、高产出，资金、技术、劳动力密集型产业，因此设施园艺品种一般要求优质、商品性好、高产、高效、耐弱光、抗病、抗逆等特点。广东属于热带亚热带气候，高温高湿、多雨，因此设施园艺品种还需具有耐高温高湿的特点。水培还要求作物具有发达的根系。

1. 番茄　番茄是全世界设施栽培面积最大的蔬菜，设施栽培

樱桃番茄品种要求其具备优质，如可溶性固形物含量高（8.5％以上）、风味好、口感好（酸甜适中）等；商品性好，如果形美观、单果重量合适、耐贮运、裂果少等；及高效、高产、可串收、观赏性好等特点。在抗病性方面，广东地区青枯病、病毒病高发，品种最好抗青枯病、病毒病（TYLCV 和 CMV 等）和疫病等。

2. 甜椒　甜椒对于生长环境要求较高，需在设施条件下种植。甜椒品种要求具备优质，如可溶性糖、维生素 C 含量高；商品性好，如果实色泽鲜艳、单果重量整齐（160～220g）、抗压、耐贮运等；及高产、坐果力强、观赏性好等特点。在抗病性方面，要抗炭疽病、疫病、病毒病（TYLCV、CMV 等）等；在抗逆性方面，要耐高温。

3. 生菜　生菜是设施条件下种植的主要叶菜类蔬菜之一。生菜品种要求具备优质、色泽好、口感好、产量高、耐抽薹、长势整齐等特点。在抗病性方面，抗软腐病、菌核病、霜霉病等；在抗逆性方面，要耐高温。

4. 葡萄　广东地区高温多雨、空气湿度大，葡萄的真菌病害严重，给栽培管理造成很大困难，限制了葡萄的发展，采用避雨栽培技术减轻了病害，提高了果品质量。设施葡萄品种要求具备优质，如糖度高（18％以上）、有香味，商品性好，口感好，高产，生长势强等特点。在抗病性方面，抗灰霉病、霜霉病、炭疽病、白粉病和黑痘病等；在抗逆性方面，要耐弱光、耐湿。

5. 铁皮石斛　铁皮石斛对环境条件要求较高，需在设施环境中种植。设施铁皮石斛品种要求具有综合性状好，优质，高产，主要药用部位茎中有效成分多糖含量高（30％以上），生长快，群体整齐性、一致性好等特点。在抗病性方面，抗叶斑病、灰霉病、炭疽病和黑斑病等。

三、国内外设施园艺品种现状

（一）国内设施园艺品种现状

我国自 20 世纪 90 年代开始注重设施专用品种的筛选与培育，

已经培育了一批高产、抗病品种。特别是近些年，逐渐推出了设施栽培专用的高效、优质、高产的番茄、黄瓜、甜瓜、甜（辣）椒等蔬菜的新品种，我国设施蔬菜品种的市场份额已经从 2008 年的 40％上升至 2018 年的 60％左右。其中，有些专用型品种已经达到可以替代进口的昂贵专用种子水平。温室番茄最高产量达 330t/hm²，黄瓜达 300t/hm²，甜椒达 130.5t/hm²，已接近发达国家产业水平。在品质方面，以樱桃番茄为例，已具备优质、高产、高效、多抗、可串收等特点。笔者单位近几年根据广东省设施樱桃番茄产业需求，以优质、多抗（主要是青枯病、TYCLV）、耐热为育种目标，已经培育出多个优良品种。

我国设施果树以草莓、葡萄、甜樱桃、油桃、杏和李等为主，其中以草莓和葡萄的种植面积最大。已培育出一系列草莓、葡萄、樱桃、桃等的优良品种。在广东地区，主要以草莓和葡萄为主，品种多为引进我国北方及国外优良品种。

在设施南药品种研究方面，我国已经培育出一系列适宜设施栽培的中药品种，药用石斛和金线莲品种选育工作也取得了较快的发展，目前药用石斛已选育出新种质 54 个，从药用石斛育种现状来看，目前仍以铁皮石斛品种为主，齿瓣石斛、金钗石斛、鼓槌石斛、叠鞘石斛等也有新品种推出，但总体数量相对偏少。广东已选育石斛品种 11 个。

（二）国外设施园艺品种现状

国外设施园艺发达国家越来越关注设施蔬菜品种的外观品质、营养品质、耐储运等方面的性状。例如，以色列的设施番茄品种，可溶性固形物含量高达 9％以上，产量可达 400～500t/hm²，商品率高达 90％，果穗紧凑，每穗果 24～28 个果，同穗果成熟期基本一致，可串收，适宜机械化采摘。以色列还选育出根据客户对体积和色泽要求的无籽西瓜品种。荷兰的设施甜椒品种，可溶性糖的含量是普通甜椒的 1.2～1.6 倍，维生素 C 含量是普通甜椒的 2 倍，口感好，颜色多样，色泽诱人，果肉厚，单果重 150～250g。日本的网纹瓜可溶性固形物含量达 16％以上，外形多为圆球形，表面有均匀美观的网纹，表皮灰绿至浓绿色，果肉黄绿或橘红，口味浓，香味好。荷兰种苗公司开发出一系列富含钙质、维生素且低热量的"减肥蔬菜"，高氨基酸含量的"营养蔬菜"，具有观赏价值的"花卉蔬菜"等品种。

国外设施果树主要以草莓、葡萄、桃、油桃、甜樱桃、无花果、柿、猕猴桃、李、杏、石榴、苹果、梨、枣为主，其中草莓和葡萄的种植面积最大。例如日本的优良葡萄品种阳光玫瑰，果穗整齐美观，果粒大，单粒重 10～12g，黄绿色，含糖量高，可溶性固形物含量达 18％～20％，风味极佳，肉脆皮薄、质地细腻，具有特殊的玫瑰香味，口感清爽，甜而不腻，是当前公认的、极有发展潜力的、玫瑰香型葡萄品种。我国多地也引进了阳光玫瑰葡萄，取得了较好的经济价值。

四、未来发展趋势

未来设施园艺品种在品质、耐贮性、丰产稳产、抗病性、抗逆性、抗虫性等方面要求更高。

（1）品质。品种要求商品形状美观，营养丰富，风味优良，符合当地消费习惯。品种不但要求高品质，还要具有抗多种病虫害、抗逆、高产、稳产、耐贮运等，注重适宜不同地区、不同季节、不同生态条件的专用品种的培育。

（2）抗病性。品种至少抗 4 种以上的主要病害，同时品种还要兼抗同一病害的多个生理小种或株系。以番茄为例，华南地区设施番茄品种要兼抗青枯病、黄化曲叶病毒病、烟草花叶病毒病、晚疫病等 4 种以上病害。

（3）抗逆性。品种要耐高温、耐低温弱光、耐干旱、耐盐、抗除草剂等，逆境下坐果能力强。高温或低温下正常自然结实的单性结实品种的选育会越来越受到重视。

（4）抗虫性。品种要求不仅可以抗虫害，还有防止其传播病毒等，同时，抗虫品种要对人畜无害，保证生态安全。

（5）耐贮性。品种成熟果实要求硬度适宜、裂果少、耐贮运。

另外，出口型、加工型、保健型、适于机械化采收型、观赏型的设施专用型品种也将得到一定发展。

（李艳红）

第三节　现代设施园艺管理技术

现代设施园艺是在利用一定设施和掌握农业作物生长发育所需的光照、水肥等因素基础上，为植物生长提供良好的环境条件，是当今世界最具活力的产业之一。其管理技术包括无土栽培技术、作物工厂化生产技术、水肥一体化技术及病虫害管理技术等。

一、无土栽培技术

（一）无土栽培技术概念

无土栽培技术是一种用基质和营养液代替天然土壤种植植物的方法，即不使用天然土壤种植作物的方法，用营养液或固体基质进行栽培，用人工配制的营养液为植株提供植物生长发育必需营养元素、水分及氧气等，使植株正常完成整个生命周期的栽培技术。

（二）无土栽培特点

相比传统的土壤栽培，无土栽培具有以下优势：

（1）精准化控制，节水省肥。无土栽培中作物所需各种营养元素是人为根据作物种类在不同生育时期需肥特征配制而成营养液，并可随时根据天气温度条件改变营养液浓度，可以充分的发挥营养液的肥效。相比土壤栽培施肥不均匀、养分调节难度大、养分流失或被土壤固定造成的浪费情况，无土栽培可大大提高肥料吸收效率。就水分而言，无土栽培较土壤栽培可大大减少土壤渗透流失与土表蒸发散失，节水幅度可达50％。

（2）克服连作障碍与土壤限制。传统土壤经过长期连作后，会造成土壤养分过度消耗、养分不均衡、土壤理化性质恶化、病虫害增加和盐类物质的积累，易出现连作障碍。而无土栽培每一茬作物在收获完后更换新的栽培基质和营养液，同时对所使用的栽培设施进行清洗和消毒，因此能够有效地克服连作障碍。另外一些不是耕地的区域如沙漠、阳台或土壤严重污染区等都可以进行无土栽培，突破了土壤限制，扩大了农业生产空间。

（3）方便管理，有利于实现农业现代化。无土栽培生产在一定程度上摆脱了自然环境的制约，对作物生长所需的光照、温度、水分、空气、肥料等环境条件可进行合理地调节，在一定程度地按数量化指标进行操作，有利于实现机械化、自动化，从而逐步走向工业化的生产方式。

（4）产量高，品质优。无土栽培采用科学均衡地为作物供应养分，植株生长发育健壮，可充分发挥出增产潜力，同时进行适度的密植和立体种植，单产一般是传统土壤种植的数倍。另外无土栽培是在一个相对封闭的环境条件下进行生产，避免了重金属离子对作物的污染，减少病虫害的发生，不需要进行大量喷施杀虫剂、杀菌剂、除草剂等，产品洁净、品质好。

（三）无土栽培存在的问题

（1）投资大，经营管理成本高。一般每亩地一次性投资至少6 000元以上，有的甚至高达50万元以上，且每年使用的营养液和水电费较高。

（2）技术要求高。无土栽培营养液管理需要根据作物种类、生育时期、天气因素对营养液进行调整，需要有接受过技术培训的专业人员来管理。

（四）无土栽培分类

无土栽培模式在19世纪中期由德国科学家萨克斯（Sachs）和克诺普（Knop）提出，至今经历了100多年历史，经过许多代人的努力已经发展出多种类型，目前人们根据作物栽培过程中是否使用基质固定根系来将其划分为有基质栽培和无基质栽培两大类（图1-1-12）。

1. 有基质栽培　　根据基质类型可分为无机基质栽培和有机基质栽培。

（1）无机基质栽培。主要包括：

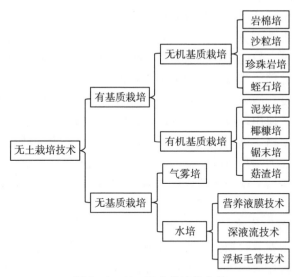

图 1 - 1 - 12　无土栽培的分类

①岩棉培。岩棉培是将作物种植于预先制作好的岩棉中的栽培技术。岩棉是将 60％辉绿岩、20％石灰岩、20％焦炭，经 1 600℃高温融化，制成 0.005mm 的块状纤维，岩棉具有很好的透气性和保水性，且有无菌、无污染等优点。

②沙粒培。以沙粒作为栽培基质。沙粒具有持水多、扩散范围大、来源广泛、价格低廉、不需要经常更换等特点，但是沙粒太小保持水分过多会导致通气不够、基质易积盐等。

③珍珠岩培。珍珠岩是珍珠岩矿砂经预热、瞬时高温焙烧膨胀后制成的一种内部为蜂窝状结构的白色颗粒状的材料，具有疏松多孔、理化指标稳定等特点。珍珠岩可保存大量的水分和养分，同时保持一定的通气性，有利于植株根系的生长。

④蛭石培。蛭石是一种天然、无机、无毒的矿物质，具有很强的离子交换的能力。

其他还有聚乙烯、聚丙烯、煤渣等无机质栽培基质。

（2）有机基质栽培。主要包括：

①泥炭培。泥炭又称为草炭、泥炭土，是一种经过几千年所形

成的天然沼泽地产物，具有质轻、持水、保肥等特点，它含有很高的有机质和腐殖酸，有机质含量达 50%～70%，腐殖酸含量为 20%～40%。目前泥炭被认为是作物无土栽培最好的基质之一。

②椰糠培。椰糠是椰子加工工业的副产品，具有较好的吸水、排水性，是目前无土栽培应用比较多的基质之一。椰糠在无土栽培中可以单独使用，也可以与珍珠岩、蛭石、陶粒混合使用。

③锯末培。锯末是木材加工的副产品，容重小，具有较强的吸水、保水能力，是一种便宜、来源广泛的无土栽培基质。

④菇渣培。菇渣是种植食用菌后的废弃培养料，经过腐熟后使用，菇渣一般不单独使用，通常与沙石、蛭石混合使用。

2. 无基质栽培　主要包括水培和气雾培，其中水培主要包括：

（1）营养液膜技术。营养液膜技术是一种将作物种植在一层很薄的流动营养液（0.5～2cm）中的种植技术。它既能为作物提供充分的水分和养分，又能给根系提供充足的氧气，满足作物根系呼吸对氧的需求。其设施结构主要由栽培槽、营养液池、营养液循环系统和其他辅助设施组成，结构相对简单，成本较低。

（2）深液流技术。深液流技术是一套成熟的无土栽培技术。它的特征为营养液层较深（5～10cm），营养液量大，营养液的温度、浓度、pH 相对稳定，为植株根系提供了一个稳定的生长环境，根系呼吸所需的氧通过营养液加氧后流动来提供，养分利用率高。

（3）浮板毛管技术。适用性广，营养液温度变化小，根系供氧充足，不受临时停电的影响。该系统由栽培槽、浮板、亲水无纺布、营养液池、营养液循环系统和其他辅助设施组成，操作简便、节能实用。

（五）无土栽培的发展趋势

由于无土栽培技术有利于农业的转型升级，加快农业现代化发展，产生的经济效益也十分显著，在我国发展形势良好。目前无土栽培技术为航天事业、岛礁、新农村建设均做出了巨大的贡献。今后一段时间结合国内不同地区农业生产情况，以提高单位面积产量与效益为目的，无土栽培将成为我国农业现代化的主要发展方向。

(六) 无土栽培关键技术

无土栽培关键技术主要包括设施设备的选择、专用品种的选择、营养液管理以及病虫害综合防控。

1. 设施设备的选择 根据种植类型选择经济实用的设施设备。基质栽培有椰糠种植、岩棉种植、泥炭种植等模式，根据种植模式选择合理的种植设施，如椰糠条、岩棉条、泡沫槽、种植架等；水培可选择浮板毛管水培、深液流水培、雾培等模式，根据种植模式可选择管道、泡沫槽、喷雾等装置。

2. 专用品种的选择 选择优质、高效、高产、抗逆、耐热、耐弱光等专用品种。

3. 营养液管理 根据种植作物类型科学的选择营养液配方，根据作物生长特性和气候特点科学精准的管理营养液浓度、酸碱度、含氧量等。

4. 病虫害综合防控 无土栽培通常采用预防为主、综合防治的方法。以生物防治、物理防治为主，化学防治为辅，综合治理。

二、作物工厂化生产技术

(一) 作物工厂化生产概况

作物工厂化生产即结合现代农业技术、生物技术、信息技术及管理技术，利用配套设施及相应调控手段人工控制温度、湿度、光照、二氧化碳、水分、养分等环境因子，为作物生长营造良好的环境，在一定程度上摆脱了对自然环境的依赖，从而实现周年性、全天候、洁净化的规模种植。

(二) 作物工厂化生产特点

与传统栽培相比，工厂化生产具有以下优势：

(1) 作物高产、稳产。作物工厂化生产为作物提供充分的养分和舒适生长环境，保证了作物良好的生长，有利于作物高产，单位面积产量为露地栽培的几倍，甚至高达几十倍。

(2) 产品洁净化，品质好。作物工厂化生产在一个相对独立的空间，病虫害的发生少，大大减少农药的使用，产品安全无污染。

（3）生产计划性强，可周年生产。作物工厂化生产在一定程度上摆脱了自然环境的束缚，可进行反季节生产，实现周年生产。

（4）自动化、智能化程度高。作物工厂生产配套各种控制系统，实现设施生产机械化操作，大大减少了人工劳动强度。

（三）作物工厂化生产技术

作物工厂化生产技术主要包括作物种植自动化、环境控制自动化、作物营养管理智能化、作物采收机械化、产品加工机械化等智能化装备。

1. 作物种植自动化　由自动播种机、自动化移栽机械、自动化采摘机械及作物病虫害监控系统组成。

2. 环境控制自动化　由温度控制系统、光照控制系统及湿度控制系统组成。

3. 作物营养智能化　由水肥一体化系统、营养液监测系统组成。

4. 作物采收机械化　由采摘机械、高效运输筛选机械等组成。

5. 产品加工机械化　由包装、冷链及运输等系统组成。

三、水肥一体化技术

（一）水肥一体化技术概念

水肥一体化技术是一项集灌溉、施肥于一体的高效节水节肥新技术，是未来农业的发展方向。水肥一体化是借助压力系统（或地形自然落差），通过可控管道系统将可溶性固体或液体肥料，根据不同作物的需肥特点，土壤环境和养分含量状况，作物不同生长期需水、需肥规律情况，经过管道和滴头将配兑好的肥液与灌溉水一起均匀、定时、定量输送至作物根部区域。

（二）水肥一体化技术特点

水肥一体化技术是将灌溉与施肥融为一体的农业新技术。具有许多优势，主要表现在以下几个方面：

（1）节水节肥，水肥利用率高。水肥一体化，是通过管道将水肥直接输送到作物根系附近，相比传统漫灌，减少了地面径流与作物间的水分蒸发，通常可减少 30％～40％的水分浪费；同时水肥直接输送到植株根系发达的区域，养分得到了充分的吸收，可节约 50％的肥料。

（2）省工省力，提高工作效率。水肥一体化技术只需打开阀门，合上电闸，依靠压力差自动进行灌水施肥。相比传统施肥减少了开沟挖穴，施肥后再灌水，大大地提高了施肥工作效率。

（3）减少病虫害，保护环境。水肥一体化可有效地降低作物间湿度，减少水源流动，避免一些土传病害随水源传播。另外水肥一体化高效率的水肥利用率，避免了肥料大量的浪费，减少了肥料污染地下水和深层土壤。

（4）增加产量，改善品质。水肥一体化根据作物需肥规律及时补充养分，精准施肥，有利于增加产量，同时由于水肥一体化可以实现微量元素精确供应，可以改善作物品质。

（三）水肥一体化技术发展趋势

水肥一体化是一项节水节肥的现代农业技术，是目前提高水肥利用率的最有效途径之一，在农业生产中的应用范围越来越广，是农业发展的一种必然趋势，尤其是水资源严重短缺地区的一种必然选择。水肥一体化技术的大面积推广应用有利于我国传统农业向自动化、现代化农业的转变。

（四）水肥一体化技术构成

水肥一体化主要由滴灌系统和施肥系统组成。

滴灌系统主要由水泵、肥水混合装置、输水管道及滴水器组成。水泵通常采用潜水泵、离心泵或管道泵等，如果水源位置高，能够满足滴灌系统所需的压力，也可省去水泵。肥水混合装置通常采用营养液罐或营养液池。输水管道包括干管、支管和毛管等，干管或支管通常采用 PVC 塑料管道或 PE 软管，毛管采用 PE 塑料软管。滴水器则可以分为滴头、滴箭和滴灌管带。

四、病虫害防控技术

设施环境下病虫害的防治策略必须是"预防为主，综合防治"，在病虫害发生早期适时用药，根据不同的作物和不同的病害采取针对性的措施，杜绝贪多、贪全等不当措施。设施环境下病虫害种类多种多样，后面我们将选取几种常见病虫害详细阐述其发生规律和防治措施。设施农业病虫害防控技术倾向于绿色综合防控。充分利用农业防治，优先使用物理防治、善用生物防治、巧用化学防治。农业防治主要有选用抗病虫品种、高品质栽培、调控温湿度等；物理防治主要有覆盖防虫网，铺设反光地布、色板诱控，高温闷棚等；生物防治主要有释放天敌，使用生物农药、生物真菌等；化学防治主要有合理用药，轮换用药，选用高效植保器械、烟剂等。

（聂　俊）

<<< 参 考 文 献 >>>

柴立平，乔立娟，申书兴，等，2019.机械化生产推进蔬菜规模化经营的实践与探索：以山东安丘大葱全程机械化为例［J］.中国蔬菜（7）：1-6.

陈超，钮力亚，2018.农业水肥一体化技术研究进展［J］.现代园艺（9）：88-90.

崔国庆，2019.岩棉无土栽培灌溉策略的制定与生长调控技术［J］.农业工程技术，39（7）：24-29.

付佳，2017.无土栽培的"五行"调控与栽培模式［J］.农业工程技术，37（1）：56-60.

关绍华，熊翠华，何迅，等，2013.无土栽培技术现状及其应用［J］.现代农业科技（23）：133-135.

胡峰，邱道寿，梅瑜，等，2016.广东地区铁皮石斛林下仿野生栽培技术研究［J］.广东农业科学，43（2）：35-38.

霍建勇，2016.中国番茄产业现状及安全防范［J］.蔬菜（6）：1-4.

胡一鸿，2017.设施农业技术［M］.成都：西南交通大学出版社.

金月，肖宏儒，曹光乔，等，2019.我国茎叶类蔬菜生产关键环节的机械化作业模式［J］.中国蔬菜（7）：7-11.

李景富，2011. 中国番茄育种学 ［M］. 北京：中国农业出版社.

李天来，2015. 设施蔬菜栽培学 ［M］. 北京：中国农业出版社.

刘红强，郭三红，2019. 水培蔬菜产业化前景及解决途径 ［J］. 种子科技，37（6）：9.

刘霓红，蒋先平，程俊峰，等，2018. 国外有机设施园艺现状及对中国设施农业可持续发展的启示 ［J］. 农业工程学报，34（15）：1-9.

吕书文，张伟春，王丽萍，2012. 茄果类蔬菜育种与种子生产 ［M］. 北京：化学工业出版社.

裴惠民，2019. 蔬菜种植作业机械化与标准化研究 ［J］. 现代农业科技（10）：131.

齐飞，周新群，吴政文，等，2017. 农业现代化过程中基础设施工程化路径与方法 ［J］. 农业工程学报，33（5）：16-25.

隋好林，王淑芬，2015. 设施蔬菜栽培水肥一体化技术 ［M］. 北京：金盾出版社.

王艳芳，杨夕同，李新旭，等，2018. 蔬菜工厂化生产（三）连栋温室番茄工厂化生产育苗技术 ［J］. 中国蔬菜（9）：80-82.

王桂英，2017. 无土栽培技术的现状与发展前景 ［J］. 当代农机（2）：20-21.

汪灶新，江当时，2016. 无土栽培技术在设施农业上的应用 ［J］. 乡村科技（18）：1.

汪李平，杨静，2017. 设施农业概论 ［M］. 北京：化学工业出版社.

吴瑞莲，徐敏，2019. 浅析蔬菜机械化应用与发展趋势 ［J］. 农业装备技术，45（3）：4-5.

辛鑫，贾琪，牟孙涛，等，2019. 不同有机营养液水培番茄效果分析 ［J］. 西北农业学报，（8）：1-8.

张庆霞，金伊洙，2009. 设施园艺 ［M］. 北京：化学工业出版社.

周静波，2008. 无土栽培技术综述 ［J］. 安徽林业科技（Z1）：35-37.

第二章
国内外现代设施园艺
发展现状

第一节 国外设施园艺发展现状

目前，世界范围内现代温室以大型连栋温室为主，塑料薄膜温室约为 6 000 万 hm^2，多分布于亚洲；玻璃温室约为 400 万 hm^2，多分布于欧美；聚碳酸酯板（PC 板）温室近来发展较快，约有 1 万 hm^2，各国均有分布。

美国、荷兰、日本、以色列等发达国家以发展集约化设施园艺为主，已实现通过计算机来调控设施内的温、光、水、肥、气条件，形成了从品种选择、栽培管理技术到采收包装的规范化技术体系。

一、发达国家设施园艺产业的技术特点

（一）温室结构大型化与环境调控节能化

大型温室单位面积投资低、土地利用效率高、室内小环境相对稳定、单位面积能耗低、易于机械化作业和产业规模化生产。随着世界范围内设施园艺的飞速发展，温室大型化趋势明显。荷兰自 1975—1995 年，经营 0.01～0.5hm^2 的温室由 5 900 户降到 1 660 户；而大于 2hm^2 的温室由 101 户变为 442 户；平均经营面积增加了近 1 倍（0.48～0.94hm^2），且温室单体面积亦不断增加，逐步向大型化、连片化、规模化及产业化方向发展。

　　园艺设施的核心功能是对设施内小环境进行有效调控，营造适宜园艺生长的环境条件；运用传感器，准确采集设施内的温湿度、光照度、CO_2浓度、基质温度和含水量、营养液 pH 和 EC 值以及作物生长参数等指标；再通过计算机根据作物不同生育时期所需的最佳条件进行调控，使室内温、光、水、肥、气等各因素综合协调达到较优状态。这就意味着，设施园艺生产是一种高能耗的生产方式，温室的能源消耗占运行成本的比例较高。随着全球气候变暖，极端天气频繁出现，温室在越极端气候条件下对设施内环境控制的能耗越高。因此，减少能耗、提高能源利用效率、研发新能源替代技术成为设施园艺发达国家的普遍做法，其中设施节能设备成为研发的热点。

　　在光照节能设备上，补光装置是温室、植物工厂耗能最多的设备之一。美国、荷兰、日本等国家开展 LED 光源的研究。与传统钠灯相比，LED 光源具有高光效、使用寿命长等特点，节能达50％以上。

　　在温度调控节能设备上，由于原油主产国局势不稳定、《京都议定书》的执行等原因，发达国家已将控温节能技术列为设施园艺研究领域最重要的课题之一。美国和日本使用 $CaCl_2$、Na_2SO_4、聚乙二醇和石蜡等作为墙体储热、地下储热及室内外联合储热系统的相变材料。另有国家利用地源热泵，夏季把浅层土中的低温水抽至地表，用于降温，热水流回地下冷却；冬季泵起高温水，再稍加热即可用来温室增温。另有温室覆盖材料镀膜处理，可阻止长波向室外辐射，热耗散减少，可节能 1/4 以上。荷兰瓦赫宁根大学通过融合光谱选择性吸收的金属材料和绝缘塑料薄膜多层覆盖，研制成一种高效降温—高品位能量产生的组合系统。高温时可反射近红外光，减轻温室高热负荷，同时转化反射的能量直接或间接地转换为电能，填补温室降温的能耗。

（二）设施专用品种育种与种苗业发达

　　种苗是现代农业竞争的核心。重视选育设施园艺品种的是发达国家保持其产业竞争力的手段。有些发达国家针对设施园艺作物的营养品质、外观品质、耐储运等性状进行选育，同时应对市场需求采取订单式育种。如荷兰选育出富含维生素、低热量的"减肥蔬菜"，高氨基酸的"营养蔬菜"，高观赏价值的"花卉蔬菜"等品种；以色列根据客户对体积和色泽的要求选育出无籽西瓜新品种。此外，通过广泛运用组织培养、体细胞杂交、原生质体融合、遗传标记等生物技术，培育出番茄、甜椒、黄瓜、茄子及生菜等作物的一大批优秀品种。

（三）绿色精准生产技术大范围应用

随着大众对环保与食品安全的日益关注，发达国家设施园艺生产中在环保方面进行了大量的研究工作，开发出一系列适于设施园艺安全生产的环境友好型新技术。

在面源污染控制方面，西欧普遍采用营养液闭路循环技术，对营养液进行回收和过滤，可节水 21％、节肥 34％，提高营养液的利用效率，减少营养液外排造成的面源污染。在防治病虫害、减少合成物质施用方面，开发出融合了生物防治、生态防治和物理防治的综合防治管理技术体系。荷兰 Koppert 公司在设施内投放浆角蚜（粉虱天敌）、潜蝇姬小蜂（斑潜蝇天敌）、食蚜瘿蚊（蚜虫天敌），取得良好的防治效果，目前这些害虫天敌已基本实现商品化。在低成本、环保型无土栽培基质开发利用方面，以色列、英国、加拿大等国研制出无土栽培生态型基质替代草炭、岩棉，并形成了配套的低碳栽培技术体系，已走向产业化、商品化。

20 世纪 20 年代末，无土栽培技术的应用，使设施园艺作物栽培技术产生了重大变革。首先，其打破了作物生产对种植空间和地域限制，从此，荒漠戈壁、滩涂、海岛、盐碱地、高寒地、阳台屋顶甚至太空皆可进行生产；其次，无土栽培改变了设施园艺的栽培方式，作物在营养液或固体基质中生长，可避免土壤连作障碍，且具有省水、省肥、省工等优势，成为栽培学领域飞速发展的方向；再次，无土栽培下作物生长加速，产量提高，一般水培果菜类产量为土栽产量的数倍甚至十数倍。例如，黄瓜利用岩棉基质栽培年产量最高的已超过 $100kg/m^2$，极大地提高了生产效率。最后，无土栽培下作物不仅高产，而且健康、营养、无污染。目前，无土栽培在发达国家设施园艺中应用广泛，荷兰无土栽培占温室总面积的比例超过70％，加拿大超过50％，比利时达50％，美国、日本、英国、法国的无土栽培面积高达 $2.50\sim4.0km^2$。

（四）产业化技术集成密集，管理机械化、自动化程度高

设施园艺是资金、技术密集型产业，也是高效型产业。如荷兰设施番茄年产 $400\sim500t/hm^2$，黄瓜年产 $500\sim700t/hm^2$，其中86％产品用于出口。单位面积的产出率相当高，经济效益好。

随着微型计算机、传感器及单片机技术的长足进步及劳动力成本高筑，设施园艺生产逐步向机械化、自动化方向发展。工业技术渗入设施园艺，使其注入了农业工业化的内涵，成为工业体系不能割裂的组成部分。设施生产高投入、高产出、高效率的运营模式需要配套工业领域内的科技成果（如机器人技术、物联网技术等）。发达国家致力于耕种、施肥、灌溉、病虫害防治、收获及加工、储藏、保鲜的全过程自动化。根据设施园艺作物生长发育的需求，营造适宜的小环境，基本摆脱了外界环境对其生长的影响，实现了周年生产和均衡上市。现今，自动控制技术正逐步嵌入智能化、网络化技术设备，向物联网、人工智能方向发展。

1970年前后，发达国家设施园艺便形成了设施制造、生产资料配套、产品生产、物流等为一体的设施园艺产业体系。目前，美国、荷兰、日本、以色列、韩国、英国已开发出成熟的耕耘、育苗、移栽、施肥、喷药、嫁接、采摘、苗盘覆土、消毒等机械装备。设施园艺机械的使用，大幅提高了劳动生产率，改善了劳动环境，并且作业效果一致且均匀。日本和韩国由于国土面积小、资源短缺、人口老龄化严重，因而着重开发小型、轻便、多功能、高性能的设施耕作机具、播种育苗装置、灌水施肥装置及自动嫁接装置，以提高管理水平和劳动生产率，实现省力化操作；荷兰研制出温室屋面清洗机械装置、通风窗开闭及温湿度调节自动装置。发达国家在设施园艺作物产品后加工过程中使用快速分级、包装机具、运输轨道及转运机械等设备，提高初加工效率和

产品的附加值。

设施园艺发达国家开发出自动化生产管理和智能化环境控制技术体系，实现了从育苗、定植、施肥、灌溉到采收等的全程自动化；实现了计算机智能监控设施环境因子。随着无线网络技术的应用，设施网络化管理技术加速发展。美国、荷兰、日本研发出基于控制器局域网总线（CAN）和无线传感器网络（WSN）的控制系统，能自动采集设施内空气、土壤温（湿）度、光照等参数，同时控制风机、暖气、水泵，调控设施环境达到适宜园艺作物生长的较佳环境。确定园艺作物生长发育与设施环境、养分间的量化关系，建立作物生长发育模拟模型，总结出适合不同设施园艺作物生长发育的专家系统。荷兰、以色列开发出番茄、黄瓜等园艺作物生育模型和专家系统，包括整枝方式、栽培密度、基于天气和植株生长状况的环境需求指标、基于不同生育阶段的水肥需求指标、病虫害发生诊断和预防控制技术等。荷兰瓦赫宁根大学将作物管理模型与环境控制技术结合，实现设施园艺作物的智能化管理，系统能耗和运行成本大幅降低。日本千叶大学利用遥感技术、人工神经网络、遗传算法模糊控制策略等智能控制技术，实现了对园艺作物从生长到采收、加工、自检自控等过程的数据、图像等信息化管控。

设施园艺中应用无土栽培、计算机技术、生物技术、采后处理、新能源开发利用等高新技术，使其逐步向植物工厂发展。美国、日本、英国、奥地利和丹麦等国均建有植物工厂。目前，植物工厂主要生产生菜、菠菜、莴苣、三叶芹和番茄等。植物工厂充分利用空间，立体多层种植使得单位土地面积产量提高数倍。日本在植物工厂内运用无土栽培技术和环境自动调控技术，一年内可多茬栽培生菜和菠菜，收获期也缩短一半，年产高达 $180kg/m^2$ 左右（折合每亩产 120t），是露地产量的 30 余倍。随着人类对太空的深入探索，太空农业已成为研究热点，美国宇航局（NASA）在国际空间站上运用植物工厂技术，已成功种出绿豆、菜豆和马铃薯等作物。

综上可见，设施园艺先进国家选择高投入、高产出的方式，劳动生产率和单位设施土地面积的产出率极高；依托先进的科研体制，基于大量的科学实验数据来指导生产实践，实行统一的精准的标准化生产技术规程。

二、主要发达国家设施园艺产业的基本情况

(一) 美国

美国史上有记录的第一座温室，由波士顿富商 Faneuil 于 1737年建造，用于种植水果。至 19 世纪 20 年代，美国温室已很常见，多采用煤炉取暖。有些温室则建于半地下，依靠南向窗户增温，如今仍可见此类温室。19 世纪下半叶，随着美国东北部重工业的崛起，其温室产业得到较快发展，设施生产观念被广泛接受。对园艺有兴趣的人也能拥有温室，其不再仅为富服务或为富所有。

美国的设施面积约为 190 万 hm^2，多为玻璃温室，少部分双层充气塑料薄膜温室，近年来也新建了少量聚碳酸酯板（PC）温室。塑料温室多采用半球形结构，异型钢材为骨架，覆盖材料以聚乙烯、聚氯乙烯、醋酸乙烯薄膜为主，还有少量玻璃纤维树脂板。美国温室以种植花卉为主，其面积约占温室总面积的 67%。

美国最早将计算机技术应用于温室管控。美国设施栽培技术发达，在融合计算机环境控制技术后，设施园艺生产水平非常高。计算机主要用于监测和控制温室环境（气象环境和栽培环境）。设施内监控指标包括气温、水温、土温、锅炉温度、管道温度、相对空气湿度、保温幕状况、通窗状况、泵的工作状况、CO_2 浓度、EC调节池和回流管数值、pH 调节池和回流管数值；室外监控项目包括大气温度、太阳辐射强度、风向风速、相对湿度等。设施园艺专家系统的应用，提高了种植者的决策水平，减轻了技术管理工作量，带来了很高的经济效益。

近年来，由于人们对食品安全和健康的日益关注，为避免污染危害健康，美国众多家庭引入设施园艺技术，为了各种环境下庭院都能产出安全的作物，庭院温室应运而生。美国家庭的后花园出现了各式温室，如依附于房屋侧墙的温室、独立式玻璃温室、独立式

塑料薄膜温室、网络半球形温室等，还有的建在屋顶或阳台或轮船甲板上。

(二) 荷兰

荷兰土地资源紧缺，通过围海、围湖造田等手段扩大耕地，人均耕地仅 0.2hm²，却依靠现代设施园艺，成为次于美国、法国的世界第三大农业出口国。

荷兰是世界上设施园艺最发达的国家，有智能温室 170km²，均为玻璃温室，占世界玻璃温室的 25%，以种植花卉和蔬菜为主。荷兰设施生产的蔬菜，占本国蔬菜总产值的 75%，绝大部分用于出口。

荷兰的智能温室，无论从面积规模、生产水平均居世界前列，却没有专职生产制造温室的企业，虽然有些专业配件生产厂家，但温室及配套设备的生产完全依靠高度国际化的市场体系。荷兰温室的覆盖、保温材料均进口自比利时、瑞典等国。温室建造主要依靠温室工程公司，具有国际输出能力的温室工程公司有 7～8 家，其主要业务是"集成组装"而非"制造"。通过市场调研获得需求信息，按客户要求进行设计、工程预算、资材购买、工程发包等，体现了智能温室工程建造专业化的特点。荷兰温室工程公司已从为欧洲提供工程服务，向全世界，特别是发展中国家提供服务。

(三) 日本

日本是个岛国，人均耕地资源少。日本有记录的第一座温室是 1880 年英国商人 Samuel Cocking 为出口药材建造。1960 年代开始，日本快速发展现代设施园艺产业，温室由单栋向连栋的大型化、结构金属化方向发展，至 20 世纪 70 年代为其高速发展期，政府资助农户建设使用大型现代化智能温室，国家资助建设经费达 50%，其他社会资助为 30%～40%，农户自付资金仅占 10%～20%，这有力地推动了设施园艺在日本的发展，使之跨入世界先进行列。2011 年日本有现代智能温室 500km²，以塑料薄膜温室为主；而玻璃温室常为门式框架双屋面大屋顶连栋温室。

（四）其他国家

地中海沿岸国家气候条件较好，设施园艺发展也较快，面积达3 530km^2。2011 年意大利有智能温室 728km^2，法国有 265km^2，西班牙有 717km^2，葡萄牙有 20km^2，主要是大型连栋塑料薄膜温室；东欧一些国家，如匈牙利有智能温室 23km^2，捷克有 36km^2，罗马尼亚有 12km^2，主要是玻璃温室，多为 Venlo 型结构，在主体骨架、配套设备、控制技术等总体水平低于荷兰；北欧有智能温室167km^2，主要是玻璃温室；美洲（除美国）有智能温室 156km^2。

第二节　国内设施园艺产业特点及发展现状

一、国内设施园艺产业特点

我国以设施蔬菜为主体的设施园艺生产在 20 世纪 90 年代以后进入高速发展期，全国设施栽培面积从 1978 年的 5 300hm^2 增加到2016 年的 5 872 万 hm^2。日光温室和塑料大棚等大型保护设施在21 世纪初进入高速增长期，目前占设施总面积的 80% 以上，而塑料小拱棚等简易设施的比例则从 20 世纪 80 年代初的 70% 下降到目前的 20% 以下，表明我国设施栽培的硬件水平有明显提高。不仅冬季设施栽培面积高速增长，夏季设施栽培（遮阳网、防虫网、防雨棚等）面积也得到高速发展，但新兴的现代化大型温室占设施总面积的比率不到 1%，而且主要分布在经济发达地区，作为都市农业或以经营高档蔬菜、花卉和种苗为主，就全国范围而言，以节能技术体系为核心的日光温室和塑料大棚多重覆盖栽培仍是我国设施栽培的主导形式。

我国设施栽培总面积从 1998 年开始便位居世界各国之首，2005 年我国设施蔬菜栽培面积已占世界总面积的 80% 以上，为欧洲、美国、东亚和南美洲地区总和的 8 倍多，其中塑料温室（含塑料大棚）面积是上述地区和国家总和的 11 倍多。2008 年我国大型设施栽培面积占世界总面积的 90% 以上，真正成为设施栽培大国（图 1 - 2 - 1），但就总体科技水平而言与世界先进国家相比仍有相当差距,设施环境可控程度低,抗灾能力弱,市场流通体制尚不健全,经济效益不够高。在因地制宜的材料结构优化与现代化、栽培管理和经营管理的现代化方面仍缺少经验和人才,一个高效稳定的设施栽培产业体系尚有待继续完善(图1-2-2)。

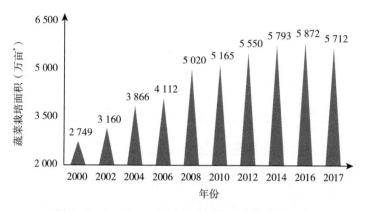

图1-2-1 2000—2017年我国设施蔬菜栽培面积

数据来源:中投顾问产业研究中心。

图1-2-2 2008—2016年我国各类型温室面积

数据来源:农业部农业机械化管理司。

* 亩为非法定计量单位,1亩≈亩。

（一）设施设备结构地区及功能定位差异化

我国设施园艺产业发展速度极快，改革开放以来，设施园艺产业地域范围不断扩大，目前全国各地均有设施开展园艺生产，从我国最北端的黑龙江漠河县北极村到最南端的海南三沙市永兴岛，从最西端的新疆乌恰县到最东端的抚远市都在发展设施园艺产业。

现代设施园艺源于西欧，如冬季低温寡照、光热资源严重不足的高纬度寒温带地区的英国、荷兰等国。位于北纬50°～60°的荷兰等国，即使在夏季，当地的月平均气温也只有16～17℃，其发展设施园艺的目的在于保护作物在严寒期正常生长。我国的东北、西北和华北等寒温带地区设施园艺运营的重点时期也是如此；但华东、华中、华南、西南等亚热带地区，低温并非主要气候限制因子，夏季的高温烈日、台风暴雨、涝渍湿热与冬季短期的低温冷害，是主要的限制性气候。因此我国南北方设施类型结构、利用方式及其配套的栽培管理技术显然不同，具有自主创新性和中国特色的高效节能日光温室和引进的密封性强的西欧现代温室适宜于北方地区，而南方则以塑料大棚多重覆盖、夏季简易设施栽培和冬夏兼用的开放型温室为主；现代化智能自控温室，则在冬季光热资源丰富的黄淮海地区和亚热带南方地区或能源资源特别丰富的某些北方地区及经济发达地区或大中城市郊区作为都市农业、专业化穴盘育苗工厂、休闲观光农业、外向型农业和军工特需农业等定位发展。

设施园艺产业在现代科学技术的推动下，在发挥其生产功能的基础上不断拓展功能，其中，都市农业方向就是其中之一。进入21世纪，我国城市工业化、农村城镇化速度加快，为解决城市农业资源先天不足及人口和环境带来的巨大压力，满足城市发展需求，东部沿海发达地区率先在城郊发展观光农业、生态农业等都市农业，现已初具规模，基本具备了农产品供应、生态保护、休闲观光、文化传承等多种功能，有效缓解了经济快速增长与环境资源保护之间的矛盾。设施园艺是都市农业的主要载体和技术支撑，都市农业的建设发展需要温室、大棚等设施和现代农业栽培技术作为依托，设施园艺作物的创意性栽培又为都市农业增添观赏性和经济效益。近年来，我国在都市型设施园艺关键技术方面进行了积极的探索，在设施园艺作物墙式栽培、空中栽培、蔬菜树栽培、植物工厂、栽培模式与景观设计等关键技术和配套设备研究方面取得了重要进展，满足了人们对都市农业园艺产品新奇特和观光休闲的要求。

（二）新技术选育设施高效优质品种

设施作物遗传改良和设施作物新品种的选育广泛采用现代生物技术和航天工程技术。例如，利用分子标记技术筛选优良种质资源，利用生物分子工程技术、细胞融合技术改良品种性状，利用基因工程技术、航天诱变等技术选育适合于设施栽培的优良园艺作物品种。目前，利用以上技术手段已筛选和培育出适合我国设施栽培的辣椒、番茄、黄瓜、甜椒、菊苣、球茎茴香等的温室专用型品种300余个，其中设施蔬菜品种约占 1/2，设施专用型品种日趋丰富，产品功能性愈加完善，逐渐满足人们对园艺产品多元化的消费需求。

（三）低碳节能环保型技术等集约化高效技术成为发展和研究的重点

根据我国各地不同的气候特点，在引进、消化、吸收国外先进设施设备技术的基础上，开发了一大批适合我国不同气候类型设施园艺生产的节能、高效新材料和新设备。例如，越冬保温、越夏降温的新型覆盖材料，滴灌管带系统及大棚骨架复合材料等。我国紧紧围绕温室工程建设节本增效的总目标，本着合理利用建设地区的气候资源、积极开发利用可再生能源的原则，运用温室建设区域优化布局与标准化配套、太阳能高效利用、新型保温材料开发和节能降耗等技术手段，建立了温室标准化设计的技术平台；将浅层地源热泵技术应用于连栋温室和日光温室，提出了地热在温室中应用的有效措施；研究开发了钢渣混凝土墙体、相变蓄热墙体及蜂窝状墙体，热工性能均优于普通混凝土和黏土机砖；结合我国的气候特点，以华南、华东、华北和西北气候为基础，分别研究了不同气候条件下连栋温室和日光温室的节能技术，相比传统温室，连栋温室

综合节能率可达 $11.6\%\sim38.5\%$，与传统加温温室相比，我国独创的节能型日光温室每亩均节约标准煤 25t，2008 年 64.3 万 hm^2 节能型日光温室共节约标准煤 2.4×10^8t，等于少排放了 6.3×10^4t CO_2、2.05×10^6t 二氧化硫、1.78×10^6t 氮氧化物，与现代化温室相比节能减排贡献额提高了 3～5 倍。

改革开放以后，无土栽培逐渐在我国发展起来；1985 年中国农业工程学会设立无土栽培学组，"七五""八五"期间农业部把蔬菜无土栽培列为科研项目，北京、南京、杭州、广州及山东等地相继研究开发出适合国情的高效、节能、实用的蔬菜无土栽培技术，作为具有我国自主知识产权的农业高新技术实现了国产化，并在全国推广。全国无土栽培面积从 1982 年的不到 $2hm^2$ 增加到 1990 年的 $15hm^2$，到了 1999 年已达到 $200hm^2$ 左右，2005 年达到 1 500 hm^2，目前在 10 000 hm^2 以上，主要以简易型有机基质槽式栽培为主，现仍保持蓬勃发展的势头。

（四）建立具有自主知识产权的设施园艺产业体系

改革开放以来，我国科研院校通过设施整体技术的引进和自主创新，开发出一大批具有自主知识产权，适用于我国不同区域和气候条件的新型设施，初步形成了符合国情的科研、教学、推广及生产应用的设施园艺产业化体系。设施的建造及配件生产企业数量高速增长，为设施园艺的快速发展提供了技术支撑和装备保障。除此以外，形成了类型多样、性能全面、用途广泛的配套设施设备及栽培技术，加温、保温、降温、遮阳及灌溉、无土栽培、节水灌溉、CO_2 增施、生物育种、机械卷帘自动化等领域的技术水平也不断提高。建立健全了设施园艺作物高产、稳产的栽培技术规范，提出了管理量化指标及计算机辅助决策系统、无公害农产品与病虫害综合防治系统。在此管理技术下，以黄瓜和番茄为例，每亩年产量分别为 18t 和 20t，较一般设施栽培增产 1～2 倍，节水 30%，产品商品率提高 10%，病虫害防效达 90% 以上，农药用量减少 $30\%\sim50\%$，实现了设施蔬菜的无公害生产，同时提出了 20 多种蔬菜无土栽培技术规程。

随着现代工业技术在我国设施园艺产业中的应用，逐步形成了环境调控、栽培耕作、采摘运输、智能管理等设备系统，例如，以无土栽培固体基质消毒与营养液循环再利用技术装备、CO_2 施肥器、土壤消毒设备、工厂化育苗与运输设备为代表的消毒设备和栽培设施，以植物生理生态监测系统、温室环境智能化调控系统和专家咨询管理软件系统为代表的设施园艺生产管理设备，以温室覆盖材料和灌溉装置为代表的温室设施装备，以小型耕作机、嫁接用大粒种子定向播种机、穴盘苗播种机、果蔬清洗分级机、自动嫁接装备和自动幼苗移钵装备为代表的设施农机类装备。这些设施、装备的研发及推广提高了我国设施园艺的机械化生产水平，推动了设施园艺产业的可持续发展。

1980 年以来，随着高新农业技术的快速发展，传统农业生产已逐渐由资源依赖型向科技依存型转变。作为以现代农业高新技术为核心的农业科技园区，在成果转化、技术示范推广、产业升级等方面扮演了重要角色，已成为设施农业的重要组成部分。我国农业科技园的发展经历了试验、探索和发展三个阶段，从弱到强、从低级到高级不断发展，从单一示范向带动区域经济发展转变，从由政府单一主体向企业、高校、科研院所复合主导转变，在国家有关部门、各级政府重视和社会各界的广泛参与下，中国农业科技园区建设取得了巨大的成就，为提高我国设施园艺产业整体水平，加快农业现代化步伐发挥着越来越重要的作用。

二、我国设施园艺发展前景

设施园艺产值高，比较效益明显。2010 年，设施园艺产业的总产值逾 7 400 亿元，净产值逾 5 700 亿元。以设施蔬菜为例，2010 年全国设施蔬菜的产值为 6 965.3 亿元，占蔬菜产业产值的 63.8%，占种植业产值的 18.9%，相当于畜牧业产值的 33.4%，是渔业产值的 1.4 倍，是林业产值的 2.7 倍。与露地栽培相比较，具有较高技术含量的设施园艺通过对生产环境的调控，能够大幅度提高单产效益。据抽样调查分析显示，设施园艺生产的每亩综合平均产值为 13 485.5 元，净产值为 10 456.1 元，比露地生产高了3～5倍，投入产出达到 1∶4.45。以大棚黄瓜为例，平均每公顷每年产量为 73.7t，与露地种植相比较，产量增加了 22.3%，由于能够提前上市且品质较好，所以与露地种植相比，销售收入提高了 61.5%，净利润增加了 35.3%。

三、主要设施园艺产业先进省份发展现状

（一）山东省

山东是传统蔬菜大省，由于气候条件适宜，蔬菜栽培历史悠久，品种资源丰富，素有"世界三大菜园之一"的美誉。经过近30年的不断发展与壮大，山东蔬菜产业已经成为特色鲜明、效益显著的优势产业，在优化种植结构、满足市场供应、增加农民收入及平衡国际贸易等诸多方面都发挥了重要作用。但也面临着优势地位不断弱化、价格波动加剧和劳动力瓶颈凸显等突出问题。

山东省设施蔬菜发展迅速，已成为设施面积最大的省份。2015年播种面积逾 97.33 万 hm²，约占全国设施蔬菜总面积的 1/4。其中：日光温室 30.00 万 hm²，大、中拱棚 46.00 万 hm²，小拱棚 20.67 万 hm²。据《全国蔬菜重点区域发展规划》，寿光市、兰陵县等 56 个县（市、区）被列入"黄淮海与环渤海设施蔬菜重点区域基地县"名单，占全国的 30% 以上。

2011 年 4 月 12 日，以山东省农业科学院蔬菜研究所、山东省蔬菜种业技术创新战略联盟、山东省农业专家顾问团蔬菜分团为发布单位，举行了蔬菜专用品种育种成果发布会，共发布了 35 个新品种，其中设施蔬菜专用品种（含砧木品种）26 个。山东省蔬菜育苗企业目前采用的育苗设施多为日光温室（冬季）、塑料大棚以及连栋温室。2010 年蔬菜集约化育苗技术已成为山东省农业厅、科技厅发布的主推技术，2016 年集约化育苗总量超过 54 亿株，成为当地有优势的设施农业产业。作物以茄果类最多，其次为瓜类，少量十字花科。

山东省蔬菜出口量、出口额约占全国的 1/3，连续 15 年稳居全

国第一。据《全国蔬菜重点区域发展规划》，莱阳、安丘等 35 个县（市、区）被列入"东南沿海出口蔬菜重点区域基地县"名单。截至 2015 年，山东省蔬菜加工出口企业逾 3 000 家，出口市场覆盖世界五大洲的 170 多个国家和地区，出口货值达到 36.20 亿美元。

（二）上海市

上海是我国最早开展蔬菜设施栽培的地区之一。在总结设施蔬菜发展经验的基础上，上海于 1996—1998 年在南汇县东海蔬菜示范基地、浦东新区孙桥现代农业开发区、闵行区马桥园艺场和南汇县新场蔬菜园艺有限公司等处，共引进 15hm² 的荷兰玻璃温室和以色列薄膜温室。引进的荷兰加温温室番茄年产达到 350t/hm²，黄瓜达到 400t/hm²，甜椒达到 190t/hm²，极大地促进了上海设施栽培和温室制造产业的发展，生产的温室在全国各地推广应用。

目前，上海共有从荷兰、以色列、法国、西班牙等地引进的现代化温室 35hm²，国产化智能温室 30hm²，各种连栋大棚 50 多 hm²，单栋大棚 1 666.7hm²，简易大棚 3 000hm²，全市各类保护设施面积近 5 000hm²，占常年蔬菜生产面积的 1/3。现代化设施进一步增强了抗御自然灾害的能力，为上海蔬菜发展创造了良好条件。目前，全市拥有种苗园艺场 234 个，工厂化育苗设施 200 多座，全、半固定喷灌 4 933hm²，各类农业机械 1.2 万余台。

（三）福建省

根据农业部统计，截至 2016 年年底，福建省设施面积约 1 万 hm²，主要种植蔬菜和食用菌。其中福建省食用菌栽培基本实现设施化。在花卉、菌菇等产业中出现了智能控温、控湿连栋钢架大棚的植物工厂，设施设备水平不断提高。

福建山多田少，丘陵约占土地总面积的 85％；生态资源优良，平均气温 17.0～21.3℃，年降水量 1 100～2 200mm，且降水集中在 3～10 月，雨热同步，为作物生长提供良好的气候条件，适宜发展特色经济作物。现已经形成闽西北绿色产业、闽东南高优农业、沿海蓝色产业 3 个产业带，并围绕当地特色农产品形成了不同的农业产业集群，例如古田菇产业、安溪茶产业、漳州花卉产业、三明林产加工、莆田果蔬等特色鲜明、竞争力强的农业产业集群，已成为地方经济增长、农民增收的主导力量。

福建依靠与台湾地区的地缘关系，借助台湾农民创业园的带动，闽台农业交流合作不断深化，台商将设施栽培技术、设施新品种等移植到福建。如今，具有台湾背景的水果、花卉、苗木产业已经成为福建的名牌。

四、我国设施园艺产业存在问题及未来发展趋势

目前我国蔬菜设施生产仍存在一定局限性，如抵御不良气候条件影响能力较差，生产效率不高，土地利用效率不高，在管理上较为费工时等，比较适合单个农户的小生产方式，难以实现大规模的工业化生产。存在的问题主要表现为以下几点：

（一）科技含量低，应不断提高设施科技水平

我国由于技术和经济的原因，采用的是低投入、低能耗的技术体系。温室结构简易，环境控制能力低；栽培管理主要靠经验，与数量化和指标化生产管理的要求相差甚远；温室种植品种也大多是从常规品种中筛选出来的，还很少有专用型、系列化的温室栽培品种，设施条件下农产品的产量和品质始终在低水平上徘徊。主要从设施设备、专用品种、科学化管理等方面不断提高科技水平。

（二）设施水平低，应不断提高设施规范化水平

我国设施栽培面积很大，但设施装备的水平低下，90％以上的设施仍以简易型为主，有些仅具简单的防雨、保温功能，抗御自然灾害能力差，土地利用率低，保温、采光性能差，作业空间小，不便于机械操作，更谈不上对设施内的温、光、水、肥等环境因子的综合调控。虽在一定程度上适应了比较落后的农村经济状况和较低的人民生活水平的需求，但整体设施水平较低，不适应现代农业发展需要。结合国内外先进经验，未来无人化设施水平应不断提高。

（三）机械化程度低，应不断提高自动化、智能化水平

我国设施农业机械的配套水平不高，机械化作业水平低，生产仍以人力为主，劳动强度大。现有的产品机型不多，且多为借用已

有的露地用小型耕耘机械。机械化水平低也是制约我国设施农业发展的瓶颈。应提高机械化水平，减少劳动力，特别是自动化、智能化物联网等新技术的加大运用。

(四) 运行管理水平低，应不断提高产业化管理水平

当硬件设施建成后，软件技术将起到主导作用。设施农业发达的国家除了拥有先进的硬件设施，还需要有生产-加工-销售有机结合和相互促进、完全与市场相适应的运行管理机制。不断提高产业化管理水平。

（余超然）

<<< 参 考 文 献 >>>

高丽红，郭世荣．2015. 现代设施园艺与蔬菜科学研究 [J]. 北京：科学出版社．

郭世荣，2012. 设施作物栽培学 [J]. 北京：高等教育出版社．

郭世荣，2011. 无土栽培学 [J]. 2版．北京：中国农业出版社．

李式军，郭世荣，2011. 设施园艺学 [M]. 2版．北京：中国农业出版社．

齐飞，周新群，张跃峰，等，2008. 世界现代化温室装备技术发展及对中国的启示 [J]. 农业工程学报，24 (10)：279-285.

王宏丽，邹志荣，陈红武，等，2008. 温室中应用相变储热技术研究进展 [J]. 农业工程学报，24 (6)：304-307.

魏晓明，齐飞，丁小明，等，2010. 我国设施园艺取得的主要成就 [J]. 农机化研究 (12)：227-231.

张福墁．2001. 设施园艺学 [M]. 北京：中国农业大学出版社．

中国农业科学院蔬菜花卉所．2009. 中国蔬菜栽培学 [M]. 2版．北京：中国农业出版社．

池田英男，2010. 植物工厂ビジネル [J]. 东京：日本经济新闻出版社．

Bergstrand K J, 2010. Approaches for mitigating the environmental impact of greenhouse horticulture [J]. Acta Universitatis Agriculturae Sueciae, 93：1-55.

Campiottl C, Alonzo G, Belmonte A, et al, 2011. Renewable energy and innovation for sustainable greenhouse districts [J]. Fasicula de Energetica, 15: 197 - 201.

Ghehsareh A M, Borji H, Jafarpour M, 2011. Effect of some culture substrates (date - palm peat, cocopeat and perlite) on some growing indices and nutrient elements uptake greenhouse tomato [J]. African Journal Microbiology Research, 5 (12): 1437 - 1442.

Giacomelli G A, Sase S, Cramer R, et al, 2012. Greenhouse production systems for people [J]. Acta Horticulturae, 927: 23 - 38.

Kjaer K H, Ottosen C O, 2011. Growth of chrysanthemum in response to supplemental light provided by irregular light breaks during the night [J]. Journal of the American Society for Horticultural Science, 136: 3 - 9.

Kozai T, Ohyama K, Tong Y, et al, 2011. Integrative environmental control using heat pumps for reductions in energy consumption and CO_2 gas emission, humidly control and air circulation [J]. Acta Horticulturae, 893: 121 - 129.

Liu X Y, Guo S R, Xu Z G, 2011. Regulation of chloroplast ultrastructure, cross - section anatomy of leaves, and morphology of stomata of cherry tomato by different light irradiations of light - emitting diodes (LED) [J]. Hort Science, 46 (2): 217 - 221.

Mukhopadhyay S C, 2012. Smart sensing technology for agricultural and environment [M]. Berlin Heidelberg: Springer Press.

Sonneveld P J, Swinkels G L A M, Bot G P A, et al, 2010. Feasibility study for combining cooling and high grade energy production in a solar greenhouse [J]. Biosystems Engineering, 105 (1): 51 - 58.

Van der Lans C J M, Meijer R J M, 2011. A view of organic greenhouse horticulture worldwide [J]. Acta Horticulturae, 915: 15 - 22.

Van Straten G, 2011. Optimal greenhouse cultivation control: How to get there//Kozai T, Bot G P A. Protected Horticulture advances and innovations - proceedings of 2 011the 2nd high level international forum on protected horticulture [M]. Beijing: China Agricultural Science and Technology Publishing House, 14 - 15.

Van Straten G, van Willigenburg L G, van Henten E J, et al, 2011. Optimal control of greenhouse cultivation [M]. Boca Raton: CRC Press.

Wang J, Liu G, 2012. A design of greenhouse remote monitoring system based on WSN and WEB [J]. Computer and Computing Technologies in Agriculture, 370: 247 - 256.

Younsi Z, Zalewski L, Lassue S, et al, 2011. A novel technique for experimental thermophysical characterization of phase - change materials [J]. International Journal of Thermophysics, 32 (3): 672 - 674.

第二部分

现代设施园艺新品种新技术

　　随着农业现代化水平的不断提高，设施园艺得到较快发展，特别是近年来部分地区推动的五位一体和现代农业产业园建设，有力地促进了设施园艺的发展，但设施园艺在生产上仍有不少问题，特别在新品种、新技术方面。为此本部分围绕生产需求及地域气候特点，介绍设施栽培专用品种及精准化栽培管理技术。

第一章
华南型樱桃番茄工厂化生产

第一节 概　　述

一、起源

番茄（*Solamum lycopersicum*）为茄科（Solanaceae）草本植物，别名西红柿、番柿、柿子等，原产于南美洲西部高原地区秘鲁、玻利维亚、智利、厄瓜多尔等地，由于其风味独特及适应性广等特点，在短短的 100 多年栽培历史中已发展为全世界最重要的蔬菜作物。据 FAO 统计 2017 年全世界番茄年种植面积约 485 万 hm^2。

樱桃番茄（*S. lycopersicum* var. *cerasiforme*）又称微型番茄、迷你番茄、小番茄等，是普通栽培番茄的祖先（即现在普通栽培番茄是由樱桃番茄驯化而来），其与传统栽培番茄相比在营养风味、外观品质及适应性等方面具有更为突出的特点。据统计，全世界现有樱桃番茄种植面积约 $8.0 \times 10^5 hm^2$，其中我国约在 $1.0 \times 10^5 hm^2$ 左右。

二、生物学特性

樱桃番茄根系发达，根系再生能力强，茎半蔓性或半直立状，分枝性强，按生长和开花习性可分为有限生长型和无限生长型两种，花为两性花即雌雄同花，自花授粉作物，单式花序或多歧花序。果实为多汁浆果，形状有扁平、扁圆、圆形、高圆、长圆、卵圆、桃形、梨形、长梨形，果实颜色由表皮颜色及果肉颜色相衬而成，常有 5 种类型（表 2-1-1）。另外还有黑色、咖啡色、绿色、白色、花色等。樱桃番茄外形美观，具有很强的观赏性，尤其是近几年发展的串收樱桃番茄，观赏性更佳。

表 2-1-1　番茄果实、果皮和果肉主要颜色分类

果实颜色	果皮颜色	果肉颜色
鲜红色	橙黄色	红色、粉红色
粉红色	无色	粉红色
橙黄色	橙黄色	橙黄色
橙黄色	橙黄色	淡黄色
淡黄色	无色	淡黄色

樱桃番茄为喜温作物，生长适温 24～31℃，比一般番茄耐热，气温高于 35℃或低于 15℃生长缓慢。喜阳光充足，中光性植物，对日照长短要求较宽，以每天 16h 左右光照为最好，光饱和点 7.0×10^4 lx。樱桃番茄茎叶繁茂，蒸腾作用大，但根系强大，比较耐旱，空气相对湿度 45%～50%为宜，适应性广。

在设施条件下，樱桃番茄连续坐果性好，产量高，可作为多年生作物进行种植生产。

三、营养价值和经济价值

樱桃番茄果实中干物质含量占 4.3%～7.7%，其中糖分 2.0%～5.5%、柠檬酸 0.15%～0.75%、蛋白质 0.7%～1.3%、纤维素 0.6%～1.6%、矿物质 0.5%～0.8%、果胶物质 1.3%～2.5%，另外还含有丰富的维生素，特别是维生素 C（抗坏血酸），每 100g 果实含有 20～40mg，成年人每天食用 100g 左右樱桃番茄则能满足维生素及矿物质需要。

近年来的研究还发现，番茄果实中所含的番茄红素能高效猝灭单线态氧及消除过氧自由基，具有较强的抗氧化能力，对预防和治

疗多种癌症如宫颈癌、乳腺癌、皮肤癌、前列腺癌均有一定作用。另外果实中还含有一种特殊成分——番茄碱，具有降血压、降胆固醇等作用。

樱桃番茄果实可溶性固形物含量较高，一般达到8.0%以上（普通番茄为5.0%左右），且糖酸比好，酸甜可口，深受消费者喜爱，樱桃番茄可作为水果鲜食或作为蔬菜进行烹调煮食，还可以加工成番茄脯、番茄酱、番茄粉、饮料等。

樱桃番茄具有丰富营养价值，酸甜可口，深受消费者喜爱。由于其观赏性强，适应性广，适宜工厂化生产，且种植效益好，单位面积产出高，成为观赏农业、科普农业、都市农业等现代农业的主要品种。

四、广东省樱桃番茄生产现状

广东省现有樱桃番茄种植面积近10 000hm²，主要在粤西冬季反季节及粤北山区栽培。近几年也有不少企业投资设施农业，开展樱桃番茄种植，随着广东现代农业产业园的建设及设施农业的不断发展，广东的樱桃番茄种植面积将越来越大，主要有几方面原因：①广东省为我国经济发达地区，毗邻港澳地区，特别是粤港澳大湾区的建设，居民消费水平高，对水果型樱桃番茄的市场需求大，目前种植规模不能满足消费需要。②随着国家都市农业、美丽乡村建设、扶贫开发计划的推进，需要有高效的农业项目。③广东城市化水平比较高，人口密度大，人地矛盾突出，且随着城镇化环境污染等问题对粮食安全、食品安全、周年供应等要求较高，需要有单位面积产量高、高效优质、洁净、周年供应的现代化农业品种。

当然广东发展樱桃番茄生产也存在一些突出问题，主要是广东地处热带亚热带地区，夏季温度高且湿度大，对樱桃番茄生长不利，同时台风较多，影响樱桃番茄生产。所以要发展樱桃番茄生产，必须依靠现代技术，特别是作物工厂化生产技术。作物工厂化生产在一定程度上可摆脱对自然环境条件的依赖，有效防御高温高湿、台风等恶劣天气的影响。同时具有优质、高产、稳产、单位产出率高等特点。

广东目前作物工厂化生产面积不大，设施栽培面积约 20 000hm²，在全国也处于较低水平，这主要是由于设施投入较大（抗台风、人工降温等），经营成本较高，缺乏优质高效种植品种与经营模式，特别是优质、高效、安全的设施栽培专用品种。所以要发展设施农业必须从设施设备、专用品种到种植模式集成创新出适合广东气候特点的华南型作物工厂化生产关键技术，从而提高种植效益。

广东省农业科学院相关课题组针对此问题，开展相关研究，从20 世纪 90 年代开展探索樱桃番茄水培生产技术，近年来结合相关学科最新发展成果，在原有基础上集成创新了樱桃番茄工厂化生产技术，形成了华南型樱桃番茄生产（水培）关键技术体系，并在生产上示范，取得了较好的社会经济效益。

第二节　优良品种介绍

生产上对樱桃番茄新品种的要求较高，要求优质、多抗、高产、广适等，特别在品质方面要求高可溶性糖、适宜糖酸比、口感佳、皮薄肉厚汁多、商品性好、裂果少、耐贮运、果型美观、颜色鲜艳有光泽、萼片长且直，抗多病虫害，特别是番茄黄化曲叶病毒及青枯病等，花序大且花数多，连续坐果能力强，可散收或串收，耐高温、高湿，适合设施及露地栽培。目前生产上大部分优良品种是国外品种，经过国内育种家的努力，近几年也有不少国内新品种在生产上推广且表现较好，现简单介绍其中的一部分新品种。

1. 中樱 6 号　中国农业科学院培育的杂交一代，无限生长类型，植株长势旺盛；中早熟；果实圆形至高圆形，幼果有绿果肩，色泽亮丽，单果重20g 左右，红色，果穗整齐，坐果好，口感品质佳；抗番茄黄化曲叶病毒和根结线虫病。

2. 浙樱粉 1 号　浙江省农业科学院培育的杂交一代，无限生长类型，生长势强；早熟，始花节位 7 叶，总状或复总状花序，具单性结实特性，连续结果能力强；果实圆形，单果重 18g 左右，未熟果实有绿肩，成熟果粉红色、着色一致、色泽好，商品性佳；果实可溶性固形物含量可达 9％以上，总氨基酸含量 1.07％以上，糖酸比合理，鲜味足，口感丰富；综合抗病、抗逆性好，高温条件下坐果率高，抗番茄花叶病毒（ToMV）、灰叶斑病和枯萎病。

3. **樱莎黄** 青岛农业科学院培育的杂交一代，无限生长类型，长势强；总状或复总状花序；果实黄色，圆及卵圆形，平均单果重 18g，品质好，可溶性固形物含量可达 8.0％以上；丰产性好，适宜日光温室越冬栽培及春、秋保护地栽培，抗叶霉病、花叶病毒和斑萎病等病害。

4. **樱莎红 4 号** 青岛农业科学院培育的杂交一代，无限生长类型，生长势强；果实圆形，红色，有绿肩，单果质量 15～18g，较耐贮运，可溶性固形物含量可达 8％～9％；产量高，耐低温，生育期 110d 左右，适应性强，抗黄化曲叶病毒、枯萎病。

5. **粤科达 101** 广东省农业科学院设施农业研究所培育的杂交一代，无限生长型；多歧花序；未熟果实有绿肩，果实黄色，果型圆正，萼片直，单果重约 18g，可溶性固形物 9.0％以上，口感好，酸甜适中，有香味，裂果少，耐贮运；抗番茄黄化曲叶病毒和青枯病，高产，适宜设施和露地栽培。

6. **粤科达 201** 广东省农业科学院设施农业研究所培育的杂交一代，无限生长型，多歧花序，未熟果实有绿肩，果实鲜红有光泽，椭长形，单果重约 16g，可溶性固形物 9.0％以上，口感好、脆甜，裂果少，耐贮运；抗番茄黄化曲叶病毒和青枯病，高产，适宜设施和露地栽培。

7. **粤科达 301** 广东省农业科学院设施农业研究所培育的杂交一代，有限生长型，早熟；多歧花序，可串收；未熟果实有绿肩，果实粉红色，果型圆正有光泽，萼片长且直，单果重 16g 左右，可溶性固形物 8.6％以上，口感较好，酸甜可口，番茄味浓，裂果少，耐贮运；抗病性强，特别是抗番茄黄化曲叶病毒和青枯病，具有抗黄化曲叶病毒 *TY1*、*TY3* 基因位点，抗青枯病 *BW12* 基因位点，抗烟草花叶病毒 $Tm2a$ 基因位点；适应性广，产量高，适宜设施和露地栽培。

8. 粤科达 401　广东省农业科学院设施农业研究所培育的杂交一代，无限生长型，多歧花序；未熟果实有绿肩，果实绿色，果型圆正，单果重约 20g，可溶性固形物 8.0% 以上，口感好；长势旺，高产。

9. 粤科达 501　广东省农业科学院设施农业研究所培育的杂交一代，无限生长型，多歧花序；未熟果实有绿肩，果实咖啡色，果型圆正，单果重约 20g，可溶固形物 7.5% 以上，含水量多；抗病，高产。

10. 粤科达 601　广东省农业科学院设施农业研究所培育的杂交一代，无限生长型，多歧花序；果皮有花纹，红绿相间，果实椭圆形，单果重约 18g，可溶性固形物 7.5% 以上，含水量多；抗病，适应性广，高产。

11. 夏日阳光　以色列海泽拉公司培育的杂交一代，无限生长类型，多歧花序；未熟果实有绿肩，果实黄色，果型圆正，单果重约 18g，可溶固形物 8.5% 以上，口感好；产量高。

12. 格雷斯　以色列海泽拉公司培育杂交一代，无限生长类型，单式花序，适宜串收；未熟果实无绿肩，果实红色、椭圆形，单果重约 16g，可溶固形物 8.0% 以上，口感适中；适应性强。

13. 金玲珑　台湾农友公司培育的杂交一代，无限生长类型，多歧花序，适宜串收，未熟果实有绿肩，果实橘黄色，椭圆形，单果重约 16g，可溶固形物 8.0% 以上，口感好，适应性强。

14. 朱女　台湾农友公司培育的杂交一代，无限生长类型，多歧花序，未熟果实有绿肩，果实鲜红色，椭圆形，单果重约 16g，可溶性固形物 8.5% 以上，风味好，产量高，适应性强，抗逆性好。

15. 千禧　台湾农友公司培育的杂交一代，无限生长类型，多歧花序，未熟果实有绿肩，果实粉红色，果型近椭圆形，萼片较好，单果重约 20g，可溶性固形物 8.5% 以上，口感好，产量高。

16. 圣女 台湾农友公司培育的杂交一代,无限生长类型,早熟,植株高大,每穗最多可结果 60 个;单果重约 14g,果实椭圆形,果面红亮,可溶性固形物可达 10%,果肉多,不易裂果,风味好;耐热,耐病毒病、叶斑病、晚疫病,耐贮运。

17. 京番黑罗汉(珍稀黑果)番茄 北京市农林科学院蔬菜研究中心培育的杂交一代,无限生长型;果圆形,单穗坐果 8~18 个,单果重 20~30g,果色黑亮,受阳光诱导,口感硬脆,可切片食用,适合高端生态园区和高档即食餐饮市场。

18. 京番红星 1 号 北京市农林科学院蔬菜研究中心培育的杂交一代,无限生长型,长势强,早熟;果实短椭圆形,色泽亮,萼片美观,每穗坐果数 12~18 个,单果重 20~30g,口味甜,硬度高,耐裂果;具有抗番茄黄化曲叶病毒病 $Ty1$ 基因位点、抗番茄花叶病毒病 $Tm2a$ 基因位点、抗根结线虫病 $Mi1$ 基因位点、抗叶霉病 $Cf9$ 基因位点特性,适合春、秋及越冬保护地或露地种植。

19. 京番黄星 7 号 北京市农林科学院蔬菜研究中心培育的杂交一代,无限生长型,长势强,早熟;果实圆形,色泽正黄靓丽,萼片美观,每穗坐果数 12~16 个,单果重 15~20g,硬度高,口味甜、风味浓;具有抗番茄黄化曲叶病毒 $Ty1$ 和 $Ty3a$、抗根结线虫病 $Mi1$、抗斑萎病毒病 $Sw-5$、抗晚疫病 $Ph-3$ 等基因位点特性,适宜北方保护地或南方露地栽培。

20. 京番粉星 1 号 北京市农林科学院蔬菜研究中心培育的杂交一代,无限生长型,早熟;果实圆形,绿肩,萼片美观,甜度高,硬度好,风味佳,每穗坐果数 12~20 个,单果重 16~20g;具有抗番茄黄化曲叶病毒病 $Ty1$ 和 $Ty3a$ 基因位点、抗根结线虫病 $Mi1$ 基因位点、抗番茄花叶病毒病 $Tm2a$ 基因位点、抗叶霉病 $Cf9$ 基因位点、抗灰叶斑 Sm 基因位点、抗番茄斑萎病毒病 $Sw5$ 基因位点、抗番茄晚疫病 $Ph3$ 基因位点、抗茎基腐病 $Fcrr$ 基因位点、抗枯萎病 $I2$ 基因位点等特性,适合春、秋保护地兼露地种植。

21. 红太阳 北京市农业技术推广站培育的杂交一代,无限生长型,中早熟;果实红色,圆球形,口感酸甜适中,风味好,品质佳，抗病性强。

22. 维纳斯 由北京农业技术推广站培育的杂交一代，无限生长型，早熟；果实成熟后变为橙黄色，圆形，果皮较薄，口感酸甜适中，风味好，品质佳，抗病性强。

23. 黑珍珠 从德国引进的番茄杂交一代品种，无限生长型，中熟；果实成熟后为紫黑色，硬度高，极耐运输，单果重 18～20g，口感酸甜适中；耐热性较好，抗叶霉病、晚疫病。

24. 福特斯（72-152） 荷兰瑞克斯旺（中国）农业服务有限公司培育的杂交一代，无限生长型，早熟，总状花序，果穗排列整齐，适宜串收，也可散收；果实鲜红色、有光泽，圆形，平均单果重 10～15g，每穗有 10～12 个果，果实较耐贮运，口味佳，抗病。

25. RZ723-191 荷兰瑞克斯旺公司培育的杂交一代，无限生长型；红果，圆正，单果重 18～20g，可串收、散收。

26. C95 法国 Gautier 种子公司培育的杂交一代，无限生长型；红果，单果重 16～18g，可串收、散收。

第三节　华南型樱桃番茄工厂化生产关键技术

广东省农业科学院相关课题组根据动态漂浮培原理，结合广东华南热带亚热带气候的特点，吸收国内外先进技术集成创新而成为华南型工厂化生产（水培）技术模式。该关键技术模式包括五个方面，即设施设备、专用品种、营养液管理、根际环境调控及周年管理技术等。具有五大特点：①适宜华南热带亚热带气候，具有较好的降温降湿、防台风等特点。②具有稳定且丰氧的根际环境，不怕短时间停电，营养液动态流动对植物营养供应稳定。③技术成熟且简单、易建设，包括设施、专用品种、周年管理技术等。④投资低，投入产出比高。⑤周年生产，产品洁净化，可全年进行作物生产，提高种植效益。

一、设施设备

设施设备包括五个系统，即保护系统、栽培系统、循环系统、控制系统及加氧系统。

（一）保护系统

保护系统有三种类型，即都市观光型、生产型及简易型。

1. 都市观光型（智能连栋玻璃温室）　采用单脊双坡面"人"字形连栋结构，覆盖5mm厚透明漂浮法玻璃，外设活动遮阳系统，顶部设2m宽双翼连片式升翻窗，设有风机和水帘，通过计算系统调控温度、湿度、光照等。其优势是采光面积大，光照均匀，抗风能力强，环境稳定性好，且使用寿命长，每亩造价30万～40万元。其主要技术参数如表2-1-2所示。

表2-1-2　智能连栋玻璃温室主要技术参数

技术参数	数值
脊高（m）	4.8
肩高（m）	3.3
外遮阳（m）	5.3
跨度（m）	6～10
开间（m）	3
边柱距（m）	3
承载风压（kN/m^2）	0.7，相当于12级台风
作物荷载（kg/m^2）	15
最大排雨量（mm/h）	140

2. 生产型（连栋钢架塑料大棚）　主要由双弧面小锯齿型、双弧面拱型和单坡锯齿型，屋面及四周覆盖塑料薄膜，顶部卷膜侧窗，根据实际需要可设通风机和水帘，其优势是自然通风效果好，空气对流，造价成本低，每亩造价5万～15万元。其主要技术参数如表2-1-3所示。

表 2 - 1 - 3　连栋钢架塑料大棚主要技术参数

技术参数	数值
脊高（m）	5.6
肩高（m）	3.3/3.5/5.1
外遮阳（m）	5.36
跨度（m）	8/9.6
开间（m）	4
拱距（m）	2
边柱距（m）	2
承载风压（kN/m²）	0.4～0.6，相当于9～11级台风
作物荷载（kg/m²）	15
最大排雨量（mm/h）	140

3. 简易型（简易标准薄膜大棚）　标准钢架薄膜大棚，也称插地拱棚。上盖多功能防滴膜，在炎热夏季上盖透光率45%遮阳网，四周为20目/cm² 白色防虫网（纱），结构简单，防锈能力强，经久耐用，具有一定抗风、避雨、遮阴、保温等功能，每亩造价2万～5万元。其主要技术参数如表2-1-4所示。

表 2 - 1 - 4　简易标准薄膜大棚主要技术参数

技术参数	数值
脊高（m）	3～3.5
肩高（m）	2
跨度（m）	6
拱距（m）	0.6～1
承载风压（kN/m²）	0.26，相当于7～8级台风
最大排雨量（mm/h）	1 120

（二）栽培系统

栽培系统由栽培槽（液槽）、定植板、定植绳和挂钩等组成。

定植槽、定植板由聚苯泡沫板组成。定植板宽 38cm、厚 1.5cm、长 100cm，板上有定植孔；定植槽长 100cm、宽 38cm、高 12cm，与定植板形成闭合系统，槽内铺设一层 0.03～0.04mm 聚乙烯黑膜，以防止营养液外流。

(三) 循环系统

循环系统由贮液池、水泵和管道等组成。营养液循环路线为贮液池→水泵→管道→进液口→栽培床（槽）→排液口→贮液池，成为闭合循环体。贮液池大小要根据种植面积而定，一般种植 2 000m²，营养液池 3m（长×宽×深）。

(四) 控制系统

控制系统由两部分组成：一部分即保护设备控制系统，包括空气温湿度传感器、计算机、控制箱及相应天窗开启设备等设施；另一部分为营养液循环控制系统，包括定时器、自动加水器及营养液感应器等，定时器主要用于控制营养液循环间歇。

(五) 加氧系统

加氧系统由浮板、无纺布、立体加氧器及分体加氧装置组成。

二、专用品种

设施栽培，特别是水培条件下，要求作物品种有较强的适应性、抗逆性、抗病性，且具连续坐果率高、高产（可串收）、高效、优质等特性。选择专用品种要根据市场需求及种植季节等，如观光农业，要求品种观赏性好、品质好、颜色鲜艳、穗形美观，最好是串收品种。扶贫型农业一般在山区种植，要求产量高、耐贮藏、适合长途运输等。目前生产上种植的樱桃番茄品种较多。

三、营养液管理

(一) 营养液配方

无土栽培营养液中含有多种营养元素，根据樱桃番茄生长特性和营养需求，这些元素依次为氮、磷、钾、镁、钙、硫、铁、锰、硼、铜、钼。其中，前三种为大量元素；镁、钙、硫为中量元素；

后六种为微量元素。另外番茄也需要氯、硅、钠，但一般水中均含有，不需要添加。各种元素虽用量不一样，但对作物同等重要。

到目前为止，全世界约有 300 多种营养液配方，其中番茄配方有近 100 种，生产上应用较广且经典的有日本园试配方（表 2-1-5）。

表 2-1-5　日本园试配方

肥料名称	分子式	水中加入肥料量（g/m³）
硝酸钙	$Ca(NO_3)_2 \cdot 4H_2O$	950
硝酸钾	KNO_3	810
磷酸二氢铵	$NH_4H_2PO_4$	155
硫酸镁	$MgSO_4 \cdot 7H_2O$	500
螯合铁	$EDTA \cdot Na_2Fe$	15~25
硫酸锰	$MnSO_4 \cdot HO$	2
硫酸铜	$CuSO_4 \cdot 5H_2O$	0.05
硫酸锌	$ZnSO_4 \cdot 7H_2O$	0.2
硼酸	H_3BO_3	3
钼酸铵	$(NH_4)_6Mo_7O_{24} \cdot 4H_2O$	0.33

广东省农业科学院相关课题组经多年试验筛选创制了水培樱桃番茄营养液配方（表 2-1-6）。

表 2-1-6　广东省农业科学院设施农业研究所
水培樱桃番茄营养液配方

肥料名称	分子式	水中加入肥料量（g/m³）
硝酸钙	$Ca(NO_3)_2 \cdot 4H_2O$	900
硝酸钾	KNO_3	500
磷酸二氢铵	$NH_4H_2PO_4$	50
磷酸二氢钾	KH_2PO_4	150
硫酸镁	$MgSO_4 \cdot 7H_2O$	300
螯合铁	$EDTA \cdot Na_2Fe$	2.8

（续）

肥料名称	分子式	水中加入肥料量（g/m³）
硫酸锰	$MnSO_4 \cdot H_2O$	0.5
硫酸铜	$CuSO_4 \cdot 5H_2O$	0.02
硫酸锌	$ZnSO_4 \cdot 7H_2O$	0.05
硼酸	H_3BO_3	0.5
钼酸铵	$(NH_4)_6Mo_7O_{24} \cdot 4H_2O$	0.01

随着作物营养原料发展及人们对健康食品的需求，在原来营养液配方的基础上，不断探讨有机营养液的配方，可在营养液中加入有机物质，如酵素、经过充分腐熟动物粪便抽取物等。

（二）营养液管理

首先进行营养液的配制。配制营养液的水源含盐量 20mg/L 以上时不能使用，以中性或微酸性较好，配液时，为降低成本，可选用化学肥料做无机盐。在溶解无机盐类时要避免无机盐在溶解过程中发生反应产生沉淀，所以应避免高浓度的钙和磷、硫的盐类混合在一起溶解，配制时可先稀释，然后按比例混合。

营养液管理主要有两方面，一是酸碱度（pH），二是盐分浓度（EC值），樱桃番茄对营养液的适应范围在 pH 6.0～6.5，过高或过低均不好。樱桃番茄在不同生长阶段对各种营养液元素吸收量有所不同。另外水分的蒸发也会导致营养液的浓度的变化，所以需根据不同阶段及时调整营养液的 EC 值，一般从移植至开花期 EC 值 1.8mS/cm，开花结果期 2.0～2.6mS/cm，盛果期可在 2.6mS/cm 以上，但不能超过 3.0mS/cm，不然会出现萎蔫。

四、根际环境调控

对樱桃番茄进行水培其根际环境发生了变化，对于樱桃番茄的生长过程，根际环境决定了根的生长以及对营养元素的吸收，从而影响作物生长。适宜的根际环境即具有丰富的氧气，适宜的酸碱度

（pH）、盐分浓度（EC值）及温度等，根际环境的调控即营养液pH、EC值、氧气及温度的管理。华南型樱桃番茄工厂化生产模式，根据漂浮培原理采用浮板，在浮板上面覆盖无纺布，樱桃番茄种植在浮板无纺布及营养液之间，部分根系依附在无纺布上，根系通过毛细管作用既能保证植株的营养需要，又可保证根系氧气的供应，从而形成良好的根际丰氧环境。

在根际温度方面，为保证根部环境温度相对稳定且在适宜的范围，采用隔热效果即热传导能力低的聚苯烯（泡沫）做栽培槽及定植板，形成一个温度相对稳定的根际环境，同时栽培槽中有5cm左右厚度的营养液，达到较厚水层，可保持相对稳定的根际温度环境。此外，营养液池处于地表面以下，使水温降低，同时增加营养液循环时间等。通过综合措施夏季可使水温保持在25℃左右，若温度太高可采用井水降温或其他降温措施，冬季也同样可采用深井水提高水温或其他加温措施，确保根际温度环境处于适宜范围。

五、周年管理技术

周年管理技术主要包括两个方面，即种植技术和病虫害综合防治等。

（一）种植技术

种植技术包括播种、育苗、移栽、引蔓、稳枝和采收等。

1. 播种期　在华南特别是广东的气候条件下，设施栽培可周年种植，但一般情况下樱桃番茄种植主要分春、秋两季，即春季1月至2月中旬和秋季7月底至8月中播种，也可以一年种植一季，即7月底至8月中播种，10月开始采收一直采收到次年6月，即利用高温季节换季，大棚消毒清理。

2. 育苗　可采用育苗盘基质育苗，也可采用潮汐式水培育苗。育苗盘基质育苗一般用50穴较宜，基质采用泥炭土：蛭石：珍珠岩＝8：1：1，播种前最好用10％磷酸三钠浸种25min后冲水30min，约2片真叶时适当间苗（分苗），5～6片真叶即可移栽，移植前 2～3d 要控水，同时淋送嫁肥和喷杀菌剂、杀虫剂，以确保幼苗不带病菌、虫卵等。

3. 定植 根据定植板株行距进行，华南型樱桃番茄工厂化栽培模式其定植板每块板上面有 5 个定植孔即定植 5 株，每亩需 252 块，定植 1 260 株，一般定植板间距为 2.4m 左右。定植前要先做好前期准备，即营养液池、定植槽要放水，在定植槽内放上浮板，在浮板上覆好无纺布，幼苗放在无纺布及营养液间即可，营养液浓度（EC 值）在 1.0mS/cm 左右。

4. 引蔓、整枝、采收 定植后 15d 左右要及时引蔓。主要用定植牵引绳，一端系在植株基部，一端挂在高处钢绳上，要 1 周左右引蔓一次，具体是把绳绕着植株使其攀附向上生长。樱桃番茄有较多侧枝，要进行整枝，一般为单干整枝，即第一穗花下一侧枝保留，其余全部摘除掉。樱桃番茄采收有两种，一种是串收，即适宜串收品种成熟时采收，用剪刀从果穗与主茎连接处剪下；另一种为散收，采收时尽量保留萼片，即在离层处摘下，若是较长贮运的，果实八成熟即可采收，利于后期保鲜。

（二）病虫害综合防治

主要病害有病毒病、青枯病、白粉病、霜霉病、晚疫病等，虫害主要有烟粉虱、蚜虫等。一般采用综合防治为主，防治原则：①做好保护设施的防病虫效果，保护设施要闭合，防止病虫源进入。②做好环境卫生、消毒。③选择抗病、抗逆品种。④培养壮苗，保持植株健壮。⑤注意人工作业，减少人为传染。⑥利用诱虫板、诱虫灯等物理防治。

广东设施条件下种植樱桃番茄病虫害防治重点在栽前预备期、育苗期、移栽期（幼苗期）、开花期和挂果期。

1. 栽前预备期 一般这个时期要预留 2 周时间。①设施装备做好密封。即除一般如玻璃、PC 板或薄膜外，用防虫网做好密封，防止外来虫源飞进，减少无关人员进出。②做好环境洁净杀虫杀菌。在前茬结束后及时清理残剩植株、杂草等。③高温闷棚。在晴朗天气彻底密闭温室 5～7d，使之内部温度达到 55℃以上，可有效杀死大部分虫卵和病原真菌。

2. 育苗期　该时期重点防治猝倒病、立枯病、病毒病。防治方案：育苗前使用 25g/L 咯菌腈悬浮种衣剂拌种、或 55℃温水消毒 20～30min，使用 68％精甲霜锰锌水分散粒剂 800 倍液、或 30％苯甲·丙环唑悬浮剂 1 500 倍液、或 10％磷酸三钠溶液浸泡 25min。

3. 移栽期（幼苗期）　移栽后，重点防治立枯病以及因移栽发生环境变化带来的植株受损。防治方案：使用 10％苯醚甲环唑水分散粒剂、80％多菌灵水分散粒剂 1 500 倍液、或 65％代森锌可湿性粉剂 1 000 倍液，移栽后迅速悬挂黄板、杀虫灯、诱瓶，可有效控制害虫的发生。

4. 开花期和采收期　重点防治青枯病、枯萎病、早疫病、病毒病、粉虱、斑潜蝇、斜纹夜蛾、蚜虫。樱桃番茄大多数品种属无限生长型，开花期和采收期可以持续 5～7 个月，此时病虫害容易累积多发。防治方案：

（1）在设施条件下，释放天敌。如胡瓜新小绥螨、加州新小绥螨、斯氏钝绥螨等对叶螨各螨态和烟粉虱卵有较好的控制作用，每亩释放 25 000～50 000 头；叉角厉蝽捕食斜纹夜蛾、甜菜夜蛾效果良好，每亩释放 30～50 头。注意使用天敌时应选用选择性强、对捕食螨杀害小的药剂。

（2）黄板和诱瓶引诱。使用悬挂黄板和诱瓶，每亩悬挂 25～50 张 A4 纸大小的黄板，适当加入诱芯，能有效引诱粉虱、斑潜蝇和夜蛾。

（3）药剂灌根。使用中生菌素可湿性粉剂 800 倍液、100 亿芽孢/g 枯草芽孢杆菌 500 倍液或 10 亿 CFU/g 解淀粉芽孢杆菌可湿性粉剂 500 倍液灌根，可以有效预防青枯病发生；使用 45％甲霜·噁霉灵可湿性粉剂 800 倍液、30％噁霉灵水剂 600 倍液或 6％春雷霉素可湿性粉剂 800 倍液灌根，可以有效防止枯萎病。

（郑锦荣）

<<< 参 考 文 献 >>>

柴敏，2008. 抗线虫番茄系列新品种：粉色大果仙客系列品种 ［J］. 蔬菜，10：6-7.

杜永臣，1999. 番茄育种研究主要进展 ［J］. 园艺学报，26（3）：161-169.

方智远，2017. 中国蔬菜育种学 ［M］. 北京：中国农业出版社.

黄婷婷，刘炳禄，王长义，等，2001. 耐贮藏番茄新品种'艾丽莎'［J］. 园艺学报（3）：800.

李景富，2011 中国番茄育种学 ［M］. 北京：中国农业出版社.

李莉，2017. 番茄高效栽培与病虫害防治 ［M］. 北京：中国农业出版社.

李树德，1995. 中国主要蔬菜抗病育种进展 ［M］. 北京：科学出版社.

师长俭，郑锦荣，梁肇均等，1998. 蔬菜浮板水培设施的结构性能及应用 ［J］，长江蔬菜（9）：30-31.

张和义，2004. 樱桃番茄优质高产栽培技术 ［M］，北京：金盾出版社.

郑锦荣，1999. 广东蔬菜新品种新技术 ［M］，广州：广东科技出版社.

Comai L. Young K，Till B J. et al，2004. Efficient discovery of DNA polymorphisms in natural populations by Ecotilling ［J］. Plant Journal，37（5）：778-786.

Talekar N S. Opea R T. Hanson P，2006. Helicoverpa armigera management：A review of AVRDC's research on host plant resistance in tomato ［J］. Corp Protection，25（5）：461-467.

第二章
黄瓜基质栽培

第一节 概 述

一、生物学特性和营养价值

黄瓜（*Cucumis sativus* L.）又称胡瓜、刺瓜、青瓜、吊瓜，属葫芦科甜瓜属，一年生草本攀援植物，栽培范围广，是一种世界性蔬菜，也是我国的主要蔬菜。原产喜马拉雅山脉南麓热带雨林地区，据记载，于公元前 2 世纪张骞出使西域，从印度带回黄瓜种子传到北方，经驯化形成华北型黄瓜；另由印度从东南亚经水路传到华南一带，经驯化形成华南型黄瓜。黄瓜是雌雄同株异花，也有全雌株、强雌株和两性花。黄瓜雌雄花发生可受品种和气候条件支配：早熟品种雌花节位低，晚熟品种雌花节位高；低温和短日照容易形成雌花。

黄瓜营养价值高，富含纤维素、多种维生素和矿质元素。黄瓜味甘性凉，能清血除热、利尿解毒。含有具减肥功效的丙醇二酸；且有较好的美容效果；食法多样，可生食和熟食，宜凉拌、炒食、盐渍、糖渍、做汤，也可晒干和制成罐头，深受消费者喜爱。

二、对环境条件的要求

1. 温度 黄瓜属喜温蔬菜，种子发芽适温为 27~29℃，在 18~32℃范围内可正常生长发育，幼苗期适温 22~25℃，开花结果期适温 25~29℃。10~12℃停止生长，3~5℃受冷害损伤，能耐 35～40℃高温，但高温易形成畸形瓜和苦味瓜，在空气湿度高时，忍受高温能力增强。

2. 光照 黄瓜为短日照作物，但品种之间对日照长短反应有一定的差异，华北型黄瓜对日照长短反应不敏感；华南型黄瓜对短日照敏感，在低温短日照的条件下，雌花出现多且早。黄瓜较耐弱光，部分品种具有很强的单性结实能力。

3. 水分 黄瓜对水分要求严格，喜湿而不耐涝。因其根系较浅，分布范围小，吸收力弱，而叶面积大，蒸腾量大，故要求较高的空气湿度和土壤湿度，一般要求空气湿度 70%～90%，土壤湿度 85%～96%。苗期水分不宜过多，要随植株生长而逐渐增加湿度，至开花结果期达最大。

4. 土壤 黄瓜对土壤要求严格，因其根系较浅，宜选用肥沃、疏松、排水良好的土壤和沙壤土种植，pH 值以 6.5～7 为好。黄瓜对高浓度的肥料较敏感，应注意勤施薄施。对氮、磷、钾肥的需求量以吸收钾最多，其次为氮，磷最少。

三、广东省生产情况

黄瓜是我国设施蔬菜的主要品种，2017 年我国黄瓜设施栽培面积达 62.7 万 hm^2，占我国蔬菜设施总面积的 13.0%，略低于设施番茄的 15.4%，排在所有设施蔬菜的第 2 位。广东省黄瓜面积约为 4.4 万 hm^2，是广东省设施蔬菜的主要品种，种植的类型主要有华北型、华南水果型、北欧温室型、日本小青瓜和荷兰小青瓜。

第二节　优良品种介绍

1. 京研迷你 1 号 国家蔬菜工程技术研究中心培育的品种。保护地专用品种，生长势强，耐热，植株全雌，节节有瓜，瓜长 10cm，无刺光滑，味甜，耐霜霉病、白粉病、枯萎病。

2. 绿珍 1 号 广东省农业科学院蔬菜研究所培育的品种。植株生长旺盛，耐低温弱光，单性结实率达 100%，瓜条匀称美观，皮色深绿有光泽。瓜长约 18 cm，单瓜重约 100g，肉质脆嫩，味甜，品质好，早熟，耐低温性强。

3. 津优 318 天津科润农业科技股份有限公司黄瓜研究所培育的品种。植株长势强，中小叶片，叶色深绿，主蔓结瓜为主，强雌品种，雌花节率达 70%，瓜长约 34cm，瓜色深绿，黑亮，短把密刺，果肉淡绿，瓜条顺直，商品性好，丰产潜力大。

4. 中农 21 号 中国农业科学院蔬菜花卉研究所培育的品种。植株生长势强，以主蔓结瓜为主，高抗白粉病，抗角斑病，中抗黑星病、枯萎病。丰产性好，持续结果能力强密刺型品种，刺瘤为白色，小而密。瓜条为长棒型，瓜形顺直，瓜色深绿。瓜长约 35 cm，单瓜重约 200g。

5. 中农 19 号 中国农业科学院蔬菜花卉研究所培育的品种。光滑水果型全雌系，长势和分枝性极强，连续坐果能力强。瓜短筒形，亮绿，果面光滑，瓜长 15～20 cm，单瓜重约 100g，口感脆甜。抗枯萎病、黑星病、霜霉病和白粉病等。耐低温弱光能力强。

6. TK - 8017 以色列引进水果型黄瓜，植株生长旺盛，全雌性，单性结实，瓜长约 18cm，单瓜重 150g，瓜条直，果肉绿色，口感极佳，定植到适收 40 天，结果期长。

第三节　黄瓜基质栽培关键技术

一、播种与育苗

1. 播种与催芽 设施黄瓜在广东省内一年四季均可种植，但以秋冬季种植产量高、品质好、效益高，故生产上以 10 月至 11 月种植面积较大。

育苗宜用工厂化育苗技术，使用连栋温室，侧面配套水帘风机，顶部设置开窗通风、遮阳网、人工光源和喷淋设备。使用基质自动搅拌机、基质装盘机、压穴机、精量播种机、覆盖机等播种机械，育苗容器一般采用多孔穴盘，常用规格为长 53.5cm、宽 27.5cm 的 50 孔穴盘，育苗基质宜选择透气、保水且固定能力好，比重轻、酸碱度适宜的材料，比较多用泥炭：蛭石：珍珠岩＝2：1：1或泥炭：椰糠：蛭石＝1：1：1。播种由播种机械完成从基质搅拌、装盘、压穴、播种、覆盖和喷水等全过程，工序在播种车间完成。然后将已播种的育苗盘移入催芽车间，将温度控制在25～30℃，相对湿度控制在80％～90％，24h即可出苗。

作坊式育苗则是采用先催芽后播种，具体方法是：把种子放在55℃的温开水浸种，不断搅拌后使其自然降至室温，再浸种4～5h，洗净沥干水后用纱布包裹，放在25～30℃的恒温箱中催芽，一般24h后即可出芽，发芽种子逐粒播于营养钵中，盖上1～1.5 cm的基质后淋透水。

2. 绿化 工厂化育苗在苗高1～2 cm时，可把苗由催芽车间移至育苗车间进行绿化。应注意移入育苗车间的1～2d晴天中午要注意遮阴，防止幼苗萎蔫。让幼苗在光照条件下逐渐转绿，黄瓜幼苗绿化时的温度、湿度和光照要调节好，一般夏秋季白天将温度控制在25～30℃，夜间20～22℃，相对湿度控制在80％左右，冬春季白天将温度控制在18～20℃，夜间13～15℃，相对湿度控制在60％～80％，光强3 000～10 000lx。

作坊式育苗由于不能移动苗床，故出苗后就在原地进入绿化过程，此模式由于不像工厂化育苗那样有精良仪器测定，调节温、湿度要以人工操作为主，故要经常检查，进行精细管理，要特别注意几个问题：一是保持苗床湿度，以田间持水量70％为宜，即以手插入基质感觉有水分但又不积水为宜，干燥时立即淋水，太湿时开启边膜通风降湿。二是温度调节，天气晴朗时，中午棚内气温达30℃或更高，故需在上午9～10时把边膜揭开通风降温，并拉上遮阳网，在下午4～5时把边膜重新盖上，拉开遮阳网使大棚增温，遇寒潮来临可于傍晚在棚内放置电炉或蜂窝煤炉增温。

3. 培育壮苗 加强管理，培育出壮苗。具体方法是，在幼苗的前期阶段苗床管理以防寒保温为主，秧苗旺盛生长期则控制好温度，并采用控温不控水的办法，既防徒长又能保证瓜苗有较大生长量。控温主要是控制夜间气温，但不要低于10℃，否则易出现畸形瓜。在水分管理上，小水勤浇易引起徒长，故应浇透水；弱光易使瓜苗徒长，故除中午温度太高的情况下，应减少使用遮阳网遮阴，大棚薄膜和温室玻璃，有灰尘积累应及时清洗；有人工辅助光源的，应在阴天雨天开启，保证光照充分。营养方面，由于此阶段根系已形成，吸肥能力正逐渐提高，应保证营养液的供应，采用相应的无土栽培专用肥配方，用 EC 为 1.0～1.5 mS/cm 浓度的营养液喷灌或滴灌，每日 1～2 次。

二、基质的选择与定植

目前较常用的基质有岩棉、泥炭（草炭）、椰糠、珍珠岩、沙、蛭石等，还有用蘑菇渣与沙等混合而成的有机基质培。岩棉一般是单独使用，泥炭、椰糠、珍珠岩、沙、蛭石以一定的比例混合使用为主；常用混合比例有：泥炭：珍珠岩：蛭石按 6：2：1 或椰糠：珍珠岩：蛭石按 6：1：1；有机基质培可用蘑菇渣：粗沙按 2：1 混合使用。使用前蘑菇渣要堆沤腐熟，其他基质要保持洁净。岩棉培通常使用一定的规格，以长 91cm，宽 20～30cm，高 7.5cm 为主。当苗龄 15～20 天或 0.5～1.5 片真叶左右时就可定植，一般定植株距约 30 cm，岩棉培每板（91cm）定植 2～3 株。其他基质培可选择用袋培、槽培或钵培的形式定植，一般定植密度为每亩 2 500～3 000 株/亩。

三、营养液管理

主要是酸碱度（pH 值）及营养液浓度（EC 值）管理。黄瓜对 pH 值的适应范围为 pH 5.8～6.2，pH 控制范围为 5.5～6.5。作物生长过程中由于选择吸收其 pH 值也会随之变化，必须注意调节 pH 值使其营养液处于正常范围。生长的不同阶段对各种元素的需求量有所不同，且水分的吸收和蒸发也使浓度有所变化，故必须根据不同时期调整 EC 值。电脑控制的可通过程序设定，人工的处理方法则是当营养液减少到原有液量 70% 时补充水到原有液量，再加入补水量所需肥料的 50%～70%，使液量及其浓度恢复到原有水平。黄瓜营养液管理为全生育期维持 pH 值 5.5～6.5，浓度控制在苗期为 1.0～1.5 mS/cm，生长盛期至采收期为 2.0～2.5 mS/cm，一般每天滴灌营养液 2 次，滴灌量掌握在苗期每株30～50mL/d，生长盛期和采收期每株 1～2L/d。

四、引蔓、整枝

当植株长至 30cm 左右，卷须出现后，要及时吊绳引蔓，以增加通风透光的空间。把蔓绕在吊绳上；一般每隔 3～4d 引蔓一次，最好选择晴天下午进行。同时，要及时整枝，整枝的方法因品种而异：主蔓结果为主的品种，应摘除侧芽；主侧蔓结果或侧蔓结果为主的品种则应在植株长至一定的高度（约 2m）后摘顶整枝，以促进侧蔓生长结果。小青瓜大部分品种都是主侧蔓同时结果，故整枝时一般把 1m 以下的侧枝打掉，以利于通风，其他侧枝保留，让其与主蔓一起结瓜。小青瓜品种的雌性均较强，结瓜较多，当遇上同一植株同时结瓜太多，造成部分化瓜时可根据实际情况疏理部分侧枝。

五、保花保果

由于棚室的湿度大且空气流动慢，花粉散发受阻，故开花后注意人工辅助授粉和喷坐果素保果。目前，辅助授粉较好的办法是在棚内放养熊蜂。在黄瓜 2～3 片真叶时用 0.015％乙烯利或 0.005％萘乙酸喷施叶面，可促进雌花的早发和多发，提高黄瓜产量。开始采收瓜后，每隔 10d 左右进行一次叶面施肥，用 0.2％磷酸二氢钾或 0.3％三元复合肥叶面喷施，可防植株早衰，延长收获期，叶面肥使用要注意浓度，以免出现药害。

六、光温水控制

冬季气温较低，定植前一周应封闭大棚，提高棚室内温度。定植后 4～5d 为缓苗期，可继续封棚，并保持基质湿润，一般应控制在白天 25～30℃，夜间 15～20℃。缓苗期过后适当通风降温，使温度白天在 20～25℃，夜间 13～15℃。当黄瓜第一朵雌花坐果开始，进入初花期，此期要花能持续形成，花数不断增加，管理的关键是控制地上部生长，促进根系发育。应加大昼夜温差，严格控制水分，不干旱时不滴水。操作上采用低于 20℃时封闭加温，至 25℃时少量放风，并控制棚温不超过 30℃；白天棚内湿度大时薄膜沾有一层水汽或有水珠下滴时，应注意通风减湿，增加光照射入。

七、适时采收

黄瓜开花 8～10d 即可采收商品瓜，以早上 8：00 前采收的色泽和贮藏性较好。初果期每隔 3～5 d 采收一次，盛果期每天采收，如肥水充足，采收越勤，雌花形成越多，结果越多，故应早收、勤收。特别是头瓜要早收。小青瓜根据市场要求一般开花 5～7d 均可采收。应按市场的要求及时收获。早收、勤收可促进雌花形成，利于提高产量和品质。

八、病虫害防治

设施黄瓜主要有枯萎病、霜霉病、白粉病和病毒病等，虫害主要有白粉虱、蚜虫、美洲斑实蝇等。防治病虫害应该首先使用抗病品种，并坚持"预防为主，综合防治"的原则，种植前做好设施消毒，并铺设地膜，使用无滴薄膜，降低棚内空气湿度；防止营养液受污渍，进出棚室要关门，进入棚室前要洗手，不能在棚室内抽烟；加宽行距，及时摘除病、老、黄叶，改善通风条件；收获后清理病株残体，深埋或烧毁。严格控制使用化学农药和植物生长调节剂，严禁使用剧毒、高毒、高残留化学农药。

（一）病害防治

1. 枯萎病　可利用白籽南瓜对枯萎病免疫的特性，将白籽南瓜作为砧木的嫁接苗来防治枯萎病，嫁接方法可参考西瓜。药剂防治可用 50％多菌灵可湿性粉剂 500 倍液、50％甲基硫菌灵可湿性粉剂 400 倍液、20％甲基立枯磷乳油 1 000 倍液、4％嘧啶核苷类抗菌素（农抗 120）水剂的 100 倍液、5％菌毒清水剂 400 倍液灌根，每株 0.25 千克药液，10d 一次，连灌 2～3 次。

2. 霜霉病 用 30％氧氯化铜悬浮剂 600～800 液、25％甲霜·锰锌可湿性粉剂 800 倍液、77％氢氧化铜水分散粉剂 500～800 倍液、72％霜脲·锰锌 750 倍液等上述药之一，每 5d 一次，连喷 3～6 次。保护地内可用 40％百菌清烟剂，每 3 000～3 750g/hm² 于傍晚闭棚熏蒸。

3. 白粉病 用百菌清烟剂熏治，或用 40％氟硅唑乳油 5 000 倍液，47％春雷·王铜可湿性粉剂 600～800 倍液等上述药之一，每 7～10d 喷 1 次，连喷 3～4 次。用药时应注意：在黄瓜上使用粉锈宁防治白粉病，稍不注意就会产生严重药害，一定要注意浓度。

4. 病毒病 要结合蚜虫和白粉虱防治，药剂防治可用 0.16％抗病威（病毒 K）＋0.16％病毒必克（或其他钝化病毒的药剂）＋医用氟哌酸或病毒灵（吗啉双呱）（1 片/kg 水）＋0.16％硫酸锌＋0.01～0.15％的天然云薹素（云大－120、481、萘乙酸 5mg/L 等）。还可用 20％吗胍·乙酸铜可湿性粉剂 500 倍液或 1.5％植病灵乳油 500 倍液，第一次喷药可以稍加大浓度，以后接连的 1～2 次，可按一般的喷药方式喷洒。按上述比例，换算成每喷雾器（盛水 15kg）应加入的商品药量是：抗病威 25mL、病毒必克 25g、病毒灵 15 片、硫酸锌 30g、天然云薹素 1.5g。

（二）虫害防治

虫害防治最好的方法是出入关门，使用合适孔隙大小的防虫网，这样能把害虫隔离在棚室以外；再使用黄粘板，诱虫纸、诱瓶和诱灯等物理方法，可诱杀大部分白粉虱、蚜虫和美洲斑潜蝇。

1. 白粉虱 可用 25％扑杀灵粉剂 1 000～1 500 倍液、25％吡虫啉可湿性粉剂 2 000 倍液防治或 2.5％联苯菊酯乳油 3 000 倍液防治。

2. 蚜虫 可用 10％氯氰菊酯 2 000～3 000 倍液、20％甲氰菊酯乳油 2 000 倍液、2.5％高效氯氟氰菊酯乳油 4 000 倍液、2.5％联苯菊酯乳油 3 000 倍液或 5％噻螨酮乳油 1 600～2 000 液防治。

3. 美洲斑潜蝇 可用 20％丁硫克百威乳油 1 500～2 000 倍液、

1.8％阿维菌素乳油 3 000～4 000 倍液或 5％氟啶脲乳油 2 000 倍液防治。

（林毓娥　梁肇均）

<<< 参 考 文 献 >>>

何晓明，林毓娥，罗剑宁，等，2008. 瓜类蔬菜生产实用技术［M］. 广州：广东科技出版社.

梁肇均，张长远，2002. 蔬菜棚室高效栽培［M］. 广州：广东科技出版社.

郑锦荣，陈平，石尧清，等，1999. 广东蔬菜新品种新技术［M］. 广州：广东科技出版社.

郑剑超，智雪萍，董飞，等，2018. 槽式栽培下不同基质配比对黄瓜生长发育和产量的影响［J］. 浙江农业科学，59（11）：2038－2039.

邢禹贤，1990. 无土栽培原理与技术［M］. 北京：农业出版社.

第三章

西甜瓜基质栽培

第一节 概 述

一、生物特性和营养价值

（一）西瓜

西瓜（*Citrullus lanatus*），植物学分类属被子植物门双子叶植物纲葫芦目葫芦科西瓜属。西瓜的原生地在非洲，原是葫芦科的野生植物，后经人工培植成为食用西瓜。早在 4000 年前，埃及人就种植西瓜，后来逐渐北移，最初由地中海沿岸传至北欧，而后南下进入中东、印度等地，4～5 世纪时，由西域传入中国，所以称之为"西瓜"。

西瓜主根系，主根深度在 1m 以上，根群主要分布在 20～30cm 的根层内。幼苗茎直立，4～5 节后间伸长，5～6 叶后匍匐生长，分枝性强，可形成 3～4 级侧枝。叶互生，有深裂、浅裂和全缘。雌雄异花同株，开花盛期可出现少数两性花。果实有圆球形、卵形、椭圆球形、圆筒形等。果面平滑或具棱沟，表皮绿白、绿、深绿、墨绿、黑色，间有细网纹或条带。果肉有乳白、淡黄、深黄、淡红、大红等颜色。肉质分紧肉和沙瓤。种子扁平、卵圆形或长卵圆形，平滑或具裂纹。种皮有白色、浅褐色、褐色、黑色或棕色，单色或杂色。

西瓜瓜瓤脆嫩，味甜多汁，含有丰富的矿物质和多种维生素，是夏季主要的消暑果品。同时中医学认为，西瓜有很高的药用价值。西瓜其性甘寒，入心脾两经，具有清热解暑、止渴除烦的功效。主治中暑、温热病、心烦口渴、小便不利等症，西瓜果实中所含的苷还有降血压、利尿和缓解急性膀胱炎的疗效。西瓜果实中含有大量番茄红素，研究表明，西瓜中的番茄红素含量为 45.1～53.2μg/g 鲜重，而番茄中番茄红素平均仅为 30.2μg/g 鲜重。

（二）甜瓜

甜瓜（*Cucumis melo*），植物学分类属被子植物门双子叶植物纲葫芦目葫芦科甜瓜属。甜瓜种的起源中心在非洲埃塞俄比亚高原及其毗邻地区。

甜瓜可以分为薄皮和厚皮两大类，薄皮甜瓜通常适用于露地栽培，在我国薄皮甜瓜栽培面积约占甜瓜总栽培面积的 60％，厚皮甜瓜的中心原产地是中国西部地区。

甜瓜是一年生匍匐或攀援草本；茎、枝有棱，有黄褐色或白色的糙硬毛和疣状突起；叶片厚纸质，近圆形或肾形；花单性，雌雄同株；果实的形状、颜色因品种而异，通常为球形或长椭圆形，果皮平滑，有纵沟纹或斑纹，无刺状突起，果肉白色、黄色或绿色，有香甜味；种子污白色或黄白色，卵形或长圆形，先端尖，基部钝，表面光滑，无边缘。

甜瓜含有蛋白质、糖分、胡萝卜素、维生素 B_1、维生素 B_2、烟酸、钙、磷、铁等营养素，还含有可以将不溶性蛋白质转变成可溶性蛋白质的转化酶。甜瓜因含大量糖分及柠檬酸等，且水分充沛，可消暑清热、生津解渴、除烦；甜瓜中的转化酶可将不溶性蛋白质转变成可溶性蛋白质，能帮助肾脏病人吸收营养；甜瓜蒂中的葫芦素 B 能保护肝脏，减轻慢性肝损伤；现代研究发现，甜瓜子有驱杀蛔虫、丝虫等的作用；甜瓜营养丰富，可补充人体所需的能量及营养素。甜瓜每 100g 鲜重含有 0.1～0.7g 的粗纤维，有利于人体的消化吸收。

二、对环境条件的要求

（一）温度

西甜瓜属喜温耐热作物，生育过程中需要较高温度，不耐低温。生长所需的最低温度为 10℃，最高温度为 40℃，最适合温度为 28～30℃。

西甜瓜从雌花开放到果实成熟需积温 800～1 000℃，整个生育期需积温 2 500～3 500℃。尤其是在果实发育期间，在适宜温度范围内，温度越高，果实发育就越好；低于 15℃ 则产生扁圆、皮厚、空心、畸形等残次果。

与气温相比较，西甜瓜根系发育所需的地温范围为 20～30℃。其根系生长适温为 25～30℃，最低温度为 10℃，最高温度为 38℃。

(二)光照

西甜瓜属喜光作物，生育期内需要充足的光照时间和光照度。西瓜光合作用的光饱和点为 80 000lx，甜瓜为 60 000lx。在此范围内，随光强增加，植株生长健壮，花芽分化早，坐瓜率高；但在阴雨、弱光条件下，植株生长细弱，易落花，果实含糖量下降，品质差。

(三)水分

西甜瓜根系发达，茎叶有茸毛，叶片缺刻，有蜡质，可减少水分蒸腾，因此具有较强的耐旱能力，但同时也是需水量较多的作物，从幼苗期到膨果期土壤相对含水量控制在 65% 左右。

(四)土壤及营养条件

西甜瓜对土壤酸碱度适应性强，在 pH 5～7 均能正常生长，但 pH 低于 5.5 时其枯萎病发病率增加。西甜瓜属于喜肥作物，每生产 1 000kg 果实约需纯氮 4.6kg、纯磷 3.4kg、钾素 3.4kg。整个生育期对氮、磷、钾的吸收比例为 3∶1∶4，但不同生育阶段对三者的需要量和比例不同。一般基肥以磷肥和农家肥为主，苗期轻施氮肥，伸蔓期增施氮、磷肥，结果期以氮、钾肥为主。

三、广东省西甜瓜产业种植情况

目前广东西甜瓜种植面积约为 1 333hm²，在全国也处于较低水平，主要分布在佛山三水区，肇庆高要区，韶关乐昌，湛江雷州、遂溪，阳江阳西等县市，其中比较著名的是国家地理标志产品——乐平雪梨瓜。种植模式主要采用华南反季节西甜瓜高效优质简约化栽培模式，城郊型观光采摘西甜瓜栽培模式。

广东地区大面积种植的西甜瓜品种都是我国台湾地区或国外品种，如薄皮甜瓜品种银辉、西瓜品种小宝。其种子价格比较贵，而且存在质量参差不齐、季节性缺货的问题；同时大量种植单一品种，种植方式和技术相近，在相同气候条件下，不可避免地造成成熟期集中上市，引发短时间内产品相对过剩。随着农业供给侧改革、乡村振兴战略实施和农业规模化产业化发展，对农产品品质和安全性的要求不断提高，需要不断培育出适合设施规模化、产业化栽培的优质品种和发展产业化栽培技术。

第二节　优良品种介绍

生产上对西甜瓜品种商品性要求较高，要求优质、多抗、抗逆、多类型、商品性高、耐运输。

一、西瓜优良品种介绍

1. 早佳（8424）　新疆农业科学院园艺研究所和葡萄瓜果研究中心选育的杂交一代。该品种早熟，果实发育期 28d 左右。易坐果，果实圆形，果皮绿色、覆盖绿色齿纹，皮厚 0.8～1.0cm。果肉粉红色，剖面均一，中心可溶性固形物含量 12.5% 左右，单瓜重 4～5kg。该品种耐弱光、低温，适合保护地早熟栽培。

2. 美都　杭州浙蜜园艺研究所、宁波市种子公司选育的鲜食中熟杂交种。果实发育期 40d，果实圆球至高球形，果皮绿色，覆有墨绿条纹，中心可溶性固形物含量 11%～12%，边部可溶性固形物含量 8%～9%，一般单瓜重 5kg 以上。

3. 小宝　我国台湾地区农友种苗公司选育。植株长势较强，开花结果早，坐果力强，果实长球形或短椭圆形，果皮黑绿色、底有不明显黑斑纹，单果重常在 3～4kg，大小均匀，肉色深红，嫩爽多汁，中心可溶性固形物含量12%左右，品质佳，耐贮藏、运输，适应性强。

4. 早春　珠海太阳现代农业有限公司选育的杂交一代，早熟，果实发育期30d左右，果实椭圆形，绿果皮上覆绿色锯齿条带，果肉鲜红色，中心可溶性固形物含量12%左右，中边糖梯度小，肉质细脆，口感好，果皮厚度0.4cm左右，单瓜重2.5kg左右，适合保护地栽培。

5. 金冠　河南省农业科学院园艺研究所（河南省豫园科技发展有限公司）育成的黄皮红瓤特色小型西瓜品种。早熟，单果重2.5kg左右，果实发育期30d，高圆至短椭圆形，皮色深金黄，瓤红，肉质细爽、多汁，中心可溶性固形物含量12%左右，结果能力强，果皮薄韧，不易破裂，耐贮藏、运输，适应性强。

6. 黑美人　由我国台湾地区农友种苗公司选育的杂交一代。早熟，春季种植全生育期90d左右，果实发育期28d左右。果实长椭圆形，墨绿皮上覆隐暗花条带，皮厚0.8～1cm，极韧，耐运输。瓤色深红，中心可溶性固形物含量13%左右，单瓜重2.5kg左右，适应性广。

二、甜瓜优良品种介绍

（一）厚皮甜瓜

1. 伊丽莎白　日本米可多育种农场选育的杂交一代特早熟厚皮甜瓜。早熟，全生育期90d，果实为扁圆或圆形，果皮鲜黄色，较光滑，果肉白色，肉厚2cm左右，中心可溶性固形物含量15%～17%，有香气，品质较好，较耐贮运。

2. 翠蜜　我国台湾地区农友种苗公司培育的网纹甜瓜品种。中熟，果实发育期50d，果实高球形，单果重1.5kg左右，果皮灰绿色、覆盖细密网，果肉绿色，中心可溶性固形物含量17%左右，肉质脆甜。

3. 西州蜜25　新疆维吾尔自治区葡萄瓜果开发研究中心育成。中熟品种。嫩果为绿色，成熟时为浅绿色，网纹细密，果实椭圆形，平均单果重 2.0kg，果肉橘红，肉质细、松脆，风味好，肉厚 3.1～4.8cm，中心可溶性固形物含量 16%～18%。

(二)薄皮甜瓜

1. 银辉 台湾农友种苗公司选育的杂交一代品种。全生育期约 70d，成熟期约 30d，果实圆正微球形，成熟时皮色银白色，单果重 400g 左右，大小整齐，不易裂果，肉色淡白绿，可溶性固形物含量 14%～16%，肉质松爽细嫩，品质优良。

2. 顶甜 2 号 天津科润农业科技股份有限公司提供的杂交一代品种。植株长势健壮，果实发育期 35d，果实高梨形，平均单瓜重 0.7kg，单株可结瓜 4～5 个，果皮为薄厚皮中间类型，白绿皮，果肉绿色，耐贮运，可溶性固形物含量 18%，抗白粉病，高抗霜霉病。

3. 博洋 6 天津德瑞特种业有限公司提供的杂交一代品种。果形为较均匀的长棒状，不易畸形，果皮为薄皮型，果面较光整，尤其是果皮灰白色很干净，充分成熟时亦无绿肩，商品整齐度好，中心可溶性固形物含量 13%～14%，边部可溶性固形物含量 12%，肉质脆、清香。

第三节 西甜瓜基质栽培关键技术

一、穴盘基质育苗

穴盘育苗选择 50 孔普通穴盘。基质成分主要包括有机基质和无机基质两种。常见有机基质有草炭（泥炭）、锯末、木屑、炭化稻壳、秸秆发酵物等，生产上草炭较为常见，效果较好。无机基质主要有珍珠岩、蛭石、炉渣等，其中珍珠岩和蛭石应用较多。

常用混合基质配方：①草炭：珍珠岩（蛭石）：秸秆发酵物（食用菌废弃培养料）=1:1:1 或 1:2:1；②草炭：蛭石：珍珠岩=6:(1～2):(2～3)。同时每立方米基质混入 50% 的多菌灵可湿性粉剂 200g 进行消毒。

基质装盘以搅拌均匀的湿润基质为佳，可使幼苗出土整齐一致，不易戴帽。先将基质盛于敞口容器中，加水搅拌至湿润，然后将湿润基质装盘，抹平。

播种前先用手指或采用自制压穴器戳播种窝，每穴播种 1 粒，播种深度为种子长度 1～1.5 倍（约 1cm），播种后在窝上覆盖干基质，然后用手掌轻压抹平。冬春茬 5～6d，夏秋茬 2～3d 即可出苗。

冬春茬基质育苗的关键限制因子是低温和弱光，因此应在穴盘上方加盖小拱棚进行二次覆盖。保持小拱棚白天温度为 25～30℃，夜间温度为 15～18℃，效果良好。高温季节水分蒸散量大，光照强烈，因此在育苗管理上应该坚持勤浇水的原则。

二、嫁接育苗

嫁接育苗可以有效防控西瓜枯萎病、根腐病等病害，提高其低温耐性；嫁接砧木吸收能力强等有助于植株健壮丰产，在连作地块效果尤为明显。嫁接方法主要有靠接法、插接法和劈接法 3 种，前两种方法较为常用。

(一) 砧木选择

与西瓜接穗亲和力比较强的砧木主要有瓠瓜、南瓜、冬瓜等。瓠瓜嫁接亲和力高，抗性好，对西瓜品质无不良影响，是嫁接理想砧木。南瓜砧木长势强，抗性好，但是与西瓜、甜瓜嫁接亲和性在品种间差异较大，且所结果实坚硬，易出现黄筋，影响品质。常用的南瓜砧木有云南黑籽南瓜、白籽南瓜、美国黄籽南瓜等。冬瓜砧木抗凋萎病，嫁接亲和力仅次于瓠瓜，果实品质优于南瓜，但长势、抗病性不如前两者，且耐低温性差，结果采收延迟，不宜早熟栽培选用。西、甜瓜共砧亲和力好，果实品质最佳，但长势相对较弱，枯萎病抗性不强。

(二) 播种期

砧木和西瓜接穗播种期应根据砧木种类和嫁接方法确定，以确保砧木嫁接适期与接穗嫁接适期相遇。一般而言，以南瓜作为砧木，采用靠接法嫁接的砧木比接穗晚播 3d 左右，采用插接法嫁接的砧木比接穗早播 3d 左右。以瓠瓜作为砧木，采用靠接法和插接法嫁接的砧木分别比接穗晚播 5～7d 和早播 5～7d。可在苗床或穴盘中播种，苗床播种南瓜时密度稍大以使下胚轴细长，有利于嫁接操作。

（三）嫁接方法

1. 靠接法

（1）切砧木。用刀片削去南瓜真叶，在子叶下 1cm 处用刀片斜削一刀，长度约 1cm。

（2）切接穗。在接穗子叶下 1.2～1.5cm 处向上斜削一刀，长度与砧木切口一致。

（3）嫁接。右手拿接穗，左手拿砧木，将砧木和接穗切口嵌合，然后用平口夹将两者固定，此时砧木和接穗子叶呈"十"字形。

2. 插接法　嫁接时先去除砧木生长点，把竹签向下倾斜插入，深达 0.5cm 左右。注意插孔要躲过胚轴的中央空腔，不要插破表皮，竹签暂不拔出，再将瓜苗在子叶下 5～8mm 处削成楔形。此时拔出砧木上的竹签，右手捏住接穗两片子叶，插入孔中，使接穗两片子叶与砧木两片子叶呈"十"字形嵌合。

三、栽培季节选择

西甜瓜栽培应根据当地的气候条件、栽培设施选择适宜的播种期，并且在安排栽培季节时，应考虑到品种的特性。一般来说，西甜瓜无土基质栽培可安排春、秋两茬，根据不同品种特性，春季栽培一般在 12 月底至翌年 2 月中旬播种育苗，5 月下旬至 6 月中旬采收；秋季栽培一般于 7 月下旬至 8 月中旬播种育苗，11 月采收。

四、基质选择

西甜瓜的基质以椰糠、陶粒、珍珠岩（3∶2∶1）配制，疏松透气，保水性好，有利于种子发芽、种苗根系发达。

五、适时定植

春季栽培幼苗在 3～4 片真叶时定植，选冷空气过后的晴天定植为好。秋季栽培苗龄则一般为 15～20d 定植即可。为了防止春季栽培时地温过低，应适当控制基质水分，防止伤根；秋季栽培定植后要适当遮光，注意高温、干旱造成的死苗。定植的密度应控制在 2.4 万株/hm² （春季）和 2.1 万株/hm² （秋季）左右。

六、肥水管理

基质栽培西甜瓜的营养液配方，可选用荷兰无土栽培营养液标准配方。定植初期至开花的营养生长时期，可采用营养液与清水交替滴灌的方法，营养液 EC 值为 1.5mS/cm；开花后果实膨大期，可提高营养液浓度，EC 值一般为 2.5mS/cm；花后 15d，植株对养分的吸收量下降，适当降低营养液的 EC 值，为 2.0 mS/cm；采收前 7～10d，应适当控制营养液的供给，同时提高磷、钾肥的浓度，这样可提高西甜瓜的糖度。

七、田间管理

西瓜采用双蔓整枝，选留好主蔓，定好 1 条侧蔓，其余侧蔓摘掉。选用不易老化塑料绳作为立架材料。主蔓长到 50cm 左右时，开始绑第一道蔓，以后每隔 5 片叶引蔓 1 次，一般每根茎绑蔓 4～5 道。主蔓上选留第二及以后雌花授粉坐果，先留 2 个瓜，待瓜长到鸡蛋大小时，选留 1 个果形正的瓜，其余都摘掉，坐瓜节位上第十叶摘心打顶。主蔓上瓜成型后，在侧蔓上授粉坐瓜。为提高坐瓜率，在雌花开放时，应进行人工辅助授粉。当幼瓜长到 0.5kg 左右时，应及时用塑料网套上吊瓜。小型西瓜开花到成熟需要 25～28d，要及时采收。

厚皮甜瓜主蔓不摘心，利用主蔓上 10～14 节长出的子蔓坐瓜，有雌花的子蔓留 1～2 片叶摘心，主蔓长到 20～25 片叶时打顶，其余子蔓全部摘除。小果型品种（单果重小于 0.75kg）每株留 2 个瓜，晚熟大果型品种（单果重大于 0.75kg）一般每株留 1 个瓜。在幼瓜长到 0.5kg 时，应该及时用塑料网兜吊瓜。厚皮甜瓜从开花到成熟采收，早熟品种一般需要 30~40d，中晚熟品种需要 40~50d，个别特大果品种甚至需要 60d 以上，温度高、光照足，可提早成熟 3~4d，阴雨低温，会延迟成熟 3~4d。

八、病虫害防治

西甜瓜的主要病虫害有蔓枯病、枯萎病、白粉病、霜霉病及蚜虫、蓟马等，特别是蔓枯病、枯萎病等，可在定植后 15d 对根茎部喷药防治，具体防治方法和使用药剂详见本书"第十二章　设施环境下病虫害综合防控技术"相关内容。

（史亮亮）

<<< 参 考 文 献 >>>

潘仙鹏，张加正，王娇阳，2009. 网纹甜瓜无土基质栽培技术 [J]. 现代农业科技（21）：94.

杨建强，张显，张勇，等，2015. 西甜瓜无土栽培标准化生产技术 [J]. 栽培与生理（12）：33-35.

焦自高，齐军山，2015. 甜瓜高效栽培与病虫害识别图谱 [M]. 北京：中国农业科学技术出版社.

苗锦山，沈火林，2015. 棚室西瓜高效栽培 [M]. 北京：机械工业出版社.

第四章
生菜深液流水培

第一节 概　　述

一、起源

生菜（*Lactuca sativa* L.）学名叶用莴苣，以嫩叶、叶球可供生食而得名，属菊科莴苣属。原产地中海沿岸，由野生种演变而来。公元前 4500 年的古埃及墓壁上即有莴苣的记述，16 世纪在欧洲出现结球莴苣，16～17 世纪有皱叶莴苣和紫莴苣的记载，1492年传至南美，约在 5 世纪传入我国。我国 20 世纪 60 年代前，只有少数城市郊区引种试种；60 年代末至 70 年代初，逐渐发展为特供蔬菜；80 年代以来，随着改革开放的不断深入，人民生活水平不断提高．对外交往的日益发展，对生菜的需求量越来越多，因此各地栽培面积也逐渐扩大，并发展迅速，在南方沿海一带已广为栽培。其栽培也由以前的露地生产发展到利用各种设施进行保护地生产，实现周年供应。

二、生物学特性

生菜喜冷凉环境，生长适宜温度为 15～20℃，生育期 90～100d。种子较耐低温，在 4℃时即可发芽，发芽适温 15～20℃，高于 30℃时几乎不发芽。植株生长期间，以 15～20℃生长最适宜，产量高、品质优，持续高于 25℃，易抽薹，品质下降。生菜茎直立，单生，上部圆锥状花序分枝，全部茎枝白色。生菜生长包括营养生长和生殖生长两个时期。营养生长期指从播种到花序开始分化，包括发芽期、幼苗期及产品器官形成期。

三、营养价值

生菜性甘凉，因其茎叶中含有莴苣素，故味微苦，有清热提神、镇痛催眠、降低胆固醇、辅助治疗神经衰弱等作用。生菜中含有甘露醇等有效成分，有利尿和促进血液循环、清肝利胆及养胃的作用。

生菜营养丰富，含有大量 β-胡萝卜素、维生素 B_1、维生素 B_6、维生素 E、维生素 C，还有大量膳食纤维和微量元素，能促进胃肠蠕动，有利于消化，因此广受消费者喜爱。

四、广东设施生菜生产情况

广东是我国最大的蔬菜消费市场之一，也是港澳地区蔬菜主要供应地，其巨大的市场需求极大地促进了广东蔬菜产业的发展，所以也是我国重要的蔬菜生产基地之一。广东省地处热带、亚热带地区，周年均适合种植蔬菜，蔬菜品种非常丰富，主要以叶菜类为主，叶菜类蔬菜占全省蔬菜总产量的 50% 左右，生菜是主要的蔬菜之一。

第二节　优良品种介绍

生菜目前在国内可以进行周年生产，因地方和季节的不同，选择的品种也不同。根据叶的生长形态分类，生菜有结球生菜、散叶生菜和皱叶生菜 3 个变种。

一、结球生菜

结球生菜主要特征是其顶生叶发达，形成叶球，形状为圆形、扁圆形、圆筒形等，叶片全缘、有锯齿或深裂，叶面平滑或皱缩，叶丛较密，外叶展开，主要品种有：

1. 奥林匹亚生菜 从日本引进的极早熟品种；叶片淡绿色，叶缘缺刻较多，外叶较小而少；叶球淡绿色稍带黄色，较紧密，单球重 400～500g，品质佳，口感好；耐热性强，抽薹晚。

2. 千胜生菜 中早熟品种；生长势强，株型紧凑，叶片绿色，单球重 500～600g；耐寒性、耐热性好。

3. 万利包心生菜 早熟品种；叶片黄绿色，叶球近圆形，单球重 400～500g；质地脆嫩，味甜，口感好，耐热。

4. 绣球生菜 叶片淡绿色，单球重 600～1 000g；耐寒性好，不耐热。

5. 皇帝生菜 从美国引进的早熟品种；单球重 500g，耐热性好，抽薹迟。

6. 凯撒生菜 从日本引进的优良品种；株型紧凑，生长整齐，单球重 500g；品质好，极耐热，抗病，抗抽薹，高温下结球好。

二、散叶生菜

散叶生菜又称直立生菜。主要特征是外叶狭长直立，叶全缘、波状，散生，叶面褶皱，叶呈嫩绿色或黄绿色，不结球。主要品种有：

1. 罗马直立生菜 植株直立，叶绿色，叶缘基本无锯齿，叶片长，呈倒卵形，直立向上伸长，叶质较厚，叶面平滑，口感柔嫩，品质好，适宜生食和炒食；耐寒性强，抽薹较晚，全国各地均可种植。

2. 玻璃生菜 广州市地方品种；叶片黄绿色，叶质脆嫩，纤维少，品质优；耐寒性好，耐热性一般。

3. 全年生菜 株型紧凑，叶质脆嫩，口感好；耐热，耐抽薹。

三、皱叶生菜

皱叶生菜又称丛生生菜，主要特征是叶缘波状有缺刻或深裂，叶面皱缩，不结球，簇生的叶丛有如大花朵一般。主要品种有：

1. 美国大速生菜 从美国引进，株型紧凑，叶片倒卵型，略皱缩，黄绿色，生长迅速，品质脆嫩；播种后40～45d成熟，耐寒性强，不易抽薹，可终年栽培。

2. 意大利生菜 从意大利引进，株型紧凑，叶片近圆形，叶色黄绿，不结球，单株重500g左右；抗病性强，耐抽薹性特强，耐热、耐寒性都好。

3. 奶油生菜 株型美观，单株重300～500g，叶片嫩绿色；耐寒不耐高温。

4. 玻璃生菜 由广州市蔬菜科学研究所引进后提纯选育的散叶类型地方生菜品种，株高25cm，开展度30cm；叶片黄绿色，带光泽，散生，倒卵形，有皱褶，叶缘波状，中肋白色，脆嫩爽口，品质上乘；生育期55d，较耐寒，不耐热，易抽薹。

第三节 生菜深液流水培关键技术

随着生活水平的提高和饮食习惯的转变，食用蔬菜沙拉的人们越来越多，对生菜的需求量也越来越大，传统的土壤栽培方式难以满足人们对生菜的需求，同时人们也越来越重视生菜的安全与质量，无土栽培生菜逐渐被消费者所接受，深液流水培是生菜无土栽培的主要方式，这种方式不仅产量高、品质好、种植效益高，而且洁净无污染，可周年供应。

一、深液流水培特点

深液流水培的主要特点：营养液层较深（5～10cm），营养液量大，营养液的温度、浓度、pH相对稳定。

二、生菜深液流水培

（一）设施设备

生菜深液流水培系统主要包括营养液池、栽培槽和营养液循环系统等。营养液池通常置于地下，有利于营养液的降温与循环。栽培槽采用100cm×60cm×30cm的泡沫槽，泡沫槽可根据实际长度进行拼接，泡沫槽上铺设防水薄膜。营养液循环系统主要是水泵，用于营养液的循环加氧。

（二）专用品种选择

根据当地气候与季节特点以及市场需求，选择优质、高产、抗病、耐高温、耐抽薹的品种，主要是奶油生菜和意大利生菜等。

（三）管理

1. 播种育苗 深液流水培采用海绵块育苗。育苗海绵具有良好的通气性、保水性和缓冲能力。海绵育苗具成活率高、节省空间及生产成本低等优点。海绵采用厚度 25cm 的，深液流水培采用还带 1cm 的十字形小口或圆孔，每块含有 80 小块的育苗专用海绵。苗床通常用泡沫箱或塑料方盘，也可直接在压实、压平的地上铺上薄膜，然后根据育苗床大小铺上育苗海绵。

播种日期根据生产计划周年均可生产。播种方法：直接将生菜种子放入每个育苗海绵的"十"字形口中，以能看见种子为宜，或直接放入育苗海绵圆孔内，每穴播种 1～2 粒种子。播种后浇适量的清水，以清水覆盖育苗海绵 1/3 为宜，保持海绵湿润。发芽温度保持在 15～20℃为宜，夏季温度过高时可将育苗盘放在阴凉处，有利于种子发芽，冬季可在温室大棚进行。

2. 移栽定植 当育苗海绵下有根系（7～12d）伸出时移栽定植，直接将海绵块连同幼苗放入种植孔中，种植板采用 100cm 定植，种植板密度一般以 25 株/m² 为宜，密度过高植株生长空间小，不利于植株展开，易感病，密度过低浪费空间，降低产量。

3. 营养液管理 适合生菜种植的营养液配方有山崎配方、园试配方的 1/2 剂量、华南农业大学叶菜类配方等（表 2－4－1）。

（1）微量元素用量。螯合铁 20～40mg/L、硼酸 2.86mg/L、七水硫酸锌 0.22mg/L、四水硫酸锰 2.13mg/L、五水硫酸铜 0.08mg/L、四水钼酸铵 0.02mg/L。

（2）pH。营养液的酸碱度直接影响生菜根系的生长，一般要求 pH 5.5～7.0，营养液 pH 过高或过低时都会影响生菜对某些元素的吸收，从而引起缺素症状。

表 2－4－1　常用生菜营养液配方

配方名称	用量（mg/L）						
	硝酸钾	磷酸二氢钾	磷酸二氢铵	硫酸镁	硝酸铵	硫酸钾	四水硝酸钙
山崎配方	506	—	57	123	—	—	236
华南农业大学叶菜类配方	202	100	—	246	80	174	472
园试配方的 1/2	404	76	—	246	—	—	472
广东省农业科学院（设施农业研究所）配方	600	75	100	500	—	—	1 200

（3）营养液浓度。通常采用测定其电导率来确定，生菜营养液 EC 值一般保持在 $1.5\sim2.0mS/cm$，营养液层保持 $5\sim10cm$ 的深度。生菜生长周期短，一般在栽培槽加入一次营养液即可满足整个生育期的营养需求。

（4）营养液溶氧含量。采用深液流水培生菜需要注意营养液的循环。目前通常采用以下两种方法来实现营养液的增氧问题。①通过水泵将营养液抽回栽培槽，实现营养液内部的小循环，在循环过程中利用营养液的落差和打破营养液的气—液界面实现增氧。②通过营养液回流到贮液池，实现营养液从营养液槽到贮液池的大循环，形成了一定落差实现增氧。

4. 采收　深液流水培生菜长到一定大小（一般在定植后 30～40d）即可采收，深液流水培生菜可以连根包装出售。

（四）病虫害防治

生菜在设施环境下的病虫害较少，主要是防治小菜蛾、软腐病和菌核病。

1. 育苗期　该时期重点预防病害发生。在育苗前，对种子消毒，采用 62.5g/L 精甲·咯菌腈拌种剂，或 50℃温水消毒 20～30min，使用 10％中生菌素可湿性粉剂 1 500 倍液、6％春雷霉素可湿性粉剂 2 000 倍液、或 30％噻森铜悬浮剂 1 000 倍液均匀喷洒。

2. 移栽后 使用 10％中生菌素可湿性粉剂 1 500 倍液或 50％氯溴异氰尿酸可溶粉剂 2 000 倍液，搭配 25g/L 溴氰菊酯乳油 3 000 倍液、1.8％阿维菌素乳油和 0.3％苦参碱乳油 1 500 倍液、5％甲氨基阿维菌素苯甲酸盐水分散粒剂 2 000 倍液均匀喷洒。

（聂　俊）

<<< 参 考 文 献 >>>

陈胜文，2008. 红叶生菜深液流水培技术 [J]. 长江蔬菜（10）：30－32.

李蔚，滕云飞，雷喜红，2018. 深液流水培（DFT）生菜高效栽培技术 [J]. 温室园艺（10）：20－21.

雷喜红，李蔚，孙朝华，等，2019. 蔬菜工厂化生产（八）高品质生菜水培生产技术 [J]. 中国蔬菜（2）：87－90.

沈军，武英霞，2017. 生菜优质栽培新技术 [M]. 北京：中国科学技术出版社.

第五章
甜椒基质栽培

第一节 概 述

一、起源

甜椒（*Capsicum annuum* L.）是茄科辣椒属辣椒的一个变种，属一年生或多年生草本植物。原产于中、南美洲热带地区。20世纪70年代欧洲各国开始大面积种植，20世纪90年代中期我国开始从以色列、荷兰等国作为特色菜系引进大面积种植。目前甜椒在我国大部分地区均有种植，其中山东面积最大。

二、生物学特性

甜椒为直根系，主根不发达，相比茄子和番茄，甜椒根系少，根量小，根群主要分布在土表10~15cm的土层内，茎基部不易发生不定根，根受伤后再生能力较差。甜椒的茎秆直立，主茎较矮，花蕾以下的2~3节萌发出2~3个侧枝，果实着生在分杈处，植株呈二杈或三杈向上继续生长，甜椒基部主茎各节叶腋均可抽生侧枝，但开花结果较晚，在生产上意义不大，应及时摘除。甜椒叶为单叶，互生，卵圆形或长卵圆形，绿色，全缘，叶面光滑。甜椒花是雌雄同花的两性花，多为白色或绿白色，个大，自花授粉。甜椒第一分杈出现的花称为门花，结的果实称为门椒；第二层花称为对花，结的果实称为对椒；第三、四分杈称为四门斗、八面风；再向上的花较多，称为满天星。甜椒的果实为浆果，一般有3~4个心室，目前甜椒的颜色有红色、黄色、橙色、白色、紫色及咖啡色等。甜椒的生长发育周期可以分为发芽期、幼苗期、开花坐果期和结果期。

三、对环境条件的要求

甜椒是一种既喜温又不耐高温、怕低温，既喜水、不耐旱又怕涝，较耐肥、耐弱光的蔬菜。

(一) 温度

甜椒属于喜温作物。种子发芽的适宜温度为 25～30℃，以 28℃为宜，低于 10℃或高于 35℃均不能发芽。甜椒生长发育的适宜温度为 20～30℃。当温度低于 15℃时，生长发育受阻，持续低于 12℃受到冷害，低于 5℃则植株易遭遇寒害而死亡。当温度低于 15℃时，花芽分化受阻，20℃开始花芽分化，授粉结实以 20～25℃的温度较宜，低于 10℃易引起落花落果，高于 35℃果实也不发育。

(二) 光照

甜椒较耐弱光，属于短日照作物，对长日照环境也能适应。甜椒光合作用的光饱和点为 30 000～40 000lx，光补偿点为 1 500～2 000lx。种子在黑暗条件下容易出芽，而幼苗生长时期则需要良好的光照条件，光照充足，幼苗节间短，茎粗，叶片肥厚，根系发达，抗逆性好，倘若光照达不到光补偿点，常导致茎秆节间伸长，含水量增加，叶薄色淡，适应性差。在开花坐果期光照充足有利于甜椒开花结果，果实发育好、产量高，如若光照不足，不利于开花坐果，花蕾果实发育不良，果实膨大的速度也显著减慢，造成落花、落果、落叶现象。在夏季光照过强不利于甜椒生长，尤其是在高温、干旱强光条件下，易导致病毒病和日灼病。因此夏季栽培需要适度遮阴。

(三) 水分

甜椒需水量不大，但不耐涝，对水分需求严格。甜椒在各个生育期的需水量不同。种子发芽需要吸收一定量的水分。因种皮较厚，吸水慢，所以催芽前先要浸泡种子6～8h，使其充分吸水，促进发芽。幼苗期，植株尚小，需水量较小；如果土壤中的含水量过高，则根系发育不良，植株徒长纤弱。移栽后，植株生长量大，需水量随之增加，但仍要适当控制水分，以利地下部根系生长发育，控制地上部枝叶徒长。初花期，需水量又适当增加，特别是果实膨大期，需要充足的水分，如果水分供应不足，果实膨大慢，果面皱缩、弯曲、色泽暗淡，甚至降低产量和质量，但是水分过多也易导致落花、落果、死苗。

空气湿度过大或过小，对幼苗生长和开花坐果也影响很大，一般空气相对湿度控制在60%～80%有利于植株生长。幼苗期，空气湿度过大，容易引起病害；初花期湿度过大会造成落花；盛花期空气过于干燥也会造成落花落果。

(四) 养分

甜椒属于耐肥性较高的作物，但是氮、磷、钾三要素需要均衡，不可或缺钙、镁、铁、硼、钼、锰等多种微量元素。在各个不同的生育时期，需肥的种类和数量均有差异。幼苗期植株幼小，需肥量少，但肥料质量要好，需要充分腐熟的有机肥和一定比例的磷、钾肥。如果磷不足，不但发育不良，而且花的形成迟缓，产生的花数也少，并形成不能结实的短柱花。初花期，枝叶开始全面发育，需肥量不太多，可适当施氮、磷肥，促进根系的发育。但切忌氮肥施用过多，否则植株容易发生徒长，推迟开花坐果；而且枝叶嫩弱，易感各种病害。进入结果期，对氮、磷、钾肥的需求量逐渐增加，至盛果期需求量最大。其中，氮肥供枝叶发育，磷、钾肥促进植株根系生长和果实膨大，以及增加果实的色泽。

四、营养价值

甜椒是营养价值较高的一种蔬菜，富含B胡萝卜素、维生素B$_6$、维生素C、叶酸和矿物质钾，尤其是维生素C的含量是其他茄果类蔬菜的4～8倍。每100g甜椒中，含水量为92.0%，含蛋白质1.3g、脂肪0.3g、糖分6.4g。甜椒有一定药用价值，如有健胃、利尿、明目、提高免疫力等作用。

五、广东甜椒生产情况

广东地处于热带亚热带地区，夏季温度高达30℃以上，通常引起甜椒生产的高温障碍，但最近几年发展了遮阴、喷灌等降温措施，并选出了一些耐热品种，栽培面积越来越大，成为我国三大甜椒主产区之一，其中在广东韶关有 2 800hm² 的甜椒生产基地。

第二节　优良品种介绍

目前甜椒按照颜色分为红、橙、黄、紫、白、咖啡色、黑色七种类。目前市面销售的品种很多，在选择品种时，除了要考虑当地栽培条件和市场需求外，我们还要充分根据果实形状、颜色、植株长势、抗病性、适应性、选择果肉厚、色泽好、果型饱满、多抗、耐热、坐果率高的优质品种。

1. 朱迪　瑞士先正达种子公司培育的品种。坐果率极高，果实成熟后为红色，平均单果重170g，果实方正，商品率高，果肉厚，味微甜，硬度好，耐贮运，抗病性强。

2. 红苏珊　瑞士先正达种子公司培育的品种。中熟，坐果率好，果实成熟后为红色，平均单果重180g，颜色亮美，商品率高，果肉厚，味微甜，硬度好，耐贮运，抗病性强。

3. 曼迪　荷兰瑞克斯旺公司培育的品种。节间短，坐果率好，果实成熟后为红色，平均单果重230g，颜色亮美，商品率高，果肉厚，耐贮运，抗病性强。

4. 萨菲罗　荷兰瑞克斯旺公司培育的品种。节间短，坐果率好，果实成熟后为红色，平均单果重200～230g，颜色亮美，商品率高，果肉厚，耐贮运，抗病性强。

5. 斯妮娅　以色列海泽拉公司培育的品种。特早熟，坐果率高，果实成熟后为红色，平均单果重150～200g，抗烟草花叶病毒

（TMV）。

6. 黄太妃　瑞士先正达种子公司培育的品种。中熟，坐果率极高，果实成熟后为黄色，平均单果重170g，商品率高，果肉厚，味微甜，硬度好，耐贮运，耐高温，抗TMV。

7. 黄贵人　瑞士先正达种子公司培育的品种。中熟，坐果率极高，果实成熟后为黄色，平均单果重180g，商品率高，果肉厚，味微甜，硬度好，耐贮运，耐高温，抗TMV。

8. 皇太极　荷兰瑞克斯旺公司培育的品种。植株开展度大，生长能力强，节间短，坐果率好，果实成熟后为黄色，平均单果重200～230g，商品率高，抗TMV。

9. 塔兰多　荷兰瑞克斯旺公司培育的品种。植株开展度大，生长势强，节间短，果实大，方形，果实成熟后为黄色，单果重250～300g，商品率高，耐贮运，抗TMV。

10. 斯玛特　以色列海泽拉公司培育的品种。早熟，生长势中等，果型周正，坐果率高，果实成熟后为黄色，单果重180～270g，抗TMV。

11. 辛普生　荷兰瑞克斯旺公司培育的品种。植株开展度大，生长能力强，节间短，大果方形，果实成熟后为橙色，单果重200～250g，货架期长，抗TMV。

12. 丽妃星　我国台湾地区农友公司培育的品种。果实长方形，果型端正，单果重180～200g，果实表面平整，成熟果为黄色，耐病毒病（PVY）。

13. 红丽星　我国台湾地区农友公司培育的品种，果实稍长方形，单果重170～190g，成熟果为红色，耐病毒病（PVY）。

14. 橙星2号　北京蔬菜研究中心培育的品种。中熟，果实成熟后为黄色，含糖量高，耐贮运，单果重160～220g，坐果率高，抗病毒病和青枯病。

15. 紫星2号　北京蔬菜研究中心培育的品种。中熟，成熟后为紫色，果面光滑，耐贮运，单果重150～200g，坐果率高，抗病毒病和青枯病。

16. **白星 2 号**　北京蔬菜研究中心培育的品种。中熟，成熟后为白色，耐贮运，单果重 150～200g，坐果率高，抗病毒病和青枯病。

17. **巧克力甜椒**　北京蔬菜研究中心培育的品种。中熟，成熟后为巧克力颜色，耐贮运，单果重 150～200g，坐果率高，抗病毒病和青枯病。

18. **布朗尼**　荷兰安莎种子公司培育的品种。早熟，成熟后颜色为咖啡色，单果重 150～200g。

19. **中椒 105**　中国农业科学院蔬菜花卉研究所培育的品种。中早熟，果面光滑，果色浅绿，单果重 100～120g，抗逆性强，耐贮运。

20. **中椒 0808**　中国农业科学院蔬菜花卉研究所培育的品种。中晚熟，单果重 180～240g，抗逆性强，抗病毒病，耐疫病。

第三节　甜椒基质栽培关键技术

基质栽培是甜椒主要的种植方式，这种方式不仅果实产量高、品质好，种植效益高，而且有利于甜椒生长的养分供给，便于机械化、工厂化生产。

一、基质的选择与处理

甜椒无土栽培常用基质主要包括蛭石、珍珠岩、棉岩、草炭、椰糠、菇渣、锯末及沙等，通常选用透气、透水、保肥性良好的复合基质。常用的基质配比有草炭∶蛭石∶珍珠岩＝5∶3∶2。

新基质在使用前通常用50％多菌灵可湿性粉剂 500 倍液进行喷雾杀菌，放置半天后即可使用。使用过的旧基质，用50％多菌灵可湿性粉剂 500 倍液或25％噻虫嗪水分散粒剂 300 倍液等对基质进行均匀喷雾，高温闷棚 7～10d，铺开晾晒 3d 即可使用。

二、营养液的配方与管理

营养液配方可采用山崎通用配方。甜椒对肥料的需求量比较大，每天保证供液系统供液 3~5 次，具体情况需要根据天气和基质保肥保水能力而定。

甜椒营养液的 pH 一般控制在 5.5~6.5，苗期适宜的 EC 值控制在 0.8~1.0mS/cm，定植至开花 EC 值控制在 1.0~1.5mS/cm，结果盛期控制 EC 值在 1.5~2.2mS/cm（表 2-5-1）。

表 2-5-1　甜椒山崎营养液配方

肥料名称	分子式	水中加入肥料量（g/m³）
硝酸钙	$Ca(NO_3)_2 \cdot 4H_2O$	354
硫酸钾	K_2SO_4	607
磷酸二氢铵	$NH_4H_2PO_4$	96
硫酸镁	$MgSO_4 \cdot 7H_2O$	185
螯合铁	$EDTA \cdot Na_2Fe$	2.8
硫酸锰	$MnSO_4 \cdot H_2O$	0.5
硫酸铜	$CuSO_4 \cdot 5H_2O$	0.02
硫酸锌	$ZnSO_4 \cdot 7H_2O$	0.05
硼酸	H_3BO_3	0.5
钼酸铵	$(NH_4)_6Mo_7O_{24} \cdot 4H_2O$	0.01

三、品种选择

甜椒因色彩艳丽多样、口味独特而受到人们的欢迎，种植面积也在逐年增加，近年来随着甜椒设施种植技术的不断发展，目前市场上不断从国外引进一些甜椒新品种，国内各科研院所也培育了许多优质品种，种植时需根据市场需求和环境条件选择优质、抗病、高产的品种。

四、育苗

1. 基质准备 甜椒采用基质育苗。基质采用草炭：蛭石：珍珠岩＝3：1：1的比例混合，拌匀后装入50穴育苗盘中。

2. 种子处理 国外种子一般有包衣处理，不需要进行消毒处理。国内种子需要用10％的磷酸三钠浸泡20～30min，清洗干净后用30℃温水浸种4～6h，然后用湿纱布包好在20～30℃条件下催芽，1～2d后即可发芽。

3. 播种 将基质浇水后，每穴1粒种子，上面再覆盖1cm厚的基质，浇透水。打开遮阳网。每亩按照2 500粒进行播种。

4. 培育壮苗 苗的好坏直接影响产量的高低，甜椒壮苗的标准为植株生长健壮，具有5～6片叶，叶片大而绿，茎粗0.4～0.6cm，节间短，根系多而白，无病虫害。

五、定植

甜椒植株高大，分枝能力强，定植密度不宜过大，每亩定植在2 000～3 000株。一般选择阴天或下午天气凉爽时进行定植，定植后浇透营养液。定植时如温度高，每天9：00～16：00需把遮阳网拉开，降低室内温度。定植后白天温度保持在25～30℃，夜间保持在18～22℃，有利于甜椒苗期的生长。

六、植株管理

1. 整枝修剪 甜椒一般采用三干或四干整枝的方式，为增大初期叶面积可留四门斗的分枝，其上留4～5片叶后摘心，其余侧枝留1～2片叶后摘心。打杈不易过晚，以免浪费营养。中后期长出的徒长枝可全部摘除。

2. 疏花疏果 甜椒的果实需求养分比较多，如果植株小、叶片少，植株就会生长缓慢甚至停止生长，因此要及时打掉门椒和对椒，或侧枝不留果，畸形果要及时摘掉，以减少养分消耗。

七、采收

温室甜椒枝条脆嫩，易折断，果实采收时不要生硬采收，需要用剪刀或小刀将果柄剪断或切断。为方便贮运，果柄不能太长。甜椒采收时间以上午 10：00 以前为宜。

八、病虫害防治

幼苗期重点防治根腐病和猝倒病。防治方法：育苗前使用 350g/L 精甲霜灵种子处理乳剂、或 25g/L 咯菌腈悬浮种衣剂拌种处理，至幼苗期后使用 50％氯溴异氰尿酸可溶粉剂 2 000 倍液、100 亿芽孢/g 枯草芽孢杆菌可湿性粉剂 1 000 倍液均匀喷洒。

开花坐果期重点防治蓟马、青枯病、炭疽病、疫病及枯萎病。物理防治：在温室每亩挂悬挂蓝板 15～30 张，可以有效引诱棕榈蓟马、西花蓟马。防治方法：使用 10％溴氰虫酰胺悬浮剂 2 000 倍液、21％噻虫嗪悬浮剂 3 000 倍液或 150 亿孢子/g 球孢白僵菌可湿性粉剂 500 倍液均匀喷洒；使用 3％中生菌素可湿性粉剂 800 倍液、30％噻森铜悬浮剂 1 000 倍液或 40％噻唑锌悬浮剂 1 500 倍液，搭配 70％代森锰锌可湿性粉剂 1 000 倍液、锰锌·氟吗啉可湿性粉剂 1 000 倍液、52.5％噁酮·霜脲氰水分散粒剂均匀喷洒，可以有效防治青枯病、炭疽病、疫病及枯萎病。

挂果中后期重点防治叶螨、炭疽病、疫病及黄萎病。

（1）生物防治。在叶螨危害基数 2～4 头/株时，释放胡瓜新小绥螨、加州新小绥螨和斯氏钝绥螨，每亩释放 25 000～50 000 头，使用天敌后，要注意避免使用化学农药或选用高选择性的药剂。

（2）药剂防治。使用 43％联苯肼酯悬浮剂 3 000 倍液、240 g/L 虫螨腈悬浮剂 1 500 倍液或 20％唑螨·三唑锡悬浮剂 3 000 倍液，搭配 50％咪鲜胺铜盐悬浮剂 2 000 倍液、325g/L 苯甲·嘧菌酯悬浮剂 1 000 倍液或 43％氟菌·肟菌酯悬浮剂 3 000 倍液均匀喷洒。

（聂　俊）

<<< 参 考 文 献 >>>

苗锦山，沈火林，2017. 辣椒高效栽培 [M]. 北京：机械工业出版社.

王萱，2010. 彩色甜椒高产栽培技术 [M]. 天津：天津科技翻译出版社.

王思萍，王思芳，2010. 提高彩色甜椒商品性栽培技术问答 [M]. 北京：金盾出版社.

张长远，谢大森，罗少波，等，2018. 蔬菜优良品种及实用栽培技术彩色图说 [M]. 广州：广东科技出版社.

第六章
设施葡萄根域限制栽培

第一节 概　　述

一、起源

葡萄（*Vitis vinifera* L.）是葡萄科葡萄属多年生落叶木质藤本。葡萄是世界上栽培历史最长的果树之一，也是现代世界四大水果之一。它是与称为活化石的银杏同时代诞生的，是地质史上 2.3 亿年前古生代二叠纪后的遗物。据研究文献资料，葡萄起源于欧亚大陆和北美洲的连片地区，随着人类文化和经济的交流而逐渐扩展到欧洲乃至全世界。

二、生物学特性

葡萄为深根性果树。其根系在土壤中的分布与品种、土壤类型、地下水位、生态条件、架式和栽培管理技术有关。一般情况下，根系垂直分布最集中的范围是在 20～80cm 的土层内。抗旱、抗寒的品种根系分布深。水平分布受土壤和栽培条件的影响，如土壤条件差，根系主要分布在栽植沟内。根的生长，取决于温度条件（15～25℃）、土壤湿度（田间持水量 60%～80%）和养分状况。在整个生长季中，根系一般有两个生长高峰，初夏至盛夏前期及夏末至秋季，也可以有 3 个或 3 个以上的生长高峰，主要取决于的温度、湿度和养分状况。

葡萄的芽为混合芽，分为冬芽、夏芽和潜伏芽。冬芽位于叶腋中央，肥大钝圆，外被鳞片，由一个主芽和多个副芽组成。一般情况下，冬芽须经冬季休眠后在第二年春季萌发为新梢。葡萄的夏芽是裸芽，位于叶腋上方，与冬芽并生，属于早熟性芽，当年形成当年萌发。在一年内，主梢可以多次抽生夏芽副梢，多次形成并多次结果。生产上对巨峰、玫瑰香等易形成多次结果的品种，在南方地区，常常利用夏芽副梢二次结果。葡萄枝蔓上不萌发的芽眼，或芽眼内不萌发的副芽呈潜伏状态，故称潜伏芽。在葡萄枝蔓各处都有大量的潜伏芽，当条件适宜时，潜伏芽就可生长成新梢。因此，结果部位大量外移的树，可利用枝蔓上的潜伏芽进行更新。

葡萄的枝通常称为枝蔓，一般分为主梢、副梢、一年生枝及结果母枝等。主梢是当年由冬芽萌发而长出来的新梢。有花序的新梢称为结果枝，而无花序的新梢称为营养枝。副梢是由夏芽萌发而成，比主梢细，节间短。副梢摘心可得到二次或三次副梢，大多数葡萄品种的副梢不能形成花序，也有些葡萄品种的副梢很容易形成花序。新梢成熟落叶后称为一年生枝。一年生枝上的饱满芽能在下年萌发并开花结果的称为结果母枝。冬剪时适当留取结果母枝的数量和长度。

葡萄花芽分化的始期一般在葡萄开花期前后，冬芽内分化具有7节以上的叶原基时开始，一般在5月中旬至6月上旬。葡萄花芽分化比较灵活，只要环境条件适宜，在生长内任何时期都可以分化。适时葡萄新梢进行摘心或除副梢，可使花芽分化提前或缩短分化过程，整个花芽分化只需30～45d。在南方地区，可利用这些特性使其一年两次开花结果，来提高产量和经济效益。

葡萄的花序是复总状花序，呈圆锥形。花序由花序梗、花序轴、花梗和花蕾组成。花序一般分布在结果新梢3～7节上。花序以中部的花蕊成熟最早，基部次之，穗尖最晚。花序上的花朵数目因品种和树势不同而异，一般正常发育的花序具有200～1 000个花蕾，花序中部的质量最好。对于穗大粒大的葡萄，要注意疏花，每穗留100～150个花蕾即可，这样有利于提高坐果率。

葡萄的果穗由花序发育而来，由穗梗、穗轴和果粒组成。葡萄的花序在开花后发育成果穗，花序梗发育成穗梗，花序轴发育成穗轴，小花的子房发育成浆果。葡萄从受精坐果到果实成熟，一般经历 2～4 个月，在此期间，果实不断长大，但生长速度随季节而有变化。一般早熟品种为 35～60d（夏黑等），中熟品种为 60～80d（巨峰等），晚熟品种 80～90d 或更多（温克等）。

三、对环境条件的要求

1. 温度 葡萄是喜温植物，不同成熟期的品种所需的活动积温都不相同。前人研究表明，极早熟品种要求 2 100～2 500℃，早熟品种 2 500～2 900℃，中熟品种 2 900～3 300℃，晚熟品种 3 300～3 700℃，极晚熟的品种则要求 3 700℃以上的活动积温。各物候期对温度的要求不同，萌芽期 10℃～12℃，新梢生长及花芽分化期 25℃～30℃，低于 10℃～12℃不能正常生长；开花期 20℃～30℃能授粉受精，低于 14℃影响开花结实，果实成熟期 20℃，低于 15℃不能成熟。

2. 光照 葡萄是喜光植物，对光照非常敏感。光照不足时，枝条细而长，花器官分化不良，花蕾弱小，落花落果严重，冬芽分化不好，不能形成花芽，产量低。建园时应选择光照良好的地方，并注意通风透光，合理选择株行距，采用正确的修剪技术。

3. 水分 土壤和空气湿度过低、过高都不利于葡萄生长发育。土壤干旱，会引起大量落花落果及果粒小、含糖低、含酸量高等现象，严重干旱时甚至可使植株枯萎而死亡。果实成熟期久旱骤雨，可使某些品种发生裂果。土壤长期积水会使葡萄根系窒息死亡，在多雨季节低洼地要注意排水。空气湿度过大，不利于授粉受精，影响坐果，更为真菌病害的侵染创造了条件。果实成熟期如果土壤水分过大，会降低果实品质。

4. 营养条件 葡萄对土壤的适应性很强，除了极黏重的土壤、重盐碱土不适宜生长发育外，其余如沙土、壤土、沙壤土和轻黏土等都可以进行栽培。但葡萄最喜土质肥沃、疏松的壤土或砾质壤土。沙土、黏土和盐碱地通过土壤改良，并选用适当的品种也可以种植葡萄。

5. pH 葡萄适宜的土壤 pH 为 5.8～6.5，pH 过高易发生黄化病。土壤总盐量达 0.4%、氯化物含量达 0.2% 是葡萄生长的临界条件，此类土壤应进行土壤改良。

四、营养价值和经济价值

葡萄浆果营养丰富，富含多种矿物质、维生素和氨基酸等多种营养物质，有利于人体健康。葡萄用途广泛，除了鲜食外，葡萄浆果还可以加工成果汁、葡萄干、葡萄酒等，葡萄具有丰富的营养价值和保健功能，葡萄酒被誉为人类十大健康食品之一。葡萄适应性强，抗干旱、耐盐碱，在荒山、荒漠或河滩均可栽培，经济效益十分可观。葡萄栽培已成为许多地区促进经济发展、增加农民收入的主要途径。

五、广东葡萄种植情况

广东省葡萄作为经济栽培是从 1981 年开始的，以巨峰种植成功为基础，广东的葡萄才开始迅速发展，至 1987 年全省葡萄种植面积达到 866.7hm²，迎来广东葡萄产业发展的小高潮。然而，由于广东高温高湿的气候特点，导致葡萄坐果率低、病虫害严重，再加上当时葡萄管理技术不到位，严重影响果实品质和产量，导致葡萄产业迅速萎缩。近年来，随着避雨栽培技术和破眠技术等葡萄栽培技术革新，影响华南地区葡萄产业发展的问题得到解决，使得华南地区从原来的不适宜区变成葡萄特色产区。如气候环境与广东相似的广西葡萄产业得到成功发展，栽培面积达到 26 700hm²。广东葡萄产业再度兴起，据不完全统计，广东葡萄产业规模已接超过 1 333hm²，而且增势迅猛。

目前，华南地区葡萄栽培主要存在以下问题。①栽培技术水平低。高温高湿气候导致病虫害难以控制，萌芽不整齐等，再加上栽培技术水平低，使得葡萄品质差、产量低，综合经济效益低。②品种结构单一。欧美杂种主要仍为巨峰系品种为主，欧亚种的品种稀少，从而使成熟期过于集中，出现季节性相对过剩。③苗木繁育滞后，市场混乱。苗木生产和销售混乱，存在严重的自由育种、自由买卖的现象。葡萄种苗的生产和管理缺乏有力的监督，苗木质量参差不齐，脱毒苗木生产远远不能满足生产发展的需要。

第二节 优良品种介绍

品种选择首先应根据品种与砧木区域化和品种对环境的适应性、丰产性等；其次根据鲜食葡萄的市场、种植者的经济实力、栽培水平以及栽培模式综合考虑，选择适宜品种。广东地区品种选择的原则建议为：选择需冷量低、耐弱光、花芽容易形成、多次结果能力强、抗逆性强的优质品种。

1. 巨峰 巨峰是我国的主栽品种，欧美杂交种，原产日本，1937 年大井上康用石原早生×森田尼杂交育成的四倍体品种。果穗圆锥形，平均穗重 550g。果粒着生稀疏，椭圆形，平均粒重 8g。果皮中等厚，紫黑色，果粉较厚。果肉有肉囊，稍软，有草莓香味，味甜汁多。

2. 夏黑 属欧美杂交种，日本山梨县果树试验场用巨峰和无核白于 1968 年杂交育成。果穗圆锥形，部分有双歧肩，无副穗，平均穗重 500g。果粒着生紧密，大小整齐，近圆形。果实经膨大处理后，平均单粒重 6～10g，可溶性固形物含量 16%～20%，果皮紫黑或蓝黑色，无核，果肉硬脆，汁多，味浓甜，具浓草莓香味。

3. 阳光玫瑰 为欧美杂交种，由日本国家农业食品产业研究所果茶研究部用安芸津 21 和白南杂交育成。该品种果穗整齐美观，果粒大，粒重 10～12g，黄绿色，含糖量高，可溶性固形物含量 18%～20%，风味极佳，肉脆皮薄，肉质细腻，具有特殊的玫瑰香味，口感清爽，甜而不腻，是当前公认的、极有发展潜力的玫瑰香型品种。在广州地区表现栽培性状好，抗病、不裂果，没有高温着色难、香气减少问题，耐贮运。

4. **醉金香** 属于欧美杂种，是辽宁省农业科学院园艺研究所于 1981 年以沈阳玫瑰为母本、巨峰为父本，采取有性杂交的方法选育而成。果穗圆锥形，平均穗重 500g。果粒紧密度中等，椭圆形，平均粒重 10g。果皮中厚，果皮与果肉易分离，果肉与种子易分离，完熟果皮呈金黄色。果肉中等软硬，果汁多，具有浓郁的茉莉香味，可溶性固形物含量 18% 以上，品质上等。

5. **巨玫瑰** 属于欧美杂种，由大连市农业科学院以沈阳大粒玫瑰香作母本、巨峰作父本杂交育成的四倍体葡萄新品种。果穗圆锥形，平均穗重 450g。果粒椭圆形，平均单果粒重 8g。果皮中等厚度，紫红色，果粉较厚。果实比较松软，皮肉容易分离，少核，酸甜适中，有浓郁的玫瑰香味，可溶性固形物含量 20%，品质上等。

6. **甬优 1 号** 属于欧美杂种。果穗呈圆锥形，平均穗重 600g，平均粒重 10g，果皮中等厚度，果肉中脆，可溶性固形物含量 18%。

7. **户太 8 号** 属于欧美杂种。平均穗重 600g，平均粒重 10g。抗病性强，生长旺盛，丰产，多次结果能力强。

8. **黑巴拉多** 属于欧亚种。果穗长呈圆锥形，果粒着生较紧密，大小整齐，穗重 500g 左右。果粒椭圆形，单果粒重 9g 左右。果皮较薄，果粉厚，易着色，紫红至紫黑色。果肉脆，口感好，有草莓香味，皮肉不易剥离，可溶性固形物含量 18% 以上。抗病性强，果实品质优，成熟期比夏黑无核早 7d 以上，不脱粒、特耐运输。

9. **紫甜无核** 属于欧亚种，母本为牛奶，父本为皇家秋天，选自昌黎县李绍星葡萄育种研究所葡萄试验园，2010 年定名。果穗长圆锥形，紧密度中等，平均穗重 500g。果粒呈圆柱形，平均粒重 6g，大小均匀，果实自然无核。果实含酸量完熟时果皮为紫黑色，果粉厚，有牛奶香味，可溶性固形物含量 20%。该品种对霜霉病、白腐病和炭疽病均具有较好抗性。

10. **温克** 属于欧亚种，二倍体，原产地日本，由日本山梨县志村富男用 Kubel Muscat 和甲斐路杂交于 1987 年育成，1999 年引入我国。自然果穗圆锥形，果穗较大，平均单穗重 450g，着生紧密。果粒大小整齐，卵圆形，紫红色，粒大，平均单果粒重 8g。果皮薄，无涩味。果肉爽脆，汁多，每粒果实含种子 1～3 粒，可溶性固形物含量 20％以上。耐贮运，品质上等。在南方地区，可作为晚熟品种搭配的优良品种之一。

11. 美人指 属于欧亚种。果穗呈圆柱形，较松散，平均穗重 400g。果粒细长略带弯曲，先端紫红色，外观极美，平均单果粒重 11g。果肉脆，味甜爽口，可溶性固形物含量 17％，较耐贮运。

12. 红宝石 属于欧亚种。果穗呈圆锥形，平均穗重 650g。果粒呈椭圆形，平均粒重 4g，经膨大处理后可达 7g。果皮中等厚度，完熟时果皮紫红色。果肉硬脆，可溶性固形物含量 18％。

13. 玫瑰香 属于欧亚种，二倍体，英国用白玫瑰与黑汉杂交育成，1900 年引入我国。自然果穗圆锥形，平均穗重 350g。果粒着生较紧密，疏果粒后平均粒重 6g。果皮中等厚度，紫红或紫黑色，果粉较厚。果肉稍软多汁，有浓郁的玫瑰香味，可溶性固形物含量 18％～20％。

第三节　葡萄根域限制栽培关键技术

一、根域限制栽培的概念与模式

根域限制是利用生态学或物理学等各种方式将葡萄的根系限制在一定的容积范围内，从而控制根系的生长并以此来调节葡萄的营养生长和生殖生长的一种栽培技术。根域限制突破了"树大根深""根深叶茂"的传统栽培理论。根域限制栽培具有占地少、投产快、品质高、调控便利、管理省力、节水节肥和低环境负荷等优点。在提高果实品质、节水栽培、有机型栽培、观光果园建设、山地及滩涂利用和数字、高效农业等方面都有重要的应用价值。

目前，根域限制栽培技术在其他果树上系统研究比较少，但在葡萄种植上根域限制栽培技术已日趋成熟。在葡萄生产上主要有以下几种根域限制栽培模式。

1. 沟槽式 采用沟槽进行根域限制，要做好根域的排水工作。挖宽 $100\sim140cm$、深 $50cm$ 的定植沟，在沟底再挖宽 $15cm$、深 $20cm$ 的排水暗渠，用厚塑料膜铺垫定植沟、排水暗渠的底部与沟壁，排水暗渠内用毛竹、修剪硬枝、河沙与砾石填充，并和两侧的排水沟两侧连接，以确保积水能及时顺利地排出。当定植沟的底、侧壁用透水性的无纺布代替塑料膜铺垫时，由于无纺布具有透水性不会积水，可以不设排水沟。但无纺布寿命短，$2\sim3$ 年便会失去作用，会有根系突破无纺布而伸长到根域以外的土壤。挖好排水沟后，每亩施有机肥使用量 $6\sim8t$，并与 $6\sim8$ 倍的熟土混匀，回填沟内即可。采用沟槽式根域限制栽培时，根域土壤水分变化相对较小，葡萄营养生长和生殖生长比较平衡，果实品质明显改善，适用于我国南方多雨地区。

2. 垄式 在多雨、冬季土壤不结冻的南方地区，也可以采用垄式栽培的方式。在地面铺垫塑料膜或无纺布，在其上堆积富含有机质的营养土呈垄，将葡萄种植其上。生长季节在垄的表面覆盖黑色或银灰塑料膜，保持垄内土壤水分和温度的稳定。垄的规格因栽培密度而异，行距 $8m$ 时，垄的规格应为上宽 $100cm$，下宽 $140cm$，高 $50cm$。土壤培肥同沟槽式。这种栽培方式具有操作简单的优点，但根域土壤水分变化不稳定，生长容易衰弱，因此必须配备良好的滴灌系统。

3. 垄槽结合模式 将根域的一部分置于沟槽内，一部分以垄的方式置于地上。一般沟槽深度 $30cm$，垄高 $30cm$ 为宜。沟垄规格因密度而异，行距 $8m$ 时，沟宽 $100cm$，垄的下宽 $100cm$，上宽 $60\sim80cm$。垄槽结合模式既有沟槽式的根域水分稳定、葡萄生长中庸、果实品质好的优点，又有垄式操作简单、排水良好的长处。

二、设施选择

选择设施首先需要考虑设施栽培的目的，其次还要结合考虑种植者的经济水平和当地气候条件等因素。目前，南方设施葡萄常用的栽培设施主要有玻璃温室和塑料大棚。

玻璃温室保温能力强，适合进行葡萄的冬季生产，但造价较高，每亩造价为 8 万～20 万元，但经济效益最高，每亩年收入可达 4 万～10 万元，可以观光采摘，适于经济条件较好的种植者。塑料大棚保温能力较差，但造价低，每亩造价 1 万～4 万元，经济效益较高，每亩年收入可达 1 万～3 万元，适于资金相对不足的种植者。

三、科学建园

1. 园地选择　光照为了利于采光，建园地块要南面开阔，高燥向阳，无遮阴且平坦。为了减少温室或塑料大棚覆盖层的散热和风压对结构的影响，要选择避风地带。为使温室或塑料大棚的基础牢固，要选择地基土质坚实的地方，避开土质松软的地方，以防为加大基础或加固地基而增加造价。选择土壤质地良好、土层深厚、便于排灌的肥沃沙壤土地片构建设施，切忌在重盐碱地、低洼地和地下水位高的地块及重茬地建园。应选离水源、电源和公路等较近，交通运输便利的地块建园，以便于管理与运输。

2. 园区规划　避雨栽培以南北行向，垄长 50～80m 为宜，最长不超过 100m。园区道路根据葡萄园面积大小确定，面积在 3hm² 以上的主道应在 3～3.5m，支道为 2.5～3m；3hm² 以下主道为 2.5～3m，支道为 2～2.5m。排水沟渠根据地理条件确定，一般 1.3hm² 左右需要开一条主排水渠。排水渠的开口面为 2.0～3.0m，底宽 0.6～1.0m、深 1.2～1.5m，超过 30m 的垄长需在垄的中间开一条横沟，横沟开口面为 1.0～1.2m，底宽 0.3～0.5m、深 0.6～0.8m。每 0.7～1hm² 需要建一个容量为 12m³ 的粪池。另外还应根据园区大小规划建造仓库、房屋设施、包装车间等建筑设施。

四、苗木选择与定植

1. 苗木选择　葡萄苗木选择需要注意以下几个方面：选择当地适宜的品种；选用无病毒苗木；苗木要健壮整齐，芽眼饱满，根系发达且无病虫危害，选用符合质量要求的苗木。

2. 栽植时间 苗木栽植时间为秋季落叶后到第二年春季萌芽前均可，南方地区可以春季栽植也可以秋冬栽植。

3. 栽植方法

(1) 沟槽式根域限制栽培模式。用 0.06～0.08mm 厚的塑料膜（防老化长寿膜）将葡萄根系生长范围限制在栽植沟内。具体方法：按 2.2～3.0m 间距开沟宽 80cm、深 50cm；用 0.06～0.08mm 厚的塑料膜覆盖沟的两侧壁；用有机肥：土按体积比 1：(6～8) 的比例混匀土壤后，填入沟内，并高出地面 20cm。

(2) 其他根域限制栽培模式。按照株行距安排栽植点，按照基质配比方法进行基质配制，按照每 15m² 架面使用 1m³ 的有机肥安排每株葡萄的根域范围，每年按照要求进行土、肥、水管理。

五、整形修剪

葡萄树形的选择原则是最大限度地利用太阳能，要求技术简单、操作方便、省工省力。葡萄生产上一般的整形修剪技术有篱架整形修剪技术、水平棚架 T 形整形修剪技术和 H 形整形修剪技术。在各种树形中，棚架式是较好的树形，露到地面的光较少光截获量多。在南方地区一般采用有主干的 T 形、H 形、W 形、X 形。

(一) T 形

1. 树形结构 一般株距 2m，行距 3m。1 个主干，直立，干高 1.8m，2 个臂，长度 1m，分布在立柱平面架下的镀锌钢丝上，每个臂上间距 15～20cm 培养 1 个结果枝组，每个结果枝组上留 1 个结果母枝。冬季修剪后主蔓在架面上形状为"一"字形。

2. 幼树整形 定植当年，幼苗萌芽后选留一个生长健壮的新梢。新梢长到架面钢丝下 15cm 时摘心，留顶端 2 个副梢，副梢平绑缚在架面钢丝上，培养成水平双臂（2 个主蔓），主干上的其余副梢留 1～2 叶摘心。当双臂长至 80～100cm 时摘心（双臂长度为行距的 1/2）。冬季修剪时 2 个主蔓视粗度留 8～10 芽短截修剪，或副梢留 1～2 芽短截，当年即可形成 T 形。

3. 成年树管理

（1）冬季修剪。根据品种特性，选用极短梢修剪、中长梢修剪、长梢修剪。欧美杂交种及易成花品种，侧主蔓间隔约 20cm，每节留 1 个结果母枝，极短梢修剪；不易成花品种基部留 1～2 个枝条，长梢修剪后平绑于两臂预备，结果母枝短梢修剪。每亩留1 800～3 000 个结果枝。第二次冬季修剪继续单枝更新修剪结果母枝，每 4～5 年结果母枝从主蔓基部回缩，留 1 个隐芽培育更新结果母枝。

（2）夏季修剪。

①抹芽。应依据成花情况、树势强弱、计划产量进行抹芽，使新梢、花序均匀分布在架面上。在芽长 3～5cm、可见花穗时开始抹芽，主要抹除副芽、弱芽、位置不当的芽等；保留靠近主干、双臂的用于培养营养枝的芽。实际留芽量应超过计划留芽量 30%。由于芽的萌发有先后，故抹芽工作要反复多次，分期分批进行。

②抹梢、定梢。新梢生长至 10～15cm 时开始定梢并抹除备用新梢，使枝距为 15～20cm。定梢通过决定每株、每亩保留的枝条量来决定和控制产量。按果穗大小、叶片大小、定穗量和合适的叶果比确定枝梢量。一般每亩保证 3 600～4 000 根新梢。成龄树抹芽定梢时，尽可能保留靠近主干的新梢，以保证结果部位不外移。

③摘心。主梢摘心，坐果率高的品种，可以在开花时对主梢进行摘心，一般结果枝留花序上 6～8 片叶后摘心，营养枝留 10～12 片叶摘心。对于坐果率低的品种，一般在开花之前对主梢进行摘心。副梢摘心，主梢顶芽副梢可做延长枝留 6～7 叶摘心，顶端以下的副梢及花序下部的副梢全部抹去，花序上部留 1～2 叶摘心。

④去卷须、老叶。及时摘除新梢上的卷须，及时去除枝梢基部的老叶、病叶和黄叶。

（二）H 形

1. 树形结构　植株 1 个主干，直立，高 1.8m；2 个臂（主蔓）向两侧双向二分式成 4 个侧主蔓，侧主蔓间距 2.5～7m（长度依栽植密度和生长空间而定），冬季修剪后主蔓在架面上形状为 H 形。

2. 幼树整形 定植当年，萌芽后选留 1 个生长健壮的新梢。新梢长到架面钢丝下 15cm 时摘心，留顶端 2 个副梢，副梢平绑缚在架面钢丝上，形成 2 个主蔓，在行距的 1/4 处摘心，留 2 个副梢平绑，新梢每隔 6 片叶摘心，其上副梢留 1~2 叶摘心。生长旺盛的品种可留副梢培养结果母枝。冬季修剪时两个主蔓视粗度留 8~10 芽短截修剪，或副梢留 1~2 芽短截，生长旺盛的品种当年形成 H 形。

3. 成年树管理

（1）冬季修剪。欧美杂交种及易成花品种，侧主蔓间隔约 20cm，每节留 1 个结果母枝，极短梢修剪；不易成花品种基部留 1~2 个枝条，长梢修剪后平绑于两臂预备，结果母枝短梢修剪。每亩留 1 800~2 960 个结果枝。翌年春季萌芽后，每个结果母枝保留 1~2 个结果枝。第二次冬季修剪继续单枝更新修剪结果母枝，每 4~5 年将结果母枝从主蔓基部回缩，留 1 个隐芽培育更新结果母枝，一般 H 形主蔓一直保留。

（2）夏季修剪。在葡萄生长季的树体管理中，采用抹芽、定梢、摘心、除卷须等夏季修剪措施对树体进行控制。

①抹芽、定梢。葡萄萌芽后先抹除双芽、三芽及侧芽，留一个主芽再抹除细弱芽、向下芽、萌蘖芽等。由于芽的萌发有先后，故抹芽工作要反复多次，分期分批进行。如果芽量不足的部位可适当留些双芽。定梢即通过决定每株、每亩保留的枝条量来决定和控制产量。按果穗大小、叶片大小、定穗量和合适的蔓果比确定定梢量。叶片较小的品种应当多留梢；叶片较大的品种适当少留梢。

②摘心。对开花前生长量超过 10 叶的枝梢进行摘心，同时对果穗以上的副梢留 1~2 叶后反复摘心，主梢摘心后顶端发出的副梢留 3~5 叶再摘心。疏去过密新梢，改善光照条件。结果枝摘心绑蔓，当结果枝蔓长出 8 片叶后进行摘心，并将结果枝蔓垂直侧主蔓绑缚在平棚架面上。

③副梢摘心。一般将花序下部的副梢全部抹去，上部的完全保

留或只留 2～3 个副梢，生长至 4～5 片叶时，留 1～2 叶摘心。摘心后副梢叶腋中的夏芽又发生 2 次副梢，当有 3～4 片叶时，再留 1 叶摘心。3 次副梢同样处理。全年摘心 4～6 次，果实着色时停止对副梢摘心。

六、土肥水管理

(一) 土壤管理

根域限制下，根系分布范围被严格控制在树冠投影面积的 1/5 左右，深度也被限制在 60cm 左右的范围。因此，必须提供良好的土壤环境，要施用足够的有机肥，土壤有机质含量达到 20％以上，含氮量 2.0％以上，保证良好的土壤结构。一般用有机肥与 6～8 倍的熟土混合即可。纯羊粪、牛粪、鸡粪等含氮量高的有机质，混土比例可适当提高，椰糠等含氮量低的有机质，混土比例可适当降低。有机质与土一定要完全混匀。

对观光果园的根域限制栽培，可以用泥炭、珍珠岩等配置无土基质或适量添加壤土制成半无土基质，进行基质栽培。基质原料可以为草炭、蛭石、珍珠岩、牛粪、黄土、椰糠、菌渣、河沙等，但要求基质来源容易，价格实惠，配成的基质配方要符合葡萄生长要求。

(二) 肥水管理

定植后充分滴灌 1 次，保证根域土壤全部渗透。植株发芽后至气温达 30℃以前，每 2～3d 滴灌 1 次，每次 1～2h。气温超过 35℃时，每天滴灌 1 次，每次 1～3h。新梢长 5～10cm 时施速效肥，每 10～15d 1 次，每次株施尿素 25g 或复合肥 50g，全年单株施肥量控制在尿素 1kg 或复合肥 2kg 以内。进入结果期的树，花前 1 周灌水 1 次；坐果后至浆果种子硬化末期灌水次数视墒情而定；浆果着色至成熟期控制灌水，保持适当干旱，以控制营养生长，促进枝条成熟，提高浆果品质；采收后结合施肥及时灌水恢复树势。分别在萌芽期、坐果后、浆果种子硬化期和采收后施复合肥，每次每株 200～300g，全年单株施肥量控制在 0.8～1.2kg。

七、花果管理

一般在开花前1周整理花穗，剪除影响穗形的歧穗和穗肩部的1～2个小穗，过长的花穗掐去穗尖1/5～1/4，控制穗轴长度在5～6cm使果穗呈圆柱形。每个强旺结果新梢平均留2穗或2个新梢留3穗；中庸新梢留1穗；弱梢不留穗。对于坐果率低的品种，需要用植物生长调节剂来进行保花保果，品种不同，处理时间及植物生长调节剂种类和浓度也不同。在生理落果结束后，利用疏果技术，对果穗进行修整。根据品种果粒大小、穗重要求，每穗留30～100粒。过密的果穗要适当除去部分支梗，为果粒不断生长预留适当空间。疏果后喷1次杀菌剂，如嘧菌酯（阿米西达）等，然后对果穗套袋。通过花序整形、疏花序、疏果等办法调节产量。正常投产后，按叶果比定穗，一季果每亩留果穗1 500穗左右，产量控制在1 000kg左右。

八、病虫害防治

病虫害防治重点在六个时期：休眠期（修剪清园期）、萌芽期（绒球期）、开花前期、套袋期（坐果期）、成熟前期（上色期）、落叶期。

1. 休眠期（修剪清园期）　该时期重点防治残留的病菌及虫卵、越冬的病菌及害虫。防治方法：在修剪清园时，及时剥除老翘皮，使用涂白剂加入5波美度石硫合剂，由茎基部刷至1.8m处。彻底清理老叶、多余侧枝，使用石硫合剂喷洒园区和修剪后的葡萄树。

2. 萌芽期（绒球期）　该时期重点防治地下害虫、越冬病菌、介壳虫。防治方法：芽鳞膨大前选用5波美度石硫合剂清园，芽鳞膨大后不宜再用石硫合剂，可选用47％烯酰·唑嘧菌胺悬浮剂2 500倍液、40％烯酰·嘧菌酯悬浮剂2 000倍液或45％烯酰·吡唑酯悬浮剂2 000倍液喷洒；浇足萌芽水，起到淹死地下害虫的作用。

3. 开花前期 该时期重点防治灰霉病、霜霉病、白粉病、穗轴褐枯病、蓟马、绿盲蝽、介壳虫。防治方法：做好保花工作，花前控水、补充硼肥，使用42.4%唑醚·氟酰胺悬浮剂4 000倍液、或43%氟菌·肟菌酯悬浮剂4 000倍液，搭配25%噻虫嗪水分散粒剂5 000倍液或22%氟啶虫胺腈悬浮剂5 000倍液。

4. 套袋期（坐果期） 该时期重点防治灰霉病、霜霉病、炭疽病、白粉病、黑痘病、蓟马、叶螨、斜纹夜蛾、丽金龟等。本阶段是防治灰霉病、炭疽病、白粉病等病害侵染的关键时期，尤其需要重视。防治方法：在套袋前，使用30%吡唑醚菌酯·乙嘧酚悬浮剂1 500倍液、1.5%苦参碱水剂3 000倍液、22%氟啶虫胺腈悬浮剂2 000倍液或50%唑醚·丙森锌水分散粒剂2 000倍液。

5. 成熟前期（上色期） 套袋后到这个时期，要重点防治蓟马、叶螨、跗线螨，以及白腐病、灰霉病、酸腐病、白粉病、穗轴褐枯病等。若发现葡萄袋内发生白腐病、灰霉病、酸腐病、白粉病、穗轴褐枯病，及时启动救治方案：60%吡醚·代森联水分散粒剂2 000倍液、40%苯甲·吡唑酯悬浮剂2 000倍液或40%嘧霉·异菌脲悬浮剂2 000倍液。

6. 落叶期（采收后） 使用78%波尔·锰锌可湿性粉剂500倍液或5波美度石硫合剂进行全面清园，冬天实行冬灌。

（谢玉明）

<<< **参 考 文 献** >>>

贺普超，1994. 葡萄学［M］. 北京：中国农业出版社.

黄旭明，刘远星，王惠聪，等，2015. 广东葡萄产业的机遇与挑战［J］. 广东农业科学，24：207-211.

刘挥中，2005. 葡萄生产技术手册［M］. 上海：上海科学技术出版社.

任俊鹏，陶建敏，2013. 葡萄栽培中主要架式、树形及南方地区发展趋势［J］. 中国果业信息，30（7）：27-29.

单守明, 2016. 葡萄优质高效栽培 [M]. 北京: 机械工业出版社.

王世平, 2004. 葡萄根域限制栽培技术 [J]. 河北林业科技, 10 (5): 82.

王世平, 2006. 不同生态条件下葡萄根域限制栽培模式与管理 [J]. 中国南方果树, 35 (2): 52.

王世平, 张才喜, 罗菊花, 等, 2002. 果树根域限制栽培研究进展 [J]. 果树学报, 19 (5): 298 - 301.

王忠跃, 2017. 葡萄健康栽培与病虫害防控 [M]. 北京: 中国农业科学技术出版社.

张振文, 2007. 葡萄品种学 [M]. 西安: 西安地图出版社.

第七章
设施草莓无土栽培

第一节 概　　述

一、起源

草莓（*Fragaria* ananassa）属蔷薇科草莓属多年生草本植物。世界上草莓属植物约 50 个种，主要分布在亚洲、非洲和欧洲，在北纬 30°～60°，南半球亦有少量分布，主要在南美太平洋沿岸和大洋洲南部。草莓属植物是多起源的，有报道显示，草莓起源于三大中心，即亚洲、欧洲和美洲三个地理种群。当今世界各地进行经济栽培的草莓（*Fragaria* ananassa）都是弗吉尼亚草莓（*Fragaria virginiana*）和智利草莓（*Fragaria chiloensis*）两个种杂交的后代。

二、生物学特性

（一）根系

草莓的根系是由新茎和根状茎上生长的不定根组成的须根系，没有主根。根系由初生根、次生根和毛细根组成。初生根以白色为主，直径一般为 0.8～1.5mm，一株草莓一般有 3～50 条初生根。初生根的主要作用是产生次生根和固定植株，它也是草莓根系更新的重要部分。在初生根上发生的根称为次生根，以浅黄色为主，较短。在其上发出无数条细根，细根上密生根毛，这些根毛与土壤紧密接触，是草莓吸收水分和矿物质的主要器官。草莓根系在土壤中分布浅，大部分根分布在距地表 20cm 以内的表土层内。

（二）茎

草莓的茎分为新茎、根状茎和匍匐茎 3 种。新茎是当年萌发的短缩茎，新茎着生于根状茎上，是草莓发叶、生根、长茎、形成花序的重要器官。新茎上密生叶片，基部产生不定根。新茎上的腋芽具有早熟性，当年可萌发形成匍匐茎，或萌发成新茎分支。新茎的顶芽到秋季可形成混合花芽，成为弓背的第一花序，花序均发生在弓背的一侧，生产上运用这一特性确定秧苗栽植的方向，以使花序伸出方向一致。

（三）芽

草莓的芽可以分为顶芽和腋芽。顶芽是指着生于新茎顶端的芽，顶芽萌发后向上长出叶片和延伸新茎。当秋季随着温度下降，日照缩短，顶芽可形成混合花芽，称为顶花芽。第二年混合花芽萌发后，先抽生新茎，在新茎 3～4 片叶后抽生花序。腋芽是指着生在新茎叶腋间的芽，也称侧芽。

（四）叶

草莓的叶为三出复叶，叶柄细长，多生茸毛，叶柄基部与新茎相连的部分有对生的 2 片托叶，有些品种叶柄中下部有 2 个耳叶，叶柄顶部着生 3 个小叶，两边小叶对称，中间小叶形状规则。叶片紧密着生在节间极短的新茎上，呈螺旋状排列。不同品种的叶片颜色、叶形、叶片厚度、叶片边缘锯齿的形状是不一样的。在生长季中草莓的叶片不断从新茎上长出。

（五）花

大多数草莓的花是两性花。草莓的花根据花柄的着生方式可分为单花、二歧聚伞花序或多歧聚伞花序。品种间花序分歧变化较大。日系品种如红颜、章姬等多是二歧聚伞花序，它们的花轴顶端发育成花后停止生长，形成一级花序，在这朵花的苞片间长出两个等长花柄，其顶部的两朵花形成二级花序，再由二级花序的苞片间形成三级花序，依此类推，花序上的花依照此顺序依次开放。由于花序上花的级次不同，开花先后也不同，一般开花早的结果早，果大；开花过晚的花往往不结果，成为无效花。

（六）果实

草莓的果实由花托发育而成，为聚合果。食用部分为肉质的花托，花托上着生许多小瘦果，即为草莓的种子。种子嵌于浆果表面的深度因品种不同而异，一般种子凸出果面的品种较耐储运。果实形状因品种不同而异，常见果形有圆锥形、扁圆形、扇形、球形和纺锤形等。

三、对环境条件的要求

（一）温度

草莓对温度适应性较强，根系生长适宜的温度为 $15\sim20℃$，植株生长的适宜温度为 $20\sim25℃$。在南方，开花期高于 $40℃$ 会影响草莓的授粉受精，产生畸形果。开花期和结果期的最低温度应在 $5℃$ 以上。花芽分化的适宜气温 $5\sim15℃$。气温超过 $30℃$，草莓生长受抑制，不长新叶，有的老叶出现灼伤，生产上常采用及时浇水或遮阳等降温措施。

（二）光照

草莓属于喜光植物，但又比较耐阴。光照充足，草莓叶片的光合作用强，植物生长健壮，叶色深，花芽分化好，果实品质好且产量高；光照不足，光合作用弱，植物生长细弱，叶色淡，花朵小，果实小、品质差，产量低。草莓在不同的发育阶段对光照有不同的要求，在开花结果期和旺盛生长期适宜的光照期为 $12\sim15h$，在花芽分化期间需要 $10\sim12h$ 的短日照。

（三）水分

草莓由于根系分布浅，植株小而叶片多，蒸腾量大，新老叶片频繁更替，大量抽生匍匐茎、新茎和发育果实等特性，决定了草莓在这个生长季节对水分有较高的要求。草莓在不同的生长阶段有不同的需水量。在秋季定植期时，要提供足够的水以保持土壤湿润。在花芽分化期间适当减少水分，一般营养生长期保持田间持水量在 $60\%\sim65\%$ 时，有利于促进花芽的形成。果实成熟期，要注意控水，提高果实品质。草莓喜湿而不耐涝，如果土壤中的水分过多会导致通风不良和缺氧，根系会加速老化和死亡，影响地上部分的生长发育。因此，大雨过后，要注意排水。

四、营养价值和经济价值

草莓果实色泽鲜红、柔软多汁、酸甜适度、香味浓郁、营养丰富，是世界七大水果之一，有"水果皇后""水果牛奶"的美誉，深受广大消费者喜爱。除鲜食外，还可用于加工，并且具有较高的药用、医用价值和经济价值。草莓果实营养丰富，含有蛋白质，膳食纤维，维生素 B_1、维生素 B_2、维生素 B_3、维生素 B_{12}、维生素 C 等多种维生素，以及色氨酸、亮氨酸、赖氨酸等十几种氨基酸，此外还含有多种微量元素，热量低、营养价值高。

草莓具有生长周期短、易管理、种植效益高、见效快等特点，目前已成为元旦、春节期间的畅销果品。据文献资料，设施草莓每亩平均可创收 2 万～5 万元。因此，设施草莓的生产是乡村振兴、农民致富的重要途径。

五、广东设施草莓生产现状

近年来，随着农业产业结构的调整和市场对于水果品质优质化、多样化和个性化的需求，我国正在加快推进设施草莓的生产。目前全国草莓的生产面积约有 7 万 hm^2，居世界第一位，主要产地分布在辽宁、河北、山东、江苏、上海、浙江等东部沿海地区，近几年来四川、安徽、新疆、北京等地区草莓种植业的发展也很快。目前重点的草莓产区有东北地区的辽宁省，其草莓的设施栽培面积占全省果树设施栽培面积的 60％以上，已在 18 000 hm^2 以上；华北地区的河北省满城县也已经发展成为四季可生产设施草莓的全国知名草莓基地县；在华东地区的江苏省，目前的设施草莓比例已经超过 70％，面积位居全国第二。

广东省属华南亚热带地区，冬季温和，适宜草莓栽培。草莓具有结果早、周期短、见效快的优点，而且繁殖迅速、管理方便、成本低廉，是一种投资少、收益高的经济作物，已成为广东地区冬季发展休闲采摘农业的首选品种，尤其是春节前后采摘市场非常火爆，并且随着城市近郊乡村旅游的快速发展种植面积逐年增加。目前草莓生产仍停留在小规模自发生产水平上，除汕头种植规模较大外，珠江三角洲地区近几年也有小规模发展。随着农业产业化及结构的调整，农民对种植草莓积极性大大提高。草莓商品化生产是一种劳动密集型且又需较高水平的栽培技术，广东人多地少，又有精耕细作的栽培技术，发展种植具有很大的优势。

目前，广东设施草莓生产主要表现在以下两个方面：

①优质草莓品种缺乏。草莓生产过程易感染多种病毒，导致畸形果变多，品种容易退化，果品质量差，导致经济效益低。

②农户分散经营缺乏标准化、规范化育苗体系和生产技术知识。果农缺乏草莓安全生产的意识，为了追求高产，大量施用化肥和喷生长调节剂或滥用农药，使果品质量下降，不受消费者欢迎，严重影响了设施草莓产业的健康发展。

第二节 优良品种介绍

草莓是应时鲜果，设施草莓的品种选择，首先要根据当地的气候条件和生态环境特点，同时考虑市场的变化及需求；其次要考虑草莓的种类品种与生长习性，选择品质优、产量高、抗病能力强、适合当地种植的优良品种。在广东地区，在品种选择上要考虑选用早熟、高产、优质、抗逆性及抗病性较强、休眠期较浅的品种，同时果实品质优良，即酸甜适中、色泽鲜艳，果型大，果实肉质较为致密，耐贮运。

1. 红颜　日本农林省久枥木草莓繁育场以幸香为父本、章姬为母本杂交选育而成的大果型草莓新品种。该品种果大，果实整齐，呈短圆锥形，外表为鲜红色，平均单果重 24～28g，果实较硬，耐贮运。连续结果性强，丰产性好，平均单株产量在 300g 以上，具有长势旺、产量高、果型大、口味佳、外观漂亮、商品性好等优点，鲜食加工兼用，适于大棚促成栽培。

2. 法兰地 又名甜查理，美国品种，早熟。果实呈圆锥形或楔形，果面鲜红色，口感香甜爽口，香味较浓郁，可溶性固形物含量 8％左右，平均果重达 35g，个大艳丽，品质佳。该品种抗白粉病，抗高温、高湿能力较强、休眠浅、育性高，适应性、耐运性、丰产性、品质等综合性状表现优良。适合北方设施栽培，也适合南方设施、露地种植。

3. 章姬 俗称牛奶草莓，日本品种，亲本是久能早生×女峰，1995 年引入我国。果长圆锥形，果实色泽艳丽，口味浓甜，果个大，成熟早，品质好，高产，休眠浅，是目前设施促成栽培生产的优良新品种。生长势强，株形开张，叶片厚且大，根系发达，具有较强的葡萄茎，繁殖能力、适应性强，耐寒，耐高温。

4. 鬼怒甘 又名甘露、日本 1 号，是日本 1992 年注册的品种。果较大，色泽鲜红光亮，品质较优，硬度偏软，早期产量也较高，适于大棚一般促成栽培。

5. 丰香 日本品种，亲本是绯美子×春香，1973 年育成，1985 年引入我国。果实短圆锥形，平均单果重 16g，果色鲜红色，有光泽，酸甜适中，香味浓郁，果肉白色，果汁多，硬度较大，较耐贮运。植株开张，生长势强，早熟，休眠期短，早期产量也高，适于大棚极早熟促成栽培。

6. 美香莎 欧美及日本市场公认的鲜食王牌草莓，极早熟，休眠浅（30～50h）。果坚硬，极其耐贮运，含糖 9.6％～15.8％，风味特好，花量大，坐果率高，每亩产量近 5 000kg。

7. 幸香 日本农林水产省蔬菜茶叶试验场久留米分场以丰香为母本、特大果草莓爱莓为父本杂交选育成功。该品种糖分、维生素含量高，美味优质，着色稳定，浆果硬度大，抗病性强，管理较易，适于促成栽培。

第三节　设施草莓育苗技术

草莓繁殖方法主要有种子繁殖法、母株分株繁殖法、组织培养繁殖法、扦插繁殖法和匍匐茎繁殖法。其中匍匐茎繁殖法是生产上普遍采用的常规繁殖方法。此方法获得的种苗能保持品种原有的特性，不留伤口，不易受土壤中病菌的感染，操作简便，苗木质量好，繁殖系数高，每公顷草莓全年可繁殖 60 万～75 万株的优质种苗。

一、种苗培育

选好品种后，育苗也是很关键的一步。培育壮苗是草莓高产优质的基础。草莓种苗的质量决定草莓的产量和果实的品质，因此，种苗的繁育是草莓生产的重要环节。

草莓优质种苗的标准：植株矮壮、不带病虫，短缩茎粗壮（直径 1.0cm 以上），根系发达，具有 4～5 片叶，叶大色绿，中心芽饱满。优质壮苗定植后成活率高，发根容易，生长快，长势好，抗病能力强。

培育无病壮苗要注意以下几点：首先母苗要求生长健壮，无病虫害，新叶展开正常，小叶形态完整，叶色浓绿，叶柄较长，叶片较大，未开花结果。可采用脱毒无病种苗或采用无病基质穴盘生根获取种苗。同时选用枯草芽孢杆菌、木霉菌、咯菌腈、吡唑醚菌酯等药剂进行根部处理，确保种苗不带病菌。

育苗基质必须经过消毒处理，并远离草莓种植区育苗，有条件的可采用避雨育苗、遮阳育苗或穴盘基质育苗，可大大减轻病害发生。

二、定植及管理

1. 母株定植　一般定植时间选在春季，定植按照每畦双行，株距 40～50cm，每亩定植 1 200～1 500 株进行。

2. 水分管理　种苗定植后及时浇足水分，经常保持土壤湿润，田间不干旱、不积水，干旱时在傍晚沟灌，不大水漫灌，最好采用滴灌方式，小水勤灌。

3. 平衡施肥　采取"少吃多餐"的施肥策略，注意氮、磷、钾平衡施肥，适量增施钙、镁肥，增强植株抗病能力。前期适当增施发酵腐熟饼肥或生物菌肥，注意不偏施氮肥，高温期间和育苗后期原则上不施用氮素肥料。

4. 合理调控　采取前促后控管理方法，前期使用适量赤霉酸等植物生长调节剂，结合增施适量复合肥、腐殖酸肥等促进生长，加快发生匍匐茎子苗。中后期用多效唑等药分次控旺促壮，但生长较弱的结合腐殖酸、氨基酸生物肥等适当补施，加快形成健壮苗。

5. 植株整理　当草莓母株抽生匍匐茎以后，及时整理新发葡萄茎，选留粗壮的匍匐茎，将细弱的匍匐茎及时去除。新抽生的匍匐茎应及时将其沿畦面的两侧摆放、理顺，使田间分布均匀，用专用工具（育苗卡）在子苗长出根系的后面把匍匐茎固定住，让匍匐茎长根的地方与土壤直接接触，有利于扎根。及时摘除老叶和病叶，注意拔除发病株，育苗过程及时进行病虫害防治。

6. 断茎　在子苗长出 4～5 片叶以后，可切断与母株连接的匍匐茎，这样有利于幼苗的生长。

7. 起苗　起苗时间一般在 8 月底至 9 月初。起苗前 2～3d，喷施广谱药剂防治病虫害。起苗时应注意保护根系，防止受伤。子苗按照一级子苗、二级子苗的顺序或不同质量标准分开包装，大苗与小苗分开种植便于后期的管理。

第四节　设施草莓无土栽培关键技术

草莓设施栽培具有周期短、见效快、效益高、采摘期长、品质好等特点，近年来在我国发展很快，但传统的大棚土壤栽培方法劳动强度大，且土传病害（如炭疽病、叶枯病、黄萎病等）、连作障碍（常表现为植株衰弱、根系老化、果实变小）等问题已成为制约大棚草莓进一步发展的重要因素。无土栽培是克服土壤连作障碍、降低劳动强度较为有效的一种生产方式，在国内外已被广泛应用于草莓生产。

一、园地选择

农业观光草莓园必须建在离城区较近、交通方便、配套设施完善的地方。为防止环境污染影响草莓的品质，基地选择远离工厂的地方。为方便销售，还应同时选择交通便利，以城市近郊连片种植为宜，适合既休闲又干净和无污染的地方种植。

二、设施建造

可选智能温室大棚和连栋大棚，由于采取立体栽培模式，智能温室大棚和连栋大棚的高度都能满足要求。大棚南北走向，棚内建立体草莓种植架及配套草莓种植槽。

1. 智能温室　智能温室属高端设施栽培，可建玻璃温室，也可建 PC 板智能温室，配套设施有内外遮阳系统、通风系统、风机水帘降温系统、喷灌系统、配电及电动控制系统等。

2. 连栋大棚　连栋大棚多采用 PC 板薄膜建造，四周立面采用优质阳光板，顶部采用优质无滴膜覆盖，采用顶开窗或侧开窗，设遮阳系统和电控系统等。

三、基质准备

采用基质栽培，可以不受土壤条件限制，能够连年大棚种植，并克服土传病害的影响，生产的草莓可以保持上等品质。基质栽培是现代农业发展的必然趋势，草莓的根系固定在有机或无机基质中，基肥可直接拌入基质中，可通过滴灌或撒施固体肥料于基质中进行追肥。常用的无机基质有蛭石、珍珠岩、岩棉、沙、陶粒、炉渣等。有机基质就地取材，有泥炭、稻壳炭、锯木屑、堆沤肥等。不同栽培基质对草莓无土栽培生长和结果有很大影响，根据有关研究资料，适宜草莓生长的基质配比有草炭土：珍珠岩：蛭石体积比＝4：1：1，腐熟的鸡粪：腐熟的牛粪：细土＝1：1：1，牛粪：

鸡粪：谷壳＝5：1：4，或羊粪：鸡粪：谷壳＝4：1：5。总之，应选择来源简单、价格低廉、环保、适合草莓生长的基质配方。

四、苗木定植

定植时间以 9 月上中旬为宜。定植密度根据品种、苗木生长势确定。一般行距 30cm 以上，株距 20cm 以上，每亩定植 5 000～9 000 株。定植前需做到：①要对种苗大小进行分级筛选，保证每亩定植的种苗大小一致；②要摘除种苗上的老叶、病叶及匍匐茎；③定植时要注意定向定植，将草莓苗弓背弯朝外，倾斜栽植。栽培时要掌握"深不埋心、浅不露根"的原则。定植后保持基质湿润，并及时检查生长情况，对淤心苗、露根苗应重新种好，缺苗的要及时补种。

五、肥水管理

草莓栽培的过程中需要严格把控施肥环节，因为施肥不仅会对草莓的果实品质造成影响，同时还会对草莓自身的生长造成影响。在草莓的花芽分化期和开花期，应注意加强草莓植株的肥水管理，尤其是科学合理调整好氮肥的施入，适时掌握草莓的移栽时期，可以有效防控或避免发生草莓雌雄不健全花。

定植后及时浇水，保证草莓苗成活。移栽后 7d 内保持基质湿润，基质干后在上午及时浇水，浇水以湿而不涝、干而不旱为原则，小水勤浇。为提高产量，在第一花序果实膨大期、第一次采收后、侧花序果实膨大期和侧花序果实采收高峰每亩分别施硫酸钾复合肥 3～4kg，同时配合施用磷酸二氢钾等叶面肥以避免草莓口感酸化，提高草莓品质。

六、植株管理

草莓生长过程中要及时摘除病叶、老叶及枯叶，同时去除刚抽出的腋芽和匍匐茎，防止消耗植株养分，以提高结果率和果重。此外，要及时去除结果后的花序，促进植株抽出新花序。

在顶花序开花时保留主茎两侧的 1～2 个健壮侧芽，其余弱小侧芽和匍匐茎应及早摘除。同时在结果期根据留芽数每个芽留 4～5 片绿叶，每株保留 10～15 片绿叶，要经常摘除衰老的叶片。

七、花果管理

1. 疏花疏果　做好疏花疏果，确保草莓品质提高。对于草莓的高级次花要及时摘除，对于病果、白果、小果、畸形果及时进行观察并及早疏除，保证草莓果实的正常生长发育，如此可以大大提升草莓果的质量，减少畸形果的发生。在花蕾分离至第一朵花开放期间，根据限定的留果量，将高级次的花蕾适量疏除。一般第一个花序保留 10～12 个花，第二个以下花序保留 6～7 个花，将多余低级次小花疏去。疏果是在幼果青色的时期，及时疏去畸形果、病虫果，一般第一个花序保留果 7～8 个，第二个以下花序保留果 4～6 个。疏花疏果的好处是着果整齐、增产、品质好。

2. 赤霉素处理　使用赤霉素可以防止植株休眠，促使花梗和叶柄伸长，增大叶面积，促进花芽分化。喷施赤霉素应掌握好时间和用量，赤霉素处理的时间和次数与品种有关。一般萌芽至现蕾期，用赤霉素 5～10mg/L，15～20d 喷一次，休眠浅的品种喷 1 次，深的喷 2～3 次。防止植株进入休眠，促进花梗和叶柄伸长生长，增大叶面积和促进花芽发育。

八、辅助授粉

辅助授粉是设施草莓优质高产高效栽培的关键技术之一，否则会产生大量畸形果，影响产量、商品性和效益。草莓是典型的虫媒花植物，借助蜜蜂等昆虫进行授粉是非常关键的。在设施温室内适度放蜂，可提高坐果率，一般在草莓开花前的 1 周进行室内放蜂。当设施温室内草莓进入花期，每标准棚内（100m×7m）放蜜蜂一箱。蜜蜂对温度、湿度和各类农药非常敏感，室内温度、湿度过高及打药均可造成蜜蜂死亡，蜂箱离开地面应 50cm 以上，打药时将蜂箱搬出。此外也可以人工辅助授粉，人工授粉于草莓的开花盛期进行，用细毛掸于草莓的花序左右轻擦而过即可。

九、采收与包装

草莓在成熟采摘时，应根据需求掌握采摘成熟度，长途运输时应采八成熟果，短途运输应采九成熟果，即时观光食用采完全成熟果。在采摘的过程中，用劲不能过猛，应该用手托住果实，然后轻轻地扭转，使得果实与果蒂断裂。在采摘完成后，要轻拿轻放，防止碰坏。采摘的时间最好是在早上或傍晚。观光农业园要注意创造品牌效应，应设计精美的草莓包装盒，容量在 $1.0\sim2.5kg$，不能设计太大的包装盒，以免压伤草莓，材质可选用纸盒、塑料盒、塑料泡沫盒、编织篮及塑料篮等。

十、病虫害防治

草莓常发病害有炭疽病、白粉病、灰霉病。开花前可采用化学防治方法，使用硫黄熏蒸灯，每亩放 4 盏；25％己唑醇悬浮剂1 000倍液、30％戊唑・嘧菌酯悬浮剂 1 000 倍液或 30％苯甲・嘧菌酯悬浮剂 1 500 倍液均匀喷洒。开花期开始放蜂，禁止用药，控制病害可以采取调节室内温、湿度等方式进行，降低室内湿度是减少病害的有效措施，初见发病株可拔除带出棚外。虫害主要有蚜虫、红蜘蛛和甜菜夜蛾等，前期可用 40％氯虫・噻虫嗪水分散粒剂（福戈）3 000～4 000 倍液防治，放蜂前也可用色板、糖醋液诱蛾等物理方法防治，放蜂后禁用。

（谢玉明）

<<< 参 考 文 献 >>>

白丽芹，贾康民，2006. 栽培草莓的土壤应注意的气象问题 ［J］，上海蔬菜（6）：75.

鲍荣龙，2013. 设施草莓的安全高效栽培集成技术及产业化趋势 ［J］. 江苏农业科学，41（8）：166-168.

邓明琴，雷家军，2005. 中国果树志·草莓卷［M］. 北京：中国林业出版社.

高绍良，陈文胜，钟灼仔，等，2006. 草莓品种"鬼怒甘"丰产高效栽培技术［J］. 中国果菜（1）：12-13.

高凤娟，2009. 我国草莓生产的发展与展望［J］. 落叶果树（2）：20-23.

龚伟锋，宋明亮，郭俊强，2013. 国外良种草莓引种表现及优质丰产栽培技术［J］. 现代农业科技（9）：98.

韩柏明，解振强，黄晨，2018. 图解设施草莓高产栽培与病虫害防治［M］. 北京：化学工业出版社.

刘林，张良英，2009. 西藏林芝地区大棚草莓半促成栽培技术初探［J］. 安徽农学通报（15）：87.

路河，2018. 棚室草莓高效栽培［M］. 北京：机械工业出版社.

彭天沁，2011. 浅谈草莓设施栽培技术要点及其发展趋势［J］. 吉林农业（6）：142，144.

万春雁，糜林，李金凤，等，2010. 我国草莓新品种选育进展及育种实践［J］. 江西农业学报，22（11）：37-39.

徐永辉，周文娟，唐逸娟，等，2008. 设施草莓优质高效栽培技术［J］. 上海农业科技（2）：70-71.

张雯丽，2012. 中国草莓产业发展现状与前景思考［J］. 农业展望（2）：30-33.

第八章
铁皮石斛设施栽培

第一节 概　　述

一、资源分布与人工栽培

铁皮石斛（*Dendrobium officinale*）为兰科多年生附生草本植物，含有多种药用成分，是我国传统药用石斛的重要品种之一。生于海拔达 1 600m 的山地半阴湿的岩石上，喜温暖湿润气候，适宜在凉爽、湿润、空气畅通的半阴半阳的环境生长，一般能耐－5℃的低温。主要分布在我国安徽西南部（大别山）、浙江东部（鄞县、天台、仙居）、福建西部（宁化）、广西西北部（天峨）、四川、云南东南部（石屏、文山、麻栗坡、西畴）。另外，据《神农本草经集注》记载"今用石斛出始兴"，《本草纲目》记载"耒阳龙石山多石斛"，说明广东北部、湖南南部等山区也是铁皮石斛的野生分布区。野生铁皮石斛对生长环境要求十分严苛，加之被人们长期无节制地采挖，野生资源遭到严重破坏，已成为濒危珍稀药材，1987年国务院发布的《野生药材资源保护管理条例》将铁皮石斛列为三级保护品种，1992 年在《中国植物红皮书》中被收载为濒危植物。

20 世纪 80 年代以来，我国科研人员开始摸索铁皮石斛的人工种植技术，包括种苗的组培扩繁、仿野生栽培等关键技术，经过30 年来的发展，取得了长足进步。随着人工种植技术渐趋成熟以及市场需求不断扩大，近年来铁皮石斛人工种植得到大力发展，种植面积不断扩大，在我国浙江、云南、广东、湖南、广西、贵州、安徽和四川等地先后建立了一批规模较大的种植基地。其中，浙江和云南是我国铁皮石斛行业最大的生产基地，约占全国总量的80%。据全国铁皮石斛产业发展论坛初步统计，全国铁皮石斛现有种植面积约 2 667hm²，年产鲜条约 12 000t，从业人员 40 万人，产值 50 亿元，其中浙江、云南占 75% 以上。种植地区也从传统的浙江、云南扩展到湖南、广西、广东、福建、安徽、贵州、江苏、北京、上海等地。

二、作用与质量标准

据《中华人民共和国药典》（2015 年）记载：入药的铁皮石斛为铁皮石斛的干燥茎。11 月至翌年 3 月采收，除去杂质，剪去部分须根，边加热边扭成螺旋形或弹簧状，烘干；或切成段，干燥或低温烘干。前者习称"铁皮枫斗"（耳环石斛）；后者习称"铁皮石斛"。其性甘，微寒，归胃、肾经，具有益胃生津、滋阴清热的作用。用于热病津伤、口干烦渴、胃阴不足、食少干呕、病后虚热不退、阴虚火旺、骨蒸劳热、目暗不明、筋骨痿软等症。规定其质量标准应达到：按干燥品计，铁皮石斛多糖不得少于 25.0%，甘露糖应为 13.0%～38.0%，甘露糖与葡萄糖的峰面积比应为 2.4～8.0，水分不得超过 12.0%，总灰分不得超过 6.0%，醇溶性浸出物不得少于 6.5%。

铁皮石斛的功效物质含量会随着不同种质、不同植株部位、不同种植环境和条件、不同种植年限、不同采收季节等条件的差异而出现较大的变化。我们初步测定了收集自全国各地的 120 余份铁皮石斛种质资源，多糖含量最高的达到 35.25%，最低的只有14.68%，均值为 25.95%。茎作为铁皮石斛的药用部位多糖含量最高，一般为 25%～40%；叶的多糖含量约为相应茎的 1/3，即为8%～10%；花为 7%～8%；根为 6%～7%。铁皮石斛的生物碱含量则呈现茎上段＞叶≈根＞茎中段≈茎下段的分布变化规律。从栽培角度来说，一般野生型比栽培型的多糖含量高。二至四年生铁皮石斛随种植年限增加多糖和甘露糖含量减少，表现出二年生＞三年生＞四年生的变化规律，二年生的石斛多糖平均质量分数可达34.47%。铁皮石斛中总生物碱含量较低，大概介于0.019%～0.043%。黄酮类成分随种植年限变化有一定的变化，二年生黄酮类化合物相对极性较小且较集中，三年生极性分布较广且含量相对较大，四年生极性大且含量相对较低。酚类成分随着种植年限增加在铁皮石斛体内累积增加明显。因此，综合上述各有效成分考虑，铁皮石斛宜以二年生采收为最佳。而在不同的生长季节，总水溶性糖及总水溶性多糖的变化规律是12月至翌年3月期间较高，开花期（4～5月）明显下降，随后又开始回升。因此，综合考虑，一年中以12月至翌年3月为最佳采收季节。不同的加工方法也会对铁皮石斛糖含量有一定的影响，风干的样品还原糖含量最低，总水溶性糖含量最高，灰炉烘干的样品总水溶性糖及总水溶性多糖含量最低，杀青后烘干处理可以有效地减少多糖在处理过程中的损失；不同部位的总水溶性糖及总水溶性多糖，中部含量最高，上部和下部含量较低。因此，风干茎的中部为最佳药用部位。

三、化学成分

通过系统的植物化学研究，目前从铁皮石斛茎中分离鉴定了74个化合物，包括26个芪类及其衍生物，17个酚类化合物，7个木脂素类化合物，以及酚苷类、核苷类、黄酮、内酯等结构类型的化合物。

1. 多糖　多糖是已知的铁皮石斛的主要药效成分，铁皮石斛生理活性的强弱与其多糖含量密切相关。多糖含量越高，质越重，嚼之越有黏性，质量更优。铁皮石斛多糖最佳提取工艺可测得多糖含量高达78.21%，水溶性多糖含量可达22.7%。铁皮石斛多糖主要由葡萄糖、半乳糖、甘露糖、木糖、阿拉伯糖和鼠李糖等多种单糖组成，其中甘露糖和葡萄糖是相对含量最高的两个组分。

2. 芪类化合物　从铁皮石斛中分离出来的芪类化合物主要包括联苄和二氢杂菲等，其药理活性主要为抗肿瘤。

3. 氨基酸　铁皮石斛性味甘淡微咸，与其氨基酸组成特性有关，是其有效成分之一。经检测，铁皮石斛野生品含 16 种氨基酸，人工培养品含 17 种氨基酸，人体必需的 8 种氨基酸中含有 7 种，赖氨酸、苯丙氨酸、甲硫氨酸、苏氨酸、异亮氨酸、亮氨酸和缬氨酸，仅缺色氨酸。同时含有全部人体半必需氨基酸：胱氨酸、酪氨酸、精氨酸、丝氨酸和甘氨酸。

4. 挥发性成分 铁皮石斛挥发性成分化合物种类多，结构较为复杂，在各个部位都存在，主要有烷烃类、醛类、酮类、烯烃类、醇类和酯类等 14 种化合物。在全草鉴定出的 54 种挥发油成分中，茎最多，有 45 种；其次是根，有 16 种；叶最少，有 10 种，主要为萜烯类和烯醇类化合物。铁皮石斛花中分离鉴定出 59 个化学成分，约占其总挥发性成分的 76.54%。

5. 矿质元素 铁皮石斛含有人体必需的多种微量金属元素，钾、钙、镁、锰、锌、铬和铜平均质量分数分别为 1 205.23、766.82、158.25、31.06、4.28、8.28 和 0.97mg/kg，砷、汞、铅和镉 4 种重金属元素含量均在规定限度范围内。在人工铁皮石斛、原球茎组织培养物、铁皮枫斗与铁皮石斛胶囊中，10 种主要矿质元素铜、锌、铁、锰、钙、镁、钾、铬、锶、硼含量非常相近，以原球茎组织培养物中的含量最高（除铜外）。因此，滋补作用开发价值大。

6. 生物碱类 石斛碱型倍半萜类生物碱是石斛属植物体内特有的，其中的石斛碱是最早被发现并研究的一个化合物，被认为是中药石斛解热镇痛作用的有效成分。目前已从 13 种石斛属植物中分离获得 32 种生物碱，但铁皮石斛中含量较低，只有金钗石斛的 1/20，人工栽培和市售铁皮石斛石斛碱含量在 0.019 0% ～ 0.043 0%。不同基源、部位、年份的铁皮石斛生物碱的积累量不同，茎上段含量高于其他部位，一年生茎含量高于二年生，自然晒干茎的含量比杀青烘干的高。

7. 其他化合物 铁皮石斛中还含有酚类化合物、木脂素类化合物等物质。铁皮石斛茎中的总黄酮含量为 0.050% ～ 0.080%。总黄酮主要集中于叶中，又以半年生叶的含量最高，为 0.104%。维生素 C、可溶性糖、可溶性蛋白 3 种营养成分在铁皮石斛中的分布规律为叶＞根＞茎，其中叶的维生素 C 含量高达 1.944mg/g（鲜重），显示出很高的开发利用价值。

四、药理及临床应用

铁皮石斛的药理药效作用受到广泛关注，最新研究证明它主要具有增强免疫、抗氧化、降血糖、降血压、促消化、促进唾液分泌、抗疲劳、抗肿瘤、抗肝损伤等药理作用。现代临床和药理研究证明，铁皮石斛具有滋阴润肺、养胃生津、清热明目、补五脏虚劳的作用。在恶性肿瘤的辅助治疗、慢性胃炎、糖尿病、慢性咽炎、久病体虚免疫功能低下及眼科保健等方面都有广泛的应用。

第二节 优良品种介绍

野生铁皮石斛的自然繁殖能力低、生长缓慢，目前已禁止采摘。虽然铁皮石斛的药性功能冠盖石斛之首，但目前市场上流通的铁皮石斛，基本都为人工栽培品种。

一、民间种类

铁皮石斛广泛分布于我国安徽西南部、浙江东部、福建西部、广西西北部、四川、云南东南部等诸多地区，由于地域和气候等差异，野生的铁皮石斛会演化出不同的居群或生态类型。长期以来，药农们常常根据它们的植株形态、加工特性及口感等分成不同的类别，如软脚品种和硬脚品种，青秆品种、红秆品种和紫秆品种等。

软脚铁皮石斛的主要特点：茎大多柔软，味甘，纤维少，胶质多，渣少，非常黏牙，容易折断，能够被烘软，容易加工成枫斗，鲜药材价值昂贵。

硬脚铁皮石斛的主要特点：茎较长、质硬，纤维多，胶质少，渣多，不太黏牙，不易折断，不易被烘软，不易加工成枫斗，鲜药材价格便宜。

另外，根据茎表面的紫色斑点分布情况不同来分类，有些种类茎的紫色斑点较多、密度大、颜色呈紫红色,因此称红秆铁皮石斛;而另一些种类茎的紫色斑点少、密度不大、颜色浅,称为青秆铁皮石斛;业内普遍认为红秆铁皮石斛在品质上优于青秆铁皮石斛。

二、优良品种

20 世纪 90 年代,药用石斛人工栽培技术率先在浙江展开,经过二十多年各地的探索,目前该技术已经成熟,并逐步在浙江、云南、广东、广西、贵州、湖南、湖北等地得到产业化应用。随着人工栽培技术的进步,药用石斛新品种选育工作也取得了较快的发展,取得了阶段性成果,目前药用石斛已选育出新种质 54 个,按审定和登记地区划分,云南选育品种 34 个、广东 11 个、浙江 5 个、广西 2 个、四川 1 个、福建 1 个;从种类上划分,铁皮石斛 38 个、齿瓣石斛 5 个、金钗石斛 1 个、叠鞘石斛 1 个、鼓槌石斛 1 个、兜唇石斛 1 个、球花石斛 1 个、细茎石斛 1 个、霍山石斛 1 个;从药用石斛育种现状来看,目前仍以选育铁皮石斛品种为主,齿瓣石斛、金钗石斛、鼓槌石斛、叠鞘石斛等也有新品种推出,但总体数量相对偏少。

1. 川科斛 1 号 由中国科学院成都生物研究所从来源于四川夹江人工栽培群体中通过系统选育而成,2010 年通过四川省农作物品种审定委员会审定(川审药 2010002)。茎直立,圆柱形,茎长 53.3cm,茎粗 0.5cm,单茎鲜重 7.8g。植株分蘖力较强,生长旺盛,群体整齐性、一致性好,抗病性较强。平均每亩产量 901.4kg,比对照增产 223.9%,增产极显著。外观性状和内在品质与对照相当。

2. 桂斛 1 号 由广西农业科学院生物技术研究所与广西植物组培苗有限公司从广西西林县那佐苗族乡铁皮石斛野生种子实生苗后代群体经过多年筛选优良单株,并结合生物技术培育而成,2012 年通过广西壮族自治区农作物品种审定(桂审药 2012001 号)。株高 15～60cm,中部茎直径在 4.0～7.2mm。叶片长椭圆形,中部叶长约 4.3cm、叶宽约 1.6cm。药帽黄色,长卵状三角形。一般

4～6月开花，花期2～3个月。种子一般在9～11月成熟，成熟种子黄色。生鲜样多糖含量28.0％～35.9％，每亩产鲜茎197.8kg。可在桂南、桂东铁皮石斛野生区种植。

3. 桂斛2号 由广西农业科学院生物技术研究所从广西西林野生种子实生苗后代群体中筛选优良单株，并结合生物技术培育而成。2012年通过广西壮族自治区农作物品种审定（桂审药2012002号）。株高20～70cm，中部茎直径4.0～6.0mm。叶片长披针形，中部叶长约6.1cm、叶宽约1.7cm。药帽黄色，长卵状三角形。花期3～5个月。生鲜样多糖含量26％～31％，每亩产鲜茎297.5kg。可在桂南、桂东铁皮石斛野生区种植。

4. 普洱铁皮1号和普洱铁皮2号 由云南省普洱市民族传统医药研究所培育，2012年获得云南省园艺植物新品种注册登记。这两个品种具有速生、丰产、优质、抗病虫害能力强等优点。

5. 森山1号 由浙江森宇实业有限公司于1999年从云南铁皮石斛产区采集并经多年驯化，2002年定型，2009年通过浙江省非主要农作物品种认定（浙品认2008051）。表现植株性状优，产量较高，多糖含量21.63％，适应性强。

6. 圣晖1号（霍山石斛） 由深圳市双晖农业科技有限公司、深圳市华盛实业有限公司以霍山石斛hs－4自交3代纯化选育而成，2016年通过广东省农作物品种审定委员会审定（粤审药2016001）。叶片长椭圆形，绿色，平滑较厚。三年生植株茎长约7.40cm、粗约0.66cm；药帽白色。干茎多糖含量44.0％，醇溶性浸出物13.9％，总生物碱含量0.022％。种植表现抗病性、抗逆性较强。三年生植株鲜茎产量0.75kg/m²，折合每亩产鲜茎225.0kg，比对照品种霍山石斛hs－1增产19.0％。与对照种霍山石斛hs－1相比，鲜茎产量、有效成分含量较高。适宜广东省设施栽培。

7. 双晖1号 由深圳市华盛实业股份有限公司、深圳市双晖农业科技有限公司从雁荡山铁皮石斛×广南铁皮石斛杂交后代中选育而成，2013年通过广东省农作物品种审定委员会审定（粤审药2013001）。该品种生长势强，两年生植株茎粗约0.8cm，株高可达

50cm。叶片呈纺锤形，叶长约 6.0cm、宽约 2.0cm。药帽白色。经检测，多糖含量 32.69%，甘露糖含量 19.2%，多点种植表现抗病性、抗逆性较强。生长两年植株每年每亩产量 560kg，比对照种雁荡山瑞和堂铁皮石斛增产 16.7%。

8. 天斛 1 号　由杭州天目永安集团有限公司从浙江临安天目山上采集的野生种经组培快繁驯化而成，2006 年通过浙江省农作物品种审定委员会审定（浙认药 2006001）。种植 20 个月每亩产鲜品 800kg，干品率 15.5%，干品多糖含量 15.6%。该品种具有综合性状优异、抗病性强、耐寒性好、品质佳等优点。

9. 皖斛 1 号和皖斛 2 号　由安徽省新津铁皮石斛开发有限公司和安徽农业大学生命科学院选育，2011 年通过安徽省非主要农作物品种鉴定。

10. 仙斛 1 号　由浙江金华寿仙谷药业公司与浙江省农业科学院园艺研究所选育，2008 年获得浙江省品种认定（浙认药 2008003）。年每亩产量比云南软脚铁皮石斛高 37%，多糖含量高达 47.1%，比云南软脚铁皮石斛高 1.17 倍；对叶斑病及灰霉病具有明显抗性，能在 −5～36℃ 的自然温度下正常生长，耐温性明显。

11. 仙斛 2 号　由浙江金华寿仙谷药业公司选育，2011 年通过浙江省品种审定［浙（非）审药 2011001］。植株高 30～50cm，茎丛生，直径 0.6～1cm，节间腰鼓形，长 1.5～2.5cm，具有长约 0.3mm 的明显黑节，开 3～5 朵石斛花，花被片黄绿色。多糖含量达 58%。

12. 仙斛 3 号　由浙江寿仙谷医药股份有限公司、浙江省农业技术推广中心等单位从仙斛 1 号×514 的杂交 F1 代太空诱变蒴果选育而成，2016 年 1 月通过浙江省非主要农作物审定［浙（非）审药 2015001］。茎圆柱形，长 8～21cm，粗 2～6mm，节间长 0.8～1.4cm，质地坚脆，易折断，断面绿色。叶片稍带肉质，长圆状披针形，长 2～7cm，宽 0.8～2.2m。唇瓣黄白色，基部具 1 个绿色或黄色的胼胝体，卵状披针形，唇盘中部以上具 1 个紫红色斑点。种植 12 个月新鲜茎叶产量 0.659kg/m²，24 个月新鲜茎叶产量 2.515kg/m²，36 个月新鲜茎叶产量 3.205kg/m²，均显著高于对照品种新黑和仙斛 1 号。灰分 5.346%，浸出物 13.845%，均显著高于对照品种；多糖含量 33.410%，甘露醇含量 21.753%，均显著低于对照品种。

13. 雁吹雪 3 号 由深圳市农业生物技术发展有限公司、浙江省乐清市鑫斛堂石斛有限公司从天台绿秆铁皮石斛×雁荡山红秆铁皮石斛杂交后代选育而成。2015 年通过广东省农作物品种审定委员会审定（粤审药 2015002）。生长势强，两年生植株茎长约 25.5cm，茎粗约 0.6cm，叶长约 4.8cm、宽约 1.5cm；铁锈状斑点明显。干茎多糖含量 57.5%、甘露糖含量 32.6%，甘露糖与葡萄糖峰面积比为 2.3。抗病性较强。设施栽培条件下，每亩鲜茎产量 410kg。与对照品种瑞和堂铁皮石斛相比，铁锈状斑点更明显，多糖含量更高。适宜广东省设施栽培。

14. 永生源 1 号 由广东永生源生物科技有限公司从浙江乐清大荆镇平园村引进的铁皮石斛种质（自编号 T74）为材料经 4 代自交、无菌播种繁育而成，2018 年通过广东省农作物品种审定（粤审药 20180001）。

15. 粤斛 1 号 由广东省农业科学院作物研究所从浙江雁荡山引进的铁皮石斛驯化苗（自编号 NYT91）经 4 代自交选育而成，属铁皮石斛枫斗加工型品种，茎条适合用作枫斗加工。主要特点是枝条长，产量高，多糖含量高；设施仿野生栽培 2 年，茎长约 67.3cm、茎粗约 0.73cm，每亩产鲜条 938.7kg，干燥茎多糖含量 37.4%。

16. 粤斛 2 号 由广东省农业科学院作物研究所从浙江乐清引进的铁皮石斛种质资源经 4 代自交选育而成，属铁皮石斛鲜食型品种，茎条适合用作鲜食。主要特点是植株粗短，渣少或无渣，口感好；设施仿野生栽培 2 年，茎长约 55cm、茎粗约 0.75cm，每亩鲜条 550kg，干燥茎多糖含量 30%。

17. 粤斛 3 号 由广东省农业科学院作物研究所从云南普洱引进的铁皮石斛种质资源经 4 代自交选育而成，属铁皮石斛附生型品种，适合用作活树或岩石附生栽培。主要特点是植株较短小，抗逆性强，分枝多，活树或岩石附生栽培后整丛采摘，适合加工"龙头凤尾"；活树附生栽培 2 年，茎长约 15cm、茎粗约 0.65cm，每亩产鲜条 450kg，干燥茎多糖含量 35%。

18. 中科 1 号 由中国科学院华南植物园和广州宝健源农业科技有限公司 2001 年从云南广南引进的铁皮石斛经多代自交选育而成，2011 年通过广东省农作物品种审定（粤审药 2011001）。干茎多糖含量约 30%，耐热性和抗病性较强。产量较高，试管苗种植一年半左右采收，每平方米的鲜品产量可达 1.5kg。

19. 中科 3 号 由中国科学院华南植物园从湖南道县韭菜岭采集的野生铁皮石斛（自编号 T636）为材料经 4 代自交选育而成，2016 年通过广东省农作物品种审定委员会审定（粤审药 2016002）。生长势强。两年生植株茎长 36.2cm、粗 0.47cm，具明显铁锈状斑点。叶窄卵形，长约 5.1cm、宽约 1.6cm。总状花序，花横径 3.8cm，药帽白色。在广州地区种植，盛花期 4～5 月。干茎多糖含量 39.4%、甘露糖含量 18.6%、醇溶浸出物 6.6%。抗病性、抗逆性强。试管苗种植一年半后，鲜品产量 1.45kg/m²，折合每亩产量 580.0kg，比对照品种中科 2 号增产 11.5%。与对照品种中科从都 2 号相比，产量和多糖含量更高。适宜广东省设施栽培。

20. 中科 4 号 由中国科学院华南植物园从湖南新宁县崀山采集的野生铁皮石斛（自编号 T709）为亲本经 4 代自交选育而成，2016 年通过广东省农作物品种审定委员会审定（粤审药 2016003）。生长势强，两年生植株主茎长约 48.0cm、粗约 0.5cm，具明显铁锈状斑点。叶卵形，长约 5.7cm、宽约 1.9cm。总状花序，花横径 3.9cm，药帽白色。干茎多糖含量 39.0%、甘露糖含量 20.1%、醇溶浸出物 6.6%。在广州地区种植，盛花期 4～5 月。抗病性、抗逆性较强。试管苗种植 1 年半后，鲜品平均产量 1.56kg/m²，折合每亩产 624.0kg，比对照品种中科从都 2 号增产 20.0%。与对照品种中科从都 2 号相比，主茎更长，产量和多糖含量更高。适宜广东省设施栽培。

21. **中科5号** 由中国科学院华南植物园与国家植物航天育种工程技术研究中心以福建连城冠豸山铁皮石斛（自编号T16）作父本、中科从都铁皮石斛作母本杂交选育而成，2018年通过广东省农作物品种审定委员会审定（粤审药20180002）。该品种生长旺盛，干茎多糖含量45.2%、甘露糖含量24.0%，醇溶性浸出物8.8%。在广州地区设施栽培条件下种植1年半，鲜品产量1.2kg/m²（90丛）。抗逆性强，适宜简易设施栽培。

22. **中科从都2号** 由中国科学院华南植物园、广东从都园生物科技有限公司从湖南道县采集的野生铁皮石斛经四代自交选育而成，2015年通过广东省农作物品种审定委员会审定（粤审药2015001）。两年生植株茎长约34.3cm，茎粗约0.6cm。干茎多糖含量42.4%、甘露糖含量29.4%，甘露糖与葡萄糖峰面积比为2.6，醇溶浸出物13.0%。在广州地区种植，盛花期4～5月。种植表现抗病性较强。试管苗设施条件下种植1年半左右，每平方米的鲜茎产量达1.36kg，每亩鲜茎产量408.00kg。与对照品种中科从都相比，多糖含量更高，产量更高。适宜广东省设施栽培。

23. **中科从都** 由中国科学院华南植物园与广州市从化鳌头从都园铁皮石斛种植场选育，2013年通过广东省农作物品种审定（粤审药2013002）。两年生植株茎粗约0.6cm，长可达55cm以上。叶片矩圆状披针形，长4～6cm，宽2～3cm。药帽白色。在广州地区种植，盛花期3～5月。茎多糖含量为干重的32.1%，甘露糖含量23.7%。试管苗种植1年半左右采收，每平方米的鲜品产量可达1.2kg，与对照种中科1号铁皮石斛相比，产量相当，多糖含量更高，抗逆性更强。适宜广东省设施栽培。

24. **中科双春1号** 由中国科学院华南植物园与广州双春生物科技有限公司合作选育而成，2018年通过广东省农作物品种审定（粤审药20180003）。干茎多糖含量49.5%、甘露糖含量24.5%，醇溶浸出物9.1%。该品种生长势旺盛，产量高，抗逆性强，适宜于传统大棚设施栽培外，还适宜于简易设施栽培和林下仿野生栽培。

第三节　铁皮石斛工厂化生产关键技术

一、设施仿野生栽培关键技术

（一）环境要求与种植设施

1. 环境要求　铁皮石斛对环境的要求比较严格，选择合适的环境是栽培成功的一半。应选择在海拔 800～1 600m、湿润冷凉的环境中种植为宜，低海拔地区采用适当的保障设施亦可取得良好的种植成效。铁皮石斛的生长适温为 15～30℃，生长期以 16～21℃更为合适，夜间温度为 10～13℃，昼夜温差保持在 10～15℃，最佳无霜期 250～300d；年降水量 1 000mm 以上。幼苗在 10℃ 以下容易受冻，一般铁皮石斛在 5℃ 以下开始落叶。铁皮石斛栽培环境中空气相对湿度保持 80％ 左右较适宜，忌干燥、积水，特别在新芽开始萌发至新根形成时需充足水分。以夏秋遮光 70％、冬季遮光 30％～50％ 为宜。光照过强茎部会膨大、呈黄色，叶片黄绿色，生长缓慢或停止生长。

2. 种植设施

（1）保护设施。铁皮石斛由于对环境条件要求较高，需在设施环境中种植。种植大棚大体可以分为两种：简易竹木框架大棚和钢架大棚。一般露地长期种植，资金比较充裕的，宜搭建钢架大棚，使用寿命长、修缮率低。山地、林下、果园下等自然条件好的，可搭建简易竹木框架大棚，节约设施成本。棚内需保证通风良好，并设有内外遮阳网。塑料膜根据资金、保温、使用寿命，选择 12～15 丝的皆可。栽培温室大棚和苗床可采用钢骨标准棚架，也可就地取材以竹、木、水泥砖等材料搭建。棚顶盖塑料薄膜和 70％ 的遮阳网，四周和入口装上 40 目防虫网。

（2）生产设施及栽培基质。

①基质发酵与消毒。松树皮、刨花、锯末等基质原料需用水浸泡发酵 15～30d，捞起晾干后，均匀平铺于平地上，厚约 30cm，均匀施洒 32.7％ 威百亩水剂（斯美地）800～1 000 倍液或者 98％

棉隆微粒剂（必速灭），并立即用塑料薄膜严密覆盖消毒12d以上，每500mL斯美地或500g必速灭可消毒基质2m³。消毒完成后，揭开薄膜透气2～3d即可铺设苗床。栽培基质多采用松树皮、刨花、锯末等原料，推荐比例为松树皮：刨花：锯末＝5：3：1。然后均匀铺设于栽培床上，厚度4～10cm。

②地栽苗床建设。棚内所需土壤充分在太阳下晾晒，并用辛硫磷、四聚乙醛等做杀虫处理，杀死在土壤中残留的害虫、虫卵、蜗牛及蛞蝓。在棚内用砖或石头砌成高15～20cm、宽1～1.7m的苗床，长度视地形而定，上铺一层5～10cm厚的碎石等透水性较好的材料，最后铺一层厚5～10cm的发酵并用土壤杀菌剂消毒处理过的栽培基质（推荐体积比为松树皮：刨花：锯末＝5：3：1），另可适当加入（亦可不加）5％～10％的泥炭土或腐熟的落叶作为补充栽培基质，苗床与苗床之间保留40～50cm宽的通道，以便日常栽培操作。

③床栽苗床建设。可根据资金情况搭建宽1.2～1.7m、高80cm左右的竹制或木制、水泥砖架或钢架的苗床，苗床间配有40～50cm宽的通道以便日常栽培操作，也可搭建钢制活动苗床，床宽和高与固定苗床相似，但只需留一个通道，以增加棚内利用率。苗床基质同地栽。推荐床栽，因为床栽比地栽透水性好，不易积水烂根，并能减少蜗牛、蛞蝓、地老虎等地下虫害的危害，有利于石斛的健康生长（图2-8-1）。

图2-8-1 铁皮石斛工厂化种植

（二）栽培技术

1. 苗床及日常管理

（1）定植。选择无病、健壮、大小均匀的苗进行定植，定植时以基质根部完全覆盖为宜，栽种过深，基部的叶子容易腐烂引起病害，栽种过浅，根基部生长暴露在空气中，不利于新根、新芽的生长。移栽前将驯化苗用50%多菌灵可湿性粉剂800～1 000倍液加72%农用链霉素可溶性粉剂2 000～2 500倍液浸泡消毒2h，以防组培苗根腐烂。移栽时，按10cm×12cm的株行距、3株1丛种植，移栽时间以3～6月为宜，成活率可达95%以上。

（2）光照。移栽初期光照应控制在1 000～13 000lx为佳，遮光率在70%左右，此时幼苗还比较柔弱，根部吸水能力较差，光照太强易出现脱水或灼伤等情况。生长期光照应控制在15 000lx左右，夏秋两季晴天遮光应在70%左右，冬春两季在50%～30%，可根据光照的强度实时调节。

（3）温度。驯化苗对温度的要求不像瓶苗那样严格，一般温度不低于10℃，无霜、无雪的情况下都可以移栽，一般选择春、秋季定植为宜。铁皮石斛在16～21℃、昼夜温差10～15℃时茎的生长速度最快。棚内温度保持在15～30℃，低温不要低于8℃，高温不要高于35℃。

（4）湿度。空气相对湿度控制在60%～80%为宜，基质要保持干湿，即浇水后基质要湿透，但保证当天基质可呈"干"的状态。浇水过量，基质总是处在潮湿状态或有积水，很容易烂根、死苗。若空气相对湿度太低，可采用叶片喷雾、地面洒水等形式补充水分。水的pH在5左右为好，不要超过6.5，碱性强（pH＞7.5）的水不利于植株生长，甚至会使生长恶化。温度30℃以上的高温季节空气相对湿度应保持在80%左右，若干燥，必须每隔1h喷雾一次，每次30s左右，以保持空气相对湿度，并保持棚内通风良好。冬季温度低，应减少给水量，只要保持空气相对湿度在60%～80%即可，尽量在太阳升起时浇水，杜绝叶面带水或者基质内有积水过夜，以免产生冻害。

（5）施肥。合理施用有机肥，不仅可以提高产量，而且可增强品质，提高铁皮石斛多糖含量，且口感好。基肥宜选用颗粒状、较长时间不松散的农家有机肥，利于基质通透，减少重金属累积，如农家羊粪（需经堆沤、发酵、日晒等处理）施在基质表面行间；自制液体有机肥，用作叶面肥，结合浇水喷施。施肥原则应掌握不施浓肥，勤施薄施，根据不同生长时期调节施肥量和施肥次数。

移栽定植 1 周内不宜施肥，1 周后，待慢慢有新根长出时即可酌情施肥。可施用 1～2 次氮∶磷∶钾 10∶30∶20、浓度为 1g/L 的高磷钾肥促其生根。春季或新芽初期，每周交替喷施一次氮∶磷∶钾 30∶10∶10、浓度为 2g/L 高氮肥和一次氮∶磷∶钾 1∶1∶1、浓度为 2g/L 的平衡肥，提高苗的生长速度。生长期，每周喷施一次氮∶磷∶钾 1∶1∶1、浓度为 2g/L 的平衡肥。同时根据生长情况，若叶态黄，苗体弱则补施氮∶磷∶钾 30∶10∶10、浓度为 2g/L 的高氮肥；若叶态浓绿，茎秆细长则补施氮∶磷∶钾 15∶20∶25、浓度为 2g/L 的高磷钾肥。生长后期，氮∶磷∶钾 1∶1∶1 的平衡肥和 15∶20∶25 的高磷钾肥交替使用，在采收前 2 个月停止施肥。也可配合使用农家肥上清液或者采用缓释肥代替喷施叶面肥。新根长出 10cm 左右时，可以施加缓效颗粒肥，如缓释型复合肥。

（6）除草。因为温湿的环境，苗床基质上常会滋生杂草，直接与石斛竞争养分，必须随时除草。一般情况下，石斛种植后每年除草 2 次，第一次在 3 月中旬至 4 月上旬，第二次在 11 月，除草时将长在石斛株间和周围的杂草及枯枝落叶除去，在夏季高温季节不宜除草，以免影响石斛的正常生长。

（7）修枝。每年春季发芽前或采收时，应剪去部分老枝和枯枝及生长过密枝，可促进新芽生长。

（8）翻蔸。铁皮石斛栽种 3～4 年，植株萌芽很多，老根死亡，基质腐烂，易被病菌侵染，使植株生长不良，故应根据生长情况进行翻蔸，除去枯朽老根，进行分株，另行栽植，以促进植株的生长，增产增收。推荐重新更换基质，栽种新的种苗。

2. 病虫害防治　铁皮石斛的主要病害有软腐病、茎腐病、炭疽病等，主要害虫有蜗牛、斜纹夜蛾、菲盾蚧、红蜘蛛等，其中，蜗牛和斜纹夜蛾是常见害虫。铁皮石斛为珍贵药材，病虫害防治应尽可能以农业防治、物理防治和生物防治为主，原则是防重于治。必要时可选用安全低毒的农药进行药剂防治，如多菌灵、甲基硫菌灵、代森锰锌、噁霉灵（四聚乙醛）、甲氨基阿维菌素苯甲酸盐等。

（三）采收和加工

1. 适时采收　种植 1.5～2 年，枝条封顶不长时即可进行第一次采收，通常在秋末至春初进行采收。秋季石斛的新茎逐渐成熟，生长减慢，叶片发黄掉落，植株逐渐进入休眠期，此时即可进行采收。以后可连续采收 2～3 次，推荐 3 年后重新种植。采收时用75％酒精消毒剪刀，剪刀要锋利，剪口要平，以减少养分散失和利于伤口愈合。特别注意茎基部要留下 2～3 个节，以利于植株越冬和来年新芽萌发时的养分供给。采收后的苗床要整体喷施杀菌剂作病害的预防处理。采收的枝条要摘除根、叶，清洗、晾干后，以鲜条长短分类捆扎，以鲜条或加工成枫斗供应市场。

2. 加工　铁皮石斛一般粗加工为铁皮枫斗。鲜草晾干后，除去叶片及膜质叶，剪切整理成 10cm 左右的茎段，置于微热的锅内或烤筛上（保持 80℃左右）缓缓烘软，用手工搓揉使成螺旋形，其外卷裹牛皮纸，再入锅或筛内，降温 50℃左右烘烤定型。部分留有完整根须（龙头）和茎尖（凤尾）且长度适中的铁皮枫斗称为"龙头凤尾"，被认为铁皮石斛中的极品。铁皮石斛鲜茎或者铁皮枫斗也可提供给有能力的企业进行深加工。

二、林下简易设施栽培关键技术

以自然生长的森林环境作为载体，利用其枝叶适当遮阳的效果，形成有利于铁皮石斛生长环境的一种种植方法。栽培环境符合原生态栽培的要求，栽培基质、栽培方法、肥水管理、病虫害防治、采收等与设施栽培模式类似。这种栽培模式可在林下地面直接做苗床种植，亦可搭架盆栽或者床栽种植。要求既要良好的保水性又要通风透气性，规模化生产要求原料易得、操作方便。按3～5株一丛，丛距10cm×20cm，种植时间江南地区宜在3～4月栽培，迟至5月下旬，广西、广东、云南等地根据气温可提早至达10℃时开展种植。该模式要特别注意选择抗逆能力强、肥效利用率高的品种，并采用驯化苗。注意防冻，防止蜗牛与食草类动物的危害（图2-8-2）。

图2-8-2 铁皮石斛林下简易栽培

（一）栽培基地的选择

栽培基地选择水源清洁、植被茂盛、地表腐殖质丰富、温暖、通风、湿润、坡度在40°～60°的阳坡或半阳坡地为宜。

（二）栽培基地的清理

将树林下的杂草、小型灌木等植被砍挖清理，保留乔木层植被，并对乔木植被的枝干做适当修剪，使栽培基地光照环境达到石斛最适光照度，即控制遮阴度在70%～80%，控制光照度在3 000～5 000lx。

（三）木质基质的制作

将陈旧树枝、树皮、树叶等粉碎成小块，加50%甲基硫菌灵或50%多菌灵适量，搅拌混匀，然后用塑料膜封盖消毒处理12h，掀盖备用。

（四）栽培基质的铺设

根据山形地势，分区块因地制宜地在山地表面铺设栽培苗床，苗床宽以1.2～1.5m为宜，苗床底层先铺设3～5cm厚的碎石子，碎石子上再铺设上述步骤三制作好的木质基质，厚 3～5cm，再在木质基质层上面铺洒 0.5～1cm 厚的腐熟羊粪、鸡粪或蚕粪等作为有机基肥。

(五) 种苗的消毒处理

用 50% 多菌灵可湿性粉剂 800～1 000 倍液加 72% 农用链霉素可溶性粉剂 2 000～2 500 倍液浸泡消毒 2h，晾干，备用。

(六) 种苗的移栽

种苗移栽季节以每年 2～3 月为佳，将消毒处理后的种苗移栽到铺设好的栽培基质上，挖穴栽培，盖上基质定植；也可将消毒处理后的种苗直接移栽到自然状态下富含有机腐殖质的山地表面，挖穴栽培，盖上有机腐殖质定植。定植密度按 3～5 株一丛，丛距 10cm×20cm 为宜。

(七) 基地杀菌

用 80% 代森锰锌可湿性粉剂兑不含漂白粉的山泉水，按 600～800 倍液稀释配制杀菌液，对基地表面及种苗进行喷雾杀菌处理，以表面湿透为止。

(八) 水肥管理

根据铁皮石斛不同生长阶段的生长需求和环境状况，用不含漂白粉的山泉水进行喷雾，及时补给水分。用不含漂白粉的山泉水按 1：10 或 1：5 比例稀释的专用沼液，定期喷施有机液肥。

(九) 采收

种植 1.5～2 年后，枝条封顶不长时即可进行采收，采收季节以秋末至春初为宜。采收时，铁皮石斛茎段长度控制在 20cm 以内。

(十) 虫害防治

采取生物防治技术，在铁皮石斛种植基地内间种美国红豆杉，利用美国红豆杉在光合作用下发出的香茅醛特殊气味分子驱赶环境中的害虫，美国红豆杉的栽培密度为每平方米种植 1～2 棵。也可采用诱虫灯、糖醋诱虫饵料、黄色粘虫板等辅助措施进行害虫诱杀，防治害虫危害。

（邱道寿）

<<< 参 考 文 献 >>>

柏文科，蒋武轩，胡艳霞，2016. 铁皮石斛设施栽培关键技术［J］. 陕西农业科学（3）：125-126.

陈玉琦，2016. 铁皮石斛林下种植技术探析［J］. 现代园艺（12）：26.

邓济承，邹旭东，程俐，等，2016. 3 种不同品系叠鞘石斛的对比研究［J］. 安徽农业科学，44（26）：102-104.

高燕，周侯光，白燕冰，2015. 鼓槌石斛园艺新品种金鼓紫槌的选育和栽培［J］. 热带农业科技，38（4）：29-32.

胡峰，邱道寿，梅瑜，等，2016. 广东地区铁皮石斛林下仿野生栽培技术研究［J］. 广东农业科学（2）：35-38.

黄秀红，王再花，李杰，等，2017. 不同花期石斛花主要营养成分分析与品质比较［J］. 热带作物学报（1）：45-52.

林江波，邹晖，王伟英，等，2014. 铁皮石斛林下种植技术［J］. 福建农业科技（2）：56-57.

刘春连，2014. 铁皮石斛营养保健功能的研究与产品开发［J］. 食品工程（2）：19-31.

卢振辉，李明焱，王伟杰，等，2016. 铁皮石斛主要病虫害及其非化学农药防治［J］. 浙江农业科学（1）：123-126.

马蕾，徐丹彬，陈红金，等，2016. 浙江省中药材产业提升发展现状与对策［J］. 浙江林业科技（4）：75-80.

马红梅，2016. 云南铁皮石斛产业发展思考［J］. 林业建设（3）：39-41.

邱道寿，刘晓津，郑锦荣，等，2011. 棚栽铁皮石斛的主要病害及其防治［J］. 广东农业科学（S1）：118-120.

邵伟江，2013. 铁皮石斛人工栽培模式与抗寒品种选育［D］. 浙江农林大学.

斯金平，2014. 铁皮石斛设施仿生栽培模式技术要点［J］. 浙江林业（08）：26-27.

斯金平，俞巧仙，宋仙水，等，2013. 铁皮石斛人工栽培模式［J］. 中国中药杂志（4）：481-484.

王全春，张榆琴，李明辉，等，2015. 云南石斛产业发展中存在的问题与对策建议［J］. 安徽农业科学（05）：70-72.

吴谷汉，蒋经纬，吴丹，2015. 林下活树附生铁皮石斛种植技术 [J]. 现代农业科技 （03）：95-97.

吴韵琴，斯金平，2010. 铁皮石斛产业现状及可持续发展的探讨 [J]. 中国中药杂志 （15）：2033-2037.

杨凤丽，姚林泉，2016. 温室栽培铁皮石斛主要病虫害及其绿色防控技术模式探讨 [J]. 中国农技推广 （4）：59-62.

袁颖丹，李志，胡冬南，等，2015. 铁皮石斛活树附生原生态栽培模式研究 [J]. 经济林研究 （04）：44-48.

曾淑燕，陈桂琼，张冬生，等，2016. 铁皮石斛林下活体树捆绑栽培研究 [J]. 林业与环境科学 （3）：70-72.

赵贵林，蔡捷炫，曲洪安，2013. "双晖1号"铁皮石斛的选育及其特征特性 [J]. 热带农业科学，33 （11）：24-26.

赵菊润，张治国，2014. 铁皮石斛产业发展现状与对策 [J]. 中国现代中药 （4）：277-279，286.

赵菊润，刘勇，蒋习林，等，2014. 齿瓣石斛新品种及良种：龙紫1号的选育 [J]. 林业调查规划，39 （6）：111-113.

赵鹂，张四海，骆争荣，等，2016. 铁皮石斛产业发展现状与对策 [J]. 园艺与种苗 （6）：12-13，70.

钟均宏，林秀莲，杨自轩，等，2014. 广东铁皮石斛产业发展现状及对策 [J]. 农学学报，（08）：110-111，124.

钟小勉，2016. 铁皮石斛人工栽培及主要病虫害防治 [J]. 吉林农业 （2）：99.

朱虹，郜厚诚，孙长生，2014. 我国铁皮石斛产业现状和发展对策 [J]. 陕西农业科学 （12）：77-79.

朱启发，黄娇丽，2015. 铁皮石斛产品开发研究进展 [J]. 现代农业科技 （9）：70-71.

国家药典委员会，2015. 中华人民共和国药典 [M]. 北京：中国医药科技出版社.

第九章
金线莲设施栽培

第一节　概　述

一、资源分布与人工栽培

金线莲［*Anoectochilus roxburghii*（Wall.）Lindl］，别名金线兰、金线草、金钱草、金丝线等，是兰科开唇兰属的一种多年生草本植物。金线莲喜阴凉、潮湿，多生长于有常绿阔叶树木的石壁、沟边、土质松散的潮湿地带。其根茎较细，圆柱形，多弯曲，长 1～5cm，表面棕褐色，茎节明显；叶圆盾形，叶柄细长，棕褐色，有金黄色网状脉；花生于叶腋，有黄、红、赭、乳白等色，不整齐；蒴果矩圆形。金线莲野生资源主要分布于亚洲的热带、亚热带地区及大洋洲，如中国、日本、印度、斯里兰卡、尼泊尔及东南亚等国家或地区；我国主要分布在浙江、江西、福建、台湾、广东、广西、海南、云南、贵州、四川、西藏南部等地区，其中以福建、台湾、浙江、江西为主产地。

野生金线莲多生长在人迹罕至的深山老林内，是极稀有的野生山珍极品。在民间具有治疗百病之功效，素有"药王""药虎"的美称，广泛应用于医药、保健、美容及饮用品等诸多方面。金线莲自然繁殖率低，对生态环境要求严格、适应性差，加之过度采挖，野生资源锐减。《濒危野生动植物种国际贸易公约》（CITES）将其列入附录Ⅱ的保护物种，《国家重点保护野生植物名录》（第二批）将其列为二级保护植物。

20 世纪 90 年代以前金线莲都是野生的，90 年代中期以后，台湾、福建开始进行人工试养，到 2006 年前后，最终实现了人工种植。随着市场需求的不断上升，相关产业迅猛发展，尤以福建市场最为火热，到 2013 年达到顶峰。当时，野生鲜货收购价达 3 200 元/kg（折合干货 3 万元/kg 以上，下同），家种 1 200～1 400 元/kg（折干 1.2～1.4 万元/kg），瓶苗 400 元/kg（折干 4 000 元/kg）。2015 年以后，市场已逐渐回归理性和平稳，野生鲜货均价 1 200～1 600 元/kg，家种鲜货 300～400 元/kg。目前，90% 以上的金线莲都是人工种植，而且仍然有不错的种植效益。产业化种植主要有林下仿野生种植、简易大棚种植和高产大棚种植等模式。它们的种植效益大致如下，林下仿野生种植，每亩种苗、简易设施、人工等成本约 4.5 万元，产鲜货约 200kg，毛收入约 6 万元，利润约 1.5 万元；简易大棚种植，每亩种苗、简易设施、人工等成本约 13 万元，产鲜货约 600kg，毛收入约 18 万元，利润约 5 万元；高产大棚种植（三层立体种植），每亩种苗、简易设施、人工等成本约 21 万元，产鲜货约 900kg，毛收入约 27 万元，利润约 6 万元。

金线莲种植产业发展 10 多年来，各方面都得到了长足的进步，但仍然存在不少问题。主要是种源混乱，质量参差不齐；缺乏行业标准，粗放型经营，产业发展层次较低；没有建立溯源体系，产品质量和安全缺乏有效监管。

二、功效与质量标准

作为一种珍贵草药，金线莲在我国福建、台湾民间有着十分悠久的应用历史。《中药辞海》《中药大辞典》《全国中草药汇编》《中华本草》《本草拾遗》《中国经济植物志》《福建药物志》《新华本草纲要》等著名典籍均有金线莲的记载。以全草入药，性凉，味甘，微苦；具有清热凉血、除湿解毒、滋阴降火、消炎止痛、强心利尿、固肾平肝等功效。用于治疗小儿惊风高热、百日咳有神效；还常用于治疗高血压、糖尿病、肝炎、咯血、支气管炎、肾炎、膀胱炎、肺炎、风湿病、毒蛇咬伤等疾病。

2019 年 2 月，国家卫生健康委员会将金线莲列为地方特色食品，并规定总蛋白、总糖、粗脂肪为其主要成分，质量要求为：总蛋白≥5.0％，总糖≥8.0％，粗脂肪≥1.4％。福建省地方标准《地理标志产品　永安金线莲 DB35/T 1388—2013》规定的质量标准为多糖（以干基计）≥6.0％，黄酮（以干基计）≥0.60％，水分≤12％。

三、化学成分

迄今为止，已从金线莲中分离出多种化学成分，主要有黄酮类、多糖类、甾体类、皂苷类、生物碱类、三萜类、氨基酸和挥发油等，其中黄酮类和多糖被推测为主要活性成分。

1. 黄酮类　目前，已鉴定的金线莲黄酮类化合物母核类型主要为槲皮素、山奈素和异鼠李素型。黄酮类化合物是金线莲中的重要成分，主要包括 8 -对羟基苄基槲皮素、槲皮素 - 3 - O -葡萄糖苷、槲皮素 - 3′- O -葡萄糖苷、异鼠李素、槲皮素、5，4′-二羟基-6，7，3′-三甲氧基黄酮、槲皮素 - 7 - O - β - D -葡萄糖苷、槲皮素-3 - O - β - D -芸香糖苷、异鼠李素-3，4′- O - β - D -二葡萄糖苷、异鼠李素-3，7 - O - β - D -二葡萄糖苷、异鼠李素 - 7 - O - β - D -二葡萄糖苷、3′，4′，7 -三甲氧基-3，5 -二羟基黄酮、异鼠李素 - 3 - O - β - D -芸香糖苷、芦丁、鼠李秦素、对羟基苯甲醛等，含量为 0.7％～1％。

2. 多糖类　研究表明金线莲中糖类成分以多糖含量为高，占13.326％，低聚糖为 11.243％，还原糖为 9.789％。金线莲多糖是由甘露糖、鼠李糖、半乳糖、阿拉伯糖和岩藻糖组成，也是主要活性成分。其含量在 0.85％～6.40％，且根茎部高于叶片。

3. 生物碱类　从金线莲中分离鉴定的生物碱类有乌头碱、石杉碱甲、异亮石松碱等。其中，异亮石松碱镇痛效果良好。

4. 挥发油类　有研究从栽培的金线莲挥发油中检出 182 个成分，鉴定出 73 个化合物，占挥发油总量的 92.64％，主要成分为棕榈酸（25.22％）、（Z，Z）- 9，12 -亚油酸甲酯（6.47％）、11，

14，17-二十碳三烯酸甲酯（4.42%）、（Z，Z）-9，12-亚油酸（15.35%）和（Z，Z，Z）-9，12，15-十八碳三烯酸甲酯（13.64%），其他成分大多为饱和烷烃、醛、酮、脂肪酸及脂肪酸酯。另有研究表明，组培的金线莲挥发油中以十六羧酸甲酯（47.98%）、棕榈酸（20.57%）为主，其次为亚油酸（6.17%）、亚麻酸甲酯（4.07%）和2-十二酮（3.73%）。

5. 甾体类 目前，从金线莲中已分离出的甾体类化合物，主要为24-异丙烯基胆甾醇、开唇兰甾醇、β-谷甾醇、豆甾醇、菜油甾醇、羊毛甾醇、麦角甾醇等。

6. 萜类与其他成分 研究证明金线莲含有熊果酸、齐墩果酸、Sorghumol和木栓酮等萜类成分。还检出了13种无机元素，6种大量元素和7种微量元素。

四、药理作用及临床应用

生物活性研究证明，金线莲主要具有降血糖、降血压、抗氧化、抗肿瘤、抗脂肪、抗炎、抗病毒、保肝、肾保护性、免疫调节、抗惊厥、镇静和抗肿瘤等作用。可治疗病毒性肝炎、高尿酸血症、Ⅱ型糖尿病、手足病口腔疱疹、幽门螺旋杆菌感染。

临床活用金线莲治疗儿科疾病，具有清热解毒、平肝祛风、启脾开胃、肃肺止咳、增强免疫等作用，未发现毒副作用，为儿科良药；金线莲水煎液有一定的安定作用，临床多用于治疗小儿急惊风；临床还常用金线莲镇痛、抗炎。

第二节 优良品种介绍

一、基原植物与民间种类

金线莲主要基原植物为金线莲（*A. roxburghii*），此外台湾银线兰（*A. formosanus*）、恒春银线兰（*A. koshunensis*）及滇越金线兰（*A. chapaensis*）也作金线莲药材使用。金线莲叶片为卵圆形或卵形，表面具金红色绢丝光泽网脉，背面淡紫红色；滇越金线兰叶片为偏斜的卵形，表面具金红色光泽网脉，背面淡绿色；滇越金线兰花期早于金线莲；金线莲地理分布区域较广，而滇越金线兰主要分布于云南屏边地区。台湾银线兰和恒春银线兰叶片表面具白色的网脉，台湾银线兰花不甚张开，倒置（唇瓣位于下方），子房扭转，恒春银线兰花张开，不倒置（唇瓣位于上方），子房不扭转；恒春银线兰的花期早于台湾银线兰。台湾银线兰和恒春银线兰主要分布于台湾地区，近年来福建、浙江、江西等地开始引种。

金线莲人工栽培的种源都来自于野生资源的驯化、筛选，因此品系混杂，产量与内在品质也参差不齐。行业间有以地域命名的品种，如台湾金线兰、广西金线兰、云南金线兰、福建金线兰、贵州金线兰、武夷山金线兰等，也有以叶片形状和茎秆颜色命名的品种，如尖叶红秆金线兰、尖叶绿秆金线兰、圆叶红秆金线兰等，以下就这些民间种类做一些简单介绍。

1. 台湾金线兰　茎秆粗；叶片较厚且小，直径 1～3cm，叶片为桃心形，叶面鲜绿色，叶背紫红色，叶面嵌银白色网脉，脉纹清晰稀疏。

2. 福建金线兰　植株较小，株高 8～15cm；叶小且厚，直径 1～3cm，叶片较尖，呈椭圆形，叶面墨绿色，带光泽，有金色细密网脉，特征明显，叶背淡紫红色；产量高、品质优，适应林下种植。

3. 武夷山金线兰　株高 8～15cm，茎秆圆形，茎节明显，易生不定根，基部成匍匐状，顶端直立；叶片为卵形至长椭圆形，长 2～5cm，宽 2～3cm，叶柄基部有叶鞘，叶面墨绿色，有金黄色的网脉，叶背淡紫红色；总状花序，花梗 7～12cm，具 2～5 朵松散的完全小花。

4. 广西金线兰　亦称为金石松。株高 8～12cm；叶片大小不一，椭圆形，稍薄且大，直径 1～4cm，叶面墨绿色，有光泽，具金黄色网脉，叶背淡紫红色。

5. 云南金线兰　株高 8～25cm；叶大，直径 1～5cm，呈椭圆形，叶面有光泽，墨绿色中有金黄色网脉，叶背淡紫红色。

6. **贵州金线兰** 株高 8～15cm；叶小，直径 1～3cm，呈椭圆形，叶面呈绿色，有光泽，具金黄色网脉，叶背淡紫红色。

7. **尖叶红秆金线兰** 叶片狭长，叶端较尖或微凸，表面呈茸毛状黑紫色，背面淡红色；茎肉质、红色。

8. **尖叶绿秆金线兰** 叶片狭长，叶端较尖或微凸，表面呈茸毛状黑紫色，背面淡红色；茎肉质、淡绿色。

9. **圆叶红秆金线兰** 叶片呈椭圆形或近圆形，叶端钝圆，表面暗紫色，背面淡紫红色；茎肉质、淡红色。

二、优良品种介绍

截至目前，我国各地尚没有通过正式审定、认定或登记的金线莲品种。福建是我国金线莲的主产地，它在品种驯化筛选、种苗扩繁、大棚和林下种植等方面都走在全国的前列，目前，市场上流通的主栽品种也大多源自福建。如福建尖叶、福建圆叶和红霞就是由福建栽培户经过多年优选的 3 个主流品种，现将它们的主要特性简单介绍如下。

1. **红霞** 茎秆较硬，较粗，红褐色；叶片近圆形，较厚，叶表面淡红色，有明亮的金铜色细密网脉，叶背面深红色。该品种在叶片数、根数、茎粗度、株高、鲜重、干重等方面表现极佳。

2. **福建圆叶** 根茎半匍匐状，茎节明显；叶片椭圆形或卵形，基部圆，上有细鳞片状突起；叶片表面墨绿色，厚实，呈天鹅绒状，具白金色网脉。成活率较高，但单株鲜重增长率和折干率较低，影响鲜株和干物质产量；抗逆性较强。

3. **福建尖叶** 根状茎匍匐，伸长；叶具柄，卵形或椭圆形，叶尾较尖；叶背面黑紫色，具金色网脉，呈羽状，叶背面淡紫红色；干物质产量较好；抗逆性较差。

第三节 金线莲工厂化生产关键技术

金线莲人工栽培技术推广应用 10 多年以来，广大的种植者根据不同环境条件和栽培设施特点逐步摸索出了各种各样的栽培模式，名字也是纷繁复杂，行业间也没有比较统一和规范的概念，比如有简易大棚栽培、现代化大棚栽培、单筐套袋式栽培、林下育苗盘栽培、林下小拱棚栽培、林下袋式栽培、林下梯田栽培、林下原生态栽培等。由于金线莲不同于一般的农作物，在它的整个栽培过程中或多或少地都要用到一些辅助设施，以便于基质承载、遮阴挡雨、控温控湿、安全防护等，如苗床、种植盘、种植篮、遮阳网、薄膜大棚、防虫网、风机水帘、喷灌滴灌等，因此，从其利用设施的程度来分，大体上可以分为简易设施（大棚）栽培和现代化设施（大棚）栽培。另外，林下栽培实际上也要用到一些简易设施，因此，从严格意义上讲，它也属于简易设施栽培的范畴。但是，由于它充分利用了林下的自然环境条件，体现了林下经济和仿野生的鲜明特点，因此，一般习惯上都会把它另归为一类，称为林下仿野生栽培。由此，从工厂化生产的角度，这里分成设施栽培与林下仿野生栽培两大类进行介绍。

设施（大棚）栽培特别是现代化大棚栽培，需要采用钢管、玻璃、薄膜等建造连体大棚，布设水帘、风机、喷淋滴灌等设备，前期建设费用与后期维护费用都比较高。但是，优点是便于操作、种植与采收，栽培密度大，受环境影响较小，产量高，可以多季节种植。林下仿野生栽培，充分利用林地、小溪等阴凉湿润的小气候，只需用竹片、薄膜等材料搭建简易的拱棚，或就地利用林木牵挂简单的薄膜、遮阳网等简单的遮阴挡雨设施即可，减少了生产投入，利于在普通农户中推广；产品品质更接近野生。但易受暴雨、病虫害、山鼠等不利因素的影响，种植、管理、采收不便，种植密度较低，产量较低等。

一、设施栽培关键技术

1. 科学选地　金线莲喜阴、喜湿润、怕涝，因此，种植地选择是非常关键的一环。根据金线莲的习性，宜选择与野生金线莲原生境相仿的山地或林地里，海拔 400～900m，近溪边、沟涧等阴凉处，近阔叶林或针阔叶林交混地带，以背山面水的地点最佳，夏季阴凉且受台风影响小，冬季避风保暖，减少散热。同时要求无工业污染环境，土壤结构性能好，呈中性或偏酸性（pH 4.5～6.5）的黄壤土；有天然洁净无污染水源，方便喷灌；而且交通方便。空气、灌溉水、土壤符合 GB 3509《环境空气质量标准》、GB 5084《农田灌溉水质标准》、GB 5749《生活饮用水卫生标准》和 GB 15618《土壤环境质量标准》等要求。

2. 简易大棚的搭建　大棚应为南北走向，北高南低斜面。可就地取材，用毛竹搭棚，宽 6m，高 2.5～4m，腰高 1.5m，棚长按需而设。棚顶、四周用遮阳网覆盖，起遮阳防虫作用。棚的四周应挖通水沟，以利排水；还可种植绿化苗木，形成有利金线莲生长的生态环境。棚内可安装排风扇、微喷灌等控温控湿设施，也可不装，要视种植地具体小气候情况定。棚内苗床的架设可就地取材采用竹木等材料架设，也可采用角铁等建材架设，架宽 1.8～2.0m，中间过道宽 1m 左右；为提高复种指数，棚内亦可设 3 层种植层，每层高 1.2～1.5m、宽 2m，每层顶端还可架设喷灌设施（图 2-9-1）。

图 2-9-1　金线莲种植大棚

3. 标准化大棚的建设　标准化连栋大棚的建设宜请专业公司设计和建造，一般采用钢架大棚，跨度 6～8m，脊高 3.3～6.0m、腰高 1.8～3.0m，有利于通风。棚顶覆盖一层塑料膜；膜上和棚内各设一层活动遮的阳网，便于根据季节、天气调节光照；棚腰四周设置落地可卷动的薄膜和防虫网，便于棚内温度调节，以及防止害虫、鸟类等危害。棚内配备水帘、风机与加温机等设施，人为调控大棚环境因子，做到全年都可种植。棚内苗床的架设一般采用角铁等建材架设，架宽 1.8～2.0m，中间过道宽 1m 左右；设 3 层种植层，每层高 1.2～1.5m、宽 2m，每层顶端还可架设喷灌设施（图 2-9-2）。

图 2-9-2　金线莲工厂化种植

4. 栽培基质　金线莲的栽培基质要求偏酸性（pH4.5～6.5），疏松透气，既要排水良好，又能保水保肥，常用于混配基质的材料有泥炭土、腐殖土、沙壤土、松树皮、椰糠、珍珠岩、谷壳、花生壳等。通过基质配方筛选试验，推荐大规模种植可选用如下配方：优质泥炭土 60％＋细松树皮 20％＋壤土 10％＋河沙 10％。基质配好后，需进行日晒消毒处理，或拌适量的 50％多菌灵可湿性粉剂或 50％敌克松可湿性粉剂消毒处理。

5. 炼苗　为了保证幼苗有较高的成活率，在定植之前，组培苗要先经历 5～10d 的炼苗处理，使它逐渐适应环境的变化。方法是先将组培瓶苗搬到有遮阴的大棚苗床上，带盖放置 1 周，然后打开瓶盖，再放置 2～3d，即可洗苗移栽。合格种苗标准：瓶内无污染，种苗生长旺盛，叶片色泽正常，根尖白色，没有烂根，株高

8～10cm，叶片 4～5 片。

6. 定植　通过人工创造适宜的生长环境，金线莲基本上可以周年种植，但一般在春、秋两季移植成活率较高。在华南地区，为避开高温，一般选择在深秋或初冬移栽、翌年 5～6 月采收效果较好。而夏季高温不高或高温时间较短的地区，则可以在春季 4～5 月移栽，当年秋季收获。

移植前，用长镊子在清洗盆中将组培苗从组培瓶内小心夹出，用清水清洗干净组培苗根部的培养基，并进行苗的大小分拣和分类放置。接着进行苗的消毒处理，选择生长健壮、叶色浓绿、根数较多的幼苗，用 50％多菌灵可湿性粉剂 800～1 000 倍液或 25％咯菌腈悬浮种衣剂 800～1 000 倍液浸泡 10～15min 后捞起，适当晾干后即可移栽。移栽时，用手指或小竹片在基质中插孔，放入金线莲苗后轻轻压实。多层种植，一般可用 54cm×28cm×6cm 的长方形育苗托盘或 46cm×46cm×11cm 的正方形育苗托盘或种植提篮种植，株行距一般为（5～10）cm×（3～5）cm，栽后浇足定根水。

把移栽好的盘苗上架，逐层逐架整齐有序摆放，上下层亦可错位摆放，盘间距 3～5cm，做好标签登记。

7. 田间管理

（1）光照调节。金线莲是阴性植物，对光照要求较高，适宜的光照度为 3 000～5 000lx，不同品种有所差异。因此，棚内光照度一般控制在 4 000lx 左右有利金线莲生长。实际操作时，一般以三阳七阴为宜，即冬春季节棚内透光度控制在 40％～50％，4～10 月棚内透光度可减少到 30％～40％。

（2）湿度控制。金线莲喜潮湿，在湿润环境下生长较快较旺盛，但湿度过大，基质含水量过高又容易引发茎腐病，发生烂苗。因此，整个栽培过程中都要注意适时通风透光，适时浇水，以保持相对湿度控制在 70％～80％。浇水次数和浇水量随植株的发育状况和生长环境而调整，一般 2～3d 浇 1 次，每次浇水量以基质手捏成团、落地松散为宜。大棚内也可开浅沟蓄水以增加空气相对湿度。同时，整个生长周期要保持基质湿润，但忌积水，控制基质含水量 20%～40%。

（3）温度控制。棚内温度保持在 20～28℃最适宜金线莲生长，气温低于 5℃易受冻害，高于 32℃容易造成生长停滞，引起植株叶子卷曲、顶芽枯萎。因此，夏天须保持棚内通风透气、喷雾、洒水降温，冬天可覆盖塑料薄膜保温。夏季温度要控制在 28℃以下，最好 25℃左右；冬季控制在 10℃以上。

（4）施肥管理。适时追肥能促进金线莲生长和多糖等有效成分的积累，提高产量与品质。移栽成活后，每半月可追肥 1 次，强壮植株，增强抗病力，可喷施农家液肥或沼液 1 000 倍液，或花多多 1 号、氨基酸水溶性肥料、植物动力 2003 等，也可撒施颗粒有机肥。苗高 5～6cm 时追肥，可促进叶色浓绿而富有光泽，如菜籽饼腐熟液 500 倍液或 45%氮磷钾等量复合肥 1 000 倍液，每 100kg 肥液加硫酸亚铁 100～200g。生长季需继续追肥 3～4 次，每月可喷施农家液态肥或沼液 1 000 倍液，或 0.3%尿素加 0.2%磷酸二氢钾溶液，或每 50d 撒施 1 次颗粒有机肥。施肥时，无论是液态肥还是颗粒肥，都要施在植株基部，不能污染叶片，如不慎污染，应立即喷洒清水冲洗。此外，还可配合叶面施肥，用 0.1%磷酸二氢钾溶液或花宝等叶面肥，每月喷 1 次。

8. 病虫害防治　金线莲病虫害防治宜遵循"预防为主，综合防治"的方针，在品种选择上尽量选择抗逆抗病虫强的品种；大棚四周设防虫网、捕鼠器，棚内设置粘虫板，防止害虫、鸟、鼠等危害；棚内地面、通道、水沟等应撒用硫黄、石灰、百菌清烟雾剂等进行空间消毒；棚外定期清除杂草，雨季开沟排水，清洁环境；生长季节，保持棚内通风透气，避免金线莲带水过夜，减少病菌滋生；特别是冬春季保温季节，也不能让棚室长时间紧闭，要选择晴朗天气适时通风透气，避免病害发生。

（1）主要病害及防治。

①立枯病。主要危害幼苗，表现为茎基部突然变细，患部黑褐色，凹陷收缩，导致全株枯死。防治方法：加强栽培管理，注意通风透气，控制光照和温、湿度，培育壮苗；不使用带病菌的腐熟

肥；种植前可用 40％甲醛水溶液 200～250 倍液进行基质消毒，1 周后可移栽；发现病株及时拔除并烧毁处理，并用 15％噁霉灵（土菌消）水剂 450 倍液、或 75％百菌清可湿性粉剂 800～1 000 倍液等进行种植区基质喷淋，喷足淋透，每 7～10d 喷 1 次，连喷 3 次。

②茎枯病。一种真菌性病害，始于茎基部或茎部，最后可致病部茎秆中空、折断、上部枯死。防治方法：可用 50％扑海因可湿性粉剂 1 500 倍液、70％甲基硫菌灵可湿性粉剂 600 倍液或 50％多菌灵可湿性粉剂 500 倍液等喷雾防治，视病情 5～14d 施药 1 次。

③猝倒病。属镰刀菌引起，移栽初期时常发生，始发时基部出现黄褐色水渍状病斑，很快发展至绕茎一周，腐烂干枯溢缩呈线状，出现猝倒。防治方法：零星发病时就要及时施药防治，可用 50％多菌灵可湿性粉剂 600 倍液、75％百菌清可湿性粉剂 600 倍液或 64％杀毒矾可湿性粉剂 500 倍液喷施，每 7～10d 喷 1 次，连续 2～3 次。

④软腐病。是一种为细菌性病害，危害茎基部中下部、内茎和近地表叶柄。防治方法：可用 500 万单位的农用链霉素（浓度 400mg/L）药液、或 3％中生菌素水剂（农抗 751）100 倍液或 77％可杀得可湿性粉剂 500 倍液进行喷雾，每 10d 喷 1 次，连续 6～8 次。

⑤黑腐病。为真菌性病害，危害叶片。防治方法：少量发生时可拔除病株减少传染源；可用 70％甲基硫菌灵可湿性粉剂 800 倍液、72.2％霜霉威盐酸盐水剂（普力克）1 000 倍液或 50％多菌灵可湿性粉剂 800 倍液喷施。

⑥茎腐病。在金线莲的不同生育期皆可发生危害。防治方法：发病早期可用 80％代森锰锌可湿性粉剂 200 倍液、77％可杀得可湿性粉剂 800 倍液、50％多菌灵可湿性粉剂 1 000 倍液轮换喷施，每 15d 喷 1 次，连续 2～3 次。

⑦灰霉病。一种土传病害，棚内长时间空气过湿（RH＞90％）、光照不足、基质含水量高是诱发该病的主要原因。防治方法：做好基质消毒，保持棚内空气通畅，春冬季适当增强光照，控

制浇水。发病早期可用 40％嘧霉胺悬浮剂或可湿性粉剂 1 000～1 500 倍液、50％异菌脲可湿性粉剂 1 000～1 500 倍液、10％苯醚甲环唑水分散剂 3 000～5 000 倍液或 20％丙环唑乳油 1 000～1 500 倍液喷雾，每 10～15d 喷 1 次，连喷 2～3 次。

（2）主要害虫及防治。

①小地老虎。一般一年发生 4～5 代，多以老熟幼虫在土中越冬。成虫昼伏夜出，晚上 7：00～9：00 时活动最盛。雌蛾产卵于地缝、土块、枯草、须根及幼苗叶背等处。防治方法：早春清除园地及周围杂草，防止成虫产卵；晚上 7：00～9：00 时用黑光灯诱杀成虫；使用糖醋液（糖：醋：酒：水＝3：4：1：2，加入少量杀虫剂，如乐斯本或三唑磷）诱杀。

②蜗牛和蛞蝓。都是软体动物，喜食多肉的嫩枝嫩叶，喜阴湿环境，白天在温棚、苗床、种植容器等的内沿和底部，夜间爬到植株上危害嫩枝嫩叶，把完整的植株咬得支离破碎、伤痕累累。防治方法：种植前，用煤块点燃敌敌畏乳油原液封闭熏蒸大棚 24h；清除四周杂草、杂物，清洁种植畦或苗床，洒石灰粉或 90％敌百虫药粉隔离；保持棚内清洁、通风可减少蜗牛和蛞蝓的数量；敌敌畏乳油 500 倍液喷施蜗牛和蛞蝓活动死角，但是要切忌喷到植株上以免产生药害；在苗床、种植盆四周、底部撒用四聚乙醛颗粒剂进行诱杀。

③斜纹夜蛾。多种农作物、花卉、药材的重要害虫，每年在 6 月中下旬开始危害，7～10 月进入危害高峰，8～9 月是危害盛期。被害叶片轻则吃成花叶残缺，重则只剩光秆。防治方法：清除杂草、翻耕晒土、撒石灰，破坏其化蛹环境；摘除卵块和群集危害的初孵幼虫，以减少虫源；采用黑光灯或糖醋盆（糖：醋：白酒：水＝6：3：1：10，90％敌百虫晶体 1 份调匀）诱杀成虫，每 2～3.3hm^2 使用一盏诱虫灯，设置高度为距地面 1.5m 为宜。幼虫初龄期，可用 20％虫无赦乳油加 4.5％高效氯氰菊酯乳油 1 500～2 000 倍液，5％甲氨基阿维菌素苯甲酸盐 1 500～2 000 倍液均匀喷雾。

④红蜘蛛、螨类。刺吸金线莲叶片汁液，严重时植株变黄枯萎，以 3～6 月和 9～11 月为危害高峰期。防治方法：适时浇水，

适度增加基质湿度，促进植株生长健壮，控制螨类发生蔓延；危害初期，选用 24％螺螨酯悬浮剂 3 000 倍液、1.8％阿维菌素乳油 2 000～3 000 倍液或 3.3％阿维联苯菊酯（天丁）乳油 1 000～1 500 倍液药剂应交替使用，间隔 5～7d，连续用药 2～3 次，重点喷洒在植株上部嫩叶背面。

⑤韭蛆。一年发生 5 代，4～9 月是发生高峰期。韭蛆成虫产卵于基质中，幼虫孵化后聚集危害金线莲地下部嫩茎，引起幼茎腐烂，使叶片枯黄，严重时整株死亡。防治方法：大棚四周使用防虫网；基质加石灰堆沤、暴晒 10d 以上，或用蒸汽房高温杀虫灭菌；棚内可采用黄板、杀虫灯、糖醋液诱杀成虫；可用 48％毒死蜱乳油 500 倍液、1.1％苦参碱粉剂 500 倍液灌根或 10％灭蝇胺水悬浮剂 4 000 倍液喷雾防治幼虫，每月 1 次；成虫盛发期，可每亩施 2.5％敌百虫粉剂 2～2.6kg、或 2.5％溴氰菊酯 2 000 倍液、或 20％杀灭菊酯乳油 2 000 倍液等，以 9：00～11：00 时茎叶喷雾，防治成虫。

9. 采收加工

（1）采收时间。金线莲组培苗移栽后，在前 3～4 个月鲜重增加不明显，后 2～3 个月，植株含水量降低，药效加强。因此，移栽 6 个月后，待株高长到 10cm 以上，根 2～4 条，叶 5～6 片，叶背紫红色，叶面金黄脉网清晰，每株鲜重达 2～4g 时，即可采收。

（2）采收方法。金线莲全株均可入药，采收时可以连根拔起，也可以割茎，留下基部 1～2 节再生。收获后抖去泥土，清水洗净，置于塑料筐中沥干、晒干、烘干或鲜品脱水真空包装。销售方式可直接鲜品销售，或烘干、晒干作为干品销售，亦可鲜品脱水真空包装销售等。以植株茎节明显，叶片完整，清香气浓郁，干品多糖含量不低于 15.0％、黄酮含量不低于 0.8％、水分少于 12％者为佳品。

二、林下仿野生栽培关键技术

1. 种植地点选择　在有野生金线莲分布或者近似野生金线莲生长的环境，选择海拔 600m 以上的阔叶林、竹林或杉木林，一般不选密度较大的桉树林；以 10°～30°的南向缓坡或平地为宜；森林郁闭度为 60%～80%，光照度为 2 500～5 000lx；年平均气温在 20℃以上；空气湿度高，自然水源较丰富或可引水灌溉；林下有较厚的森林腐殖土或经风化的红壤土，pH 5.5～6.5，有机质含量高，疏松、透气、排水性好；远离公路、厂矿，无污染；空气、灌溉水、土壤符合 GB 3509《环境空气质量标准》、GB 5084《农田灌溉水质标准》、GB 5749《生活饮用水卫生标准》和 GB 15618《土壤环境质量标准》；交通便利，劳力充足，通信、治安良好等。

2. 种植地规划 根据林下条件进行种植地分块，顺坡顺势，区块大小要依地势而定；小区划分要便于生产管理，有利于水土保持；园地外围应挖竹节沟，以利节水、排水，沟深 20～25cm；并要修建蓄水池，便于小区喷淋；根据小区树木及自然植被情况，合理开设便道、林间操作道等，宽度 1m 左右，便于各种农事操作。

3. 简易设施的搭建 根据情况，可在种植地四周建立铁丝网围栏，防止禽畜或者野兽危害。清除距离地面 2.5m 以下的杂草、灌木或者乔木的分枝。在树林较疏、阳光能直射的地块加设 2m 左右高的遮阳网。采用竹木等为材料架设多层种植架及顶层防雨棚，并布设到合适林下种植区域。根据苗床（池）、种植架的布局，开好步道和排水沟（沟深 20cm）（图 2-9-3、图 2-9-4）。

图 2-9-3 金线莲林下种植（一）

图 2-9-4　金线莲林下棚架种植（二）

4. 场地消毒及整地　在林下种植金线莲之前，场地首先要清理掉地表杂草、灌木、低矮树枝以及含有病菌、害虫、虫卵的枯枝落叶，远离种植场焚烧处理。沿等高线在林下顺坡顺势整畦，浅翻 8～10cm，剔除畦内树枝、树根，精细整地做畦，畦宽 1.0～1.2m，高 8～10cm，畦面稍呈倾斜状，以免积水。畦上可用竹片搭建简易薄膜拱棚，一方面起保温保湿作用，另一方面起到拦截鸟类、害虫，枯枝、落叶防护作用。视树木荫蔽度，也加设 2m 左右高的遮阳网。部分腐殖质较浅薄的地块，可用红砖围砌地栽苗床（池），并用竹片搭建简易薄膜拱棚。棚内苗池深 20～30cm、宽 1.2m，长按场地需求而定。可将地表腐殖质、园土、腐熟农家肥等混配的基质铺于种植池内，厚度约 8cm，用作地栽种植。结合整地和基质铺设，可 40.7％毒死蜱乳油、70％百菌清可湿性粉剂或 40％五氯硝基苯粉剂 1 000 倍液喷洒地表腐殖质、疏松土壤和基质，使其混合均匀，再用塑料薄膜密封覆盖 7～10d，进行杀虫、杀菌处理；此外，对场地周边环境也要进行杀虫、消毒处理。

5. 品种选择与种苗准备　林下仿野生栽培相对于大棚栽培更易遭受不利气候和病虫害的影响，因此，宜选择抗逆性较强的优质品种，尤其是抗寒、耐高温和抗病性较强的品种。移栽前，金线莲组培苗需要进行 7～14d 的炼苗。

金线莲瓶苗炼苗后，经出瓶、清洗、漂洗、晾干后，再置于噁霉灵与苯醚甲环唑复配药液中浸泡 2min 后稍晾干，整齐、分层装入喷雾消毒后的一次性纸箱或泡沫箱，每 10cm 一层，用干净报纸隔离，总高度不超过 40cm。

6. 定植

（1）定植时间。一般春、秋季两季均可定植，春季可在 3～5 月移栽，秋季可在 8～10 月移栽。但在华南地区，为避免高温天气，一般宜采用深秋或初冬移栽，第二年 4～5 月收获。

（2）定植方法。种植前 1d 须给苗床浇水，保持土壤相对湿度 55％～60％，阴干待用。采用单株种植，株行距为（3～5）cm×（5～10）cm。移栽时，用手指或竹片挖一小穴，将消毒后的种苗理顺根系植入土壤中，入土深 1.5～2.0cm，然后轻轻按压土层，移栽后浇足定根水。栽后及时用 45％甲霜·噁霉灵可湿性粉剂 800～1 000 倍液喷淋定根；并用毛竹或其他材料搭设小拱棚，覆盖塑料膜保温保湿。

有条件的林下地块也可布设多层种植架，用育苗托盘、种植篮等进行多层种植，方法类似于大棚多层种植。

7. 田间管理

（1）水分管理。刚种的小苗要及时浇水，最好利用浇花工具小水慢浇，避免小苗从土壤中冲出，提高成活率。苗栽后前期以保湿为主，保持土壤相对湿度在 50％～70％，成活后视天气情况适当浇水，做到"不干不浇"。若遇暴雨或持续阴雨天气，则需盖好塑料膜，并注意排水，防止畦面积水或渍水。浇水次数及浇水量视天气及土壤保水性而定，一般夏季每日浇水 1 次；春、秋可隔日浇 1 次；冬季 3～4d 浇 1 次。夏季应在 9：00 前或傍晚后喷淋，冬季或早春应在午后气温较高时喷淋。

（2）光照控制。金线莲喜林间散射光，忌太阳直射光，光照度以 3 000～4 000lx 为宜。生长期间，林下光照控制在"三分阳，七分阴"最好。如果夏、秋季光照过强,可搭设遮阳网或其他遮盖物遮阳;如果光照太弱,可以砍掉部分树枝叶,增加光照,把光照度控制在 3 500lx 左右;避免强光度致使新生叶片白化、低光照造成植株纤细徒长。

(3)温度控制。金线莲既怕高温又怕低温,低于10℃生长缓慢,高于35℃停止生长,适宜生长温度为20～30℃。林下仿野生栽培没有温控设施,只能通过遮阴、浇水来调节温度,夏、秋季高温时,可利用微喷雾装置进行环境降温,冬、春季低温时,可用盖膜来达到保温的目的。

(4)施肥。移栽 1 个月后可开始追肥,以农家液态肥或发酵后的豆饼稀释液或沼气液等有机肥为宜,稀释至 1 500 倍液喷淋根部;可在肥液中加入少量硫酸亚铁,可使叶色浓绿而富有光泽;追肥后随即喷淋清水可防止肥水污染枝叶。种植周期前 2 个月每半月左右用 10% 氨基酸 500 倍液叶面喷肥 1 次,可提高金线莲产量。

(5)松土除草。金线莲齐苗后应适时松土除草,以利疏松土壤,降低土壤温度,减少杂草危害,减轻病害发生,以利金线莲生长。金线莲根系非常浅,松土宜浅松,免伤根状茎,防断根掉叶。发现根部外露,应及时培土。

(6)病虫鼠害防治。种植场地四周设置围网,防止野生动物侵害。可视鼠害具体情况,采取药物灭鼠、器械捕鼠或生物灭鼠等措施。在金线莲的整个种植周期主要有立枯病、茎枯病、猝倒病、软腐病、黑腐病、茎腐病、灰霉病和小地老虎、蜗牛、蛞蝓、斜纹夜蛾、红蜘蛛、螨类、韭蛆等病虫害危害,可按照"预防为主、综合防治"的方针,以农业防治、物理防治、化学防治和生物防治等技术综合治理病虫害。

(7)越冬。霜冻前,利用森林自然落叶、枝叶、干草等对薄膜拱棚进行保护性遮盖,防止金线莲免受冻害,立春后在人工清除遮盖物。

8. 采收与贮藏

(1)采收时间。金线莲栽培 6 个月后,株高 10～12cm 时即可选择晴天采收。一年的采收时间一般在 3～5 月、10～12 月。

（2）采收方法。单株全草人工采收，剔除病株。

（3）加工。用高压喷淋水枪将植株清洗干净，风干、低温干燥或采用 60℃红外烘干箱烘干。

（4）包装。产品经紫外线杀菌处理后，采用真空包装或充 CO_2 包装。

（5）贮藏。密闭贮存，注意防潮、防虫、防霉变、防有毒有害物质污染；长期贮存应放入 3～5℃冷藏库。

9. 产品质量标准

（1）理化指标。参照国家卫生健康委员会质量要求：总蛋白含量≥15.0％，总糖含量≥8.0％，粗脂肪含量≥1.4％。参照国家质量监督检验检疫总局质量技术规范：多糖含量（以干基计）不低于15.0％，黄酮含量（以干基计）不低于 0.80％，水分≤12％。

（2）卫生指标。金线莲产品的农药残留量、重金属及其他有害物质指标按国家相关规定执行，凡国家规定禁止使用的农药不得检出。

（邱道寿）

<<< 参 考 文 献 >>>

陈汉宗，2013. 南靖县金线莲林下种植技术 [J]. 福建农业 (11)：22 - 23.

郭剑雄，洪佰仲，2017. 金线莲袋式优质高产有机栽培技术 [J]. 农技服务，34 (10)：20 - 21.

黄小云，黄毅斌，李春燕，等，2017. 福建金线莲林下仿野生栽培技术 [J]. 福建农业科技 (5)：41 - 43.

刘冬生，2013. 金线莲人工栽培关键技术 [J]. 南方园艺，24 (3)：50 - 51.

林江波，王伟英，邹晖，等，2017. 大棚金线莲栽培主要病害及防治技术 [J]. 福建农业科技 (9)：34 - 35.

林江波，王伟英，邹晖，等，2017. 金线莲大棚栽培技术 [J]. 福建农业科技 (8)：45 - 46.

罗辉，2015. 金线莲大棚栽培技术［J］. 福建农业科技（8）：24-26.

钱丽萍，杨盼，阙慧卿，等，2017. 金线莲的品种及成分研究进展［J］. 海峡药学，29（05）：32-35.

吴兴明，王晋成，郑鸿昌，等，2017. 永安金线莲原生态高效栽培技术［J］. 东南园艺，5（2）：38-41.

熊飞，2017. 秦巴山区金线莲林下仿野生栽培技术［J］. 农药市场信息（7）：57-58.

杨海英，2018. 金线莲林下仿野生栽培技术［J］. 园艺与种苗，38（12）：32-33.

邵玲，梁廉，梁广坚，等，2016. 广东金线莲大棚优质种植综合技术研究［J］. 广东农业科学，43（10）：34-40.

施满容，罗义发，陆志平，等，2019. 金线莲林下原生态栽培方式优化研究［J］. 安徽农学通报，25（05）：29-31.

张丽萍，2019. 金线莲高效优质生产关键技术研究［D］. 杭州：浙江大学.

张丽蓉，2015. 金线莲化学成分的研究［D］. 福州：福建医科大学.

第十章
蔬菜工厂化育苗

第一节 概　述

　　蔬菜工厂化育苗是指在人工创造的良好环境条件下，采用科学化、机械化、自动化等先进的设施、设备和管理技术，将幼苗放置在人工控制的环境中，充分发挥幼苗生长潜力，快速度、高质量地批量培育优质蔬菜壮苗的一种先进生产方式。工厂化育苗技术与传统的育苗方式相比具有用种量少，占地面积小；能够缩短苗龄，节省育苗时间；能够尽可能减少病虫害发生；提高育苗生产效率，降低成本；有利于统一管理，推广新技术等，可以实现周年连续生产。

　　工厂化育苗技术的迅速发展，不仅推动了蔬菜生产方式的变革，而且加速了蔬菜种植制度的调整和升级，促进了蔬菜现代产业化的进程，实行蔬菜育苗的工厂化生产、商品化供应，是传统农业走向现代农业的一个重要标志。目前我国蔬菜工厂化育苗供苗量约1 000亿株，而蔬菜种苗需求量超过6 800亿株，存在较大供应缺口。

　　广东省的蔬菜种类繁多，复种指数高，因此，工厂化育苗有较为明显的技术优势和广阔的应用前景。其中，葫芦科蔬菜、茄果类蔬菜以及部分十字花科蔬菜（花椰菜、青花菜等）普遍采用了穴盘育苗的种植方式，但是规模化的育苗企业不多，以合作社自给自足的应用形式为主。

一、蔬菜工厂化育苗的类型

(一) 一般育苗方式

蔬菜育苗主要有三种方式：苗床育苗、育苗盘育苗、苗床与育苗盘结合育苗。

1. 苗床育苗 适合于价格低、成活率高、病害少、种粒小的蔬菜，如菜心、生菜等。该方法具操作简单、占地面积小等特点，但种子成苗率较低，需种量大。

2. 育苗盘育苗 适合于价格贵、移栽成活率低、易感病、种粒较大的蔬菜，如瓜菜类等。该方法具苗期管理简单、成苗率高、移栽时对根部造成的伤害少、缓苗期短、成活率高等优点。

3. 苗床与育苗盘结合育苗 适用于早春种植、苗期长的蔬菜，如茄果类等。若种子催芽后直播在育苗盘将出现操作困难、工作量增大、占地面积大等弊端；若两者相结合，先直播在苗床，秧苗两片子叶平展或具有一片真叶时再移植到育苗盘，具操作简便、成活率高、占地面积小等优点。

(二) 自动化播种方式

为提高播种效率，满足大规模生产的需求和降低劳动力成本，在蔬菜育苗生产中也广泛采用生产效率较高的自动化生产线。精量播种不仅能节约种子，还能为种子发芽出土后创造良好的生长条件，为培育壮苗打下基础。自动化生产线简化工作流程，减少物料的损耗，降低人力成本，大大提高了生产效率。目前，国外的穴盘育苗播种机主要来自荷兰、美国、澳大利亚和韩国等，其具备效率高、智能化程度较高等优点，但存在价格昂贵、多功能适应性不足等缺点。

自动化播种系统是蔬菜工厂化育苗过程中的重要组成部分，符合工厂化育苗播种深度统一、每穴播种 1 粒的要求。该系统由穴盘定位系统、物料输送及基质装盘、压穴及精量播种、覆土和淋灌装备组成。其中，根据精量播种系统不同的工作原理，可分为吸嘴式气力播种和板式育苗播种两种类型，可大大提高播种速度、降低人力成本。

（1）吸嘴式气力播种机。该播种机常见于我国多地区的工厂化育苗中使用，主要由装种管、吸气装置、排种板、吸嘴和压板组成，适用于营养钵单粒播种，尤其是非丸粒状的种子。

（2）板式育苗播种机。该播种机主要由输送设备、育苗盘、漏种板、吸种板和吸气装置组成，适用于经丸粒化处理的种子，否则会对种子造成损害，降低成功率，该播种机效率高，被广泛应用。

（三）高新育苗方式

目前，广东省的一些蔬菜种苗繁育高新技术已逐渐成形并应用于生产，如漂浮育苗、潮汐式育苗、嫁接育苗及扦插育苗等。广东省蔬菜嫁接技术主要有劈接、靠接等，但是应用难度在于嫁接技术难、人工成本高，应用相对小，所以本文主要介绍实生苗育苗。

1. 漂浮育苗　将装有轻质育苗基质的泡沫穴盘漂浮于水面上，种子播于基质中，秧苗在育苗基质中扎根生长，并能从基质和水床中吸收水分和养分的育苗方法。具有减少移栽用工、节省育苗用地、利于培育壮苗、提高成苗率等优点。漂浮育苗方式在广东省的番禺、中山等水网发达的区域应用广泛（图2-10-1）。

图2-10-1　漂浮育苗（左）和潮汐式（右）育苗

2. 潮汐式育苗　又称底部灌溉育苗。相对于顶部喷灌，潮汐式育苗表观上只是改变了水分进入基质的方向，由顶部变为底部，实际上它以毛细管吸水为主要技术特征，配套了自动控制和循环管路系统，通过水肥闭合循环利用实现精准供给，切合绿色发展理念和一节双减技术的需要，具有广阔的应用前景。但是，潮汐式育苗的科技研发和实际应用的历史还很短，理论知识和实践经验都不足，许多问题如基质养分运移和病虫害管理等技术还有待于进一步研究。广东省农业科学院蔬菜所正在致力于潮汐式育苗精准管控技术的研发，在佛山多地初步应用。

3. 扦插育苗 指将植物的部分营养器官插入土壤或基质，在适宜环境条件下诱导生根成苗。该技术能保持种性，取材简单，生根快，开花结果早，在蔬菜生产、种性保持及加速繁殖等方面都有广泛的应用价值。如大白菜、甘蓝等腋芽扦插繁殖，佛手瓜侧芽扦插快速成苗已应用于生产。广东地区常见的扦插育苗作物主要有番茄和黄瓜。

二、工厂化育苗关键技术

（一）穴盘的选择

穴盘育苗有利于改善秧苗营养环境并培育壮根优质苗。穴盘是穴盘育苗的重要载体，按材质不同分为聚苯泡沫穴盘和塑料穴盘，后者应用更广泛，标准尺寸为 54cm×28cm，有 20、50、72、128、200、288 孔等多种规格。穴盘穴数应根据蔬菜种类和苗龄长短选择。一般来说，瓜类蔬菜育苗夏秋季用 50 孔穴盘，冬春季用 72 孔穴盘；茄果类蔬菜育苗夏秋季用 72 孔穴盘，冬春季用 128 孔穴盘；甘蓝类蔬菜育苗夏秋季用 72 孔穴盘，冬春季用 128 孔穴盘；叶菜类蔬菜育苗用 288 孔穴盘。鉴于广东省多降雨，影响秧苗定植计划，建议适当选择穴孔大的育苗盘。

（二）基质的配制

基质材料的选择具备来源广、质地轻、总孔隙度高、不带病菌及虫卵、配比合理、有一定营养物质等特点。常用专业育苗基质多为进口基质商品，其特点是 pH、EC 经过调节，添加了吸水剂及缓释的启动肥料，水气比协调，育苗效果好，但价格比国产基质高，也可用草炭、蛭石、珍珠岩等材料配制基质。例如，草炭：蛭石：珍珠岩＝7：2：1、草炭：蛭石＝7：3，其中草炭：蛭石：珍珠岩＝7：2：1是常用的蔬菜育苗基质配方；田泥粉碎：堆沤腐熟的草菇渣＝6：4是常用的茄子育苗基质配方。

自行配制的育苗基质需要在使用前进行充分地搅拌和消毒处理。经科学研究表明，基质在82℃的高温下消毒30min，可杀死大部分杂草种子、细菌和真菌的活性。除高温消毒以外，还可使用化学药剂进行消毒。常见的消毒方式及其注意事项见表2-10-1，应尽量避免采用化学药剂消毒，或等待化学药剂完全挥发后再播种，避免化学药剂对育苗基质造成二次污染。

表2-10-1　常见的消毒方式及其注意事项

消毒方式	处理方式	处理时间（h）	注意事项
太阳能消毒	太阳光暴晒	240～360	基质含水量＞80％
蒸汽消毒	70～90℃高温	0.50～1.00	基质含水量35％～45％
0.5％高锰酸钾	搅拌均匀	0.33～0.50	需用清水洗净滤干
40％甲醛	搅拌均匀	24～48	风干2周或暴晒2d

（三）种子处理和播种

培育优质蔬菜种苗，应选用优质、抗病、丰产的蔬菜品种和纯净度高、发芽率高、生长势强的种子。种子处理可控制种子表面携带的病原菌，保护种子和幼苗免遭病原菌的侵袭，也可通过种子处理打破种子休眠，促进种子发芽和幼苗生长。工厂化育苗对蔬菜种子的发芽率和整齐度要求较高，主要方法有种子浸泡、包衣和丸粒化。

1. 浸泡处理　最常用的种子处理方法，目的是杀灭附着在种子表面的病原微生物。种子用55℃温水泡10～20min或高锰酸钾1 000倍液泡10～20min进行消毒，洗净后再用常温清水浸泡，浸泡时间根据种子种皮厚薄决定，一般叶菜类2～3h、瓜类 2～12h、茄果类 12h。种子起水晾干后用湿毛巾包裹放恒温箱催芽，一般种子恒温箱调温 28～32℃，瓜类可调至 32～35℃。

2. 包衣技术 将杀虫剂、杀菌剂、营养物质等混入包衣胶黏剂中包被种子，包衣遇水吸涨，逐步释放药剂或营养物质。

3. 种子丸粒化 利用机械加工制成大小均匀、表面光滑、颗粒增大的种子，能够改变种子的固有形状和大小、增强种子适种性。

4. 催芽过程 每天要清洗种子一次，并观察出芽情况。叶菜类种子可在浸泡后直播，其他蔬菜品种在芽长 0.1cm 即可播种；瓜类在冬、春季芽长 0.5cm 以上播种效果更好。每孔中间放 1 粒种子，再覆盖 0.8～1.0cm 厚泥炭土。播种完成后淋足水，在冬、春季育苗盘上可覆盖尼龙薄膜保温、保湿，待幼芽破土将薄膜掀开。根据幼苗长势灵活调节肥料的施用。

(四) 苗期管理

科学的苗期管理是培育壮苗的关键，需要严格控制育苗过程中的温度、光照、湿度等条件。

1. 温度 温度对幼苗的影响大，过高或过低都影响幼苗的生长发育。育苗温室要求冬、春季白天温度达 20～25℃，夜间温度保持 14～16℃，可配置加温设备。大棚一侧应配置抽风机，在高温天气时可降低棚内的温、湿度；另外，对侧需配置水帘墙，两者同时作用对降温加湿有事半功倍的效果。通过大棚的天窗和侧窗的开启和关闭，也能实现对温、湿度的有效调节。

2. 光照 育苗大棚上部设置外遮阳网，能够有效地阻挡夏季部分直射光的照射，在基本满足幼苗光合作用的前提下，通过遮光降低大棚内的温度。苗床架上部配置红、蓝光 LED 补光灯，在自然光照不足时，开启补光系统可增加光照度，满足各种蔬菜作物幼苗健壮生长的要求。LED 灯设置为活动式，高度为开启时距幼苗 50～60cm 效果较佳。光照度和光照时数影响幼苗的生长发育和秧苗的质量。蔬菜种类不同要求也不同，瓜果菜类比叶菜类要求高。

光照条件直接影响秧苗的素质。夏季要用遮阳网遮阳，起到降温防病、壮苗的目的。

（五）出圃管理

1. 出圃前管理　出圃前 1d，宜施送嫁肥。移植前宜喷施广谱性杀菌剂和杀虫剂的混合水溶液，以预防病虫害发生。如在移栽前 3～5d，将 30％度锐悬浮剂稀释 1 500～2 000 倍液淋施，每平方米苗床淋施 2～4L 药液，对防治瓜类、茄果类、叶菜类大田的害虫效果好。移栽前浇一次透水，便于从穴盘内带土提苗。

2. 壮苗出圃　保证出圃的每棵苗都是合格壮苗，淘汰弱苗、病苗、劣质苗。壮苗的标准是植株健壮完整，根系发达并将基质紧紧缠绕，形成完整根坨，子叶完整，茎秆粗壮，叶片肥厚，叶色亮绿，胚轴和节间较短，苗龄适中，发育良好；不徒长，不早衰，无黄叶，无病虫草害；移植后无缓苗期或很短缓苗期，生长旺盛，抗逆性强。

3. 安排运输和生产　长距离运输采用保温车，运输温度接近运输途中和目的地的自然温度，保持在 15～20℃，空气相对湿度保持在 70％～75％，同时研究出可操作性的强的多功能种苗运输工具等，保证运输途中秧苗完好无损。统计符合出圃标准的苗数，根据苗的情况调整生产计划，安排好田间生产，做好育苗盘回收等工作。

第二节　常见蔬菜育苗技术

一、瓜类蔬菜育苗技术

在广东地区普遍种植的瓜类蔬菜品种较多，主要包括冬瓜、节瓜、丝瓜、苦瓜、黄瓜。主要品种如广东省农业科学院蔬菜研究所育成的铁柱 2 号冬瓜、墨宝冬瓜、长绿 3 号和丰绿 3 号苦瓜、雅绿系列丝瓜、翡翠南瓜、玲珑节瓜、粤丰黄瓜等。

（一）播种时间

广东地区瓜类蔬菜的播种时间见表 2 - 10 - 2。

表 2 - 10 - 2　广东地区瓜类蔬菜播种时间

蔬菜	春植	夏植	秋植
冬瓜	1 月下旬至 3 月	—	7～8 月
节瓜	1～3 月	5～6 月	7～8 月
丝瓜	1 月至 2 月中旬	6～7 月	8～9 月
苦瓜	1 月至 2 月中旬	—	7 月下旬至 8 月上旬
黄瓜	1～3 月	—	7～9 月

（二）苗床处理

通过反复对比试验发现，早春瓜类蔬菜育苗时，苗盘放在地面比在苗床架的生长态势好，具有保温性强、易控水、防徒长、根系发达等特点。育苗前进行苗床的清洁和灭菌处理，清除地表杂草和杂物等，建高约 20cm、宽约 1m 的畦面，平整地面，淋辛硫磷 750 倍液防治地下害虫，然后撒石灰杀菌防病。

（三）种子处理

将种子浸在 55℃温水中 10～15min，缓慢搅拌待水温降至 30℃时，停止搅拌，不同瓜类的继续浸种时间不同，如冬瓜、丝瓜、苦瓜 8h，节瓜 3h，黄瓜 5h。种子取出洗净后，用湿纱布包裹放置 30℃恒温箱催芽，在催芽过程中，应经常翻动种子，并保持湿润，以利于出芽齐整，待种子露白、芽长至 0.8～1cm 时即可播种。

（四）播种

一般采用育苗移栽方式。采用 50 或 72 孔穴盘播种，每穴轻按形成 1cm 凹孔，播种前要将基质土淋透水，每穴播 1 粒种子，种子平放，芽尖朝下，然后用草炭土覆盖种子约 1cm 厚，淋水至表面湿润后保持 25～28℃。

（五）苗期管理

1. 肥水管理　播种后的水分管理是培育优质瓜苗的关键。广东早春阴雨天气多，需控制浇水时间和次数，穴盘的基质应保持半湿润状态，子叶出土后要严格控制水分，以防秧苗徒长，但冬瓜需保证种子脱壳，必要时人工辅助脱壳。晴天时，一般上午浇水

1次，阴雨尽量不浇水。

根据基质肥力状况进行苗期施肥管理，适时补充基质养分，提供苗期所需的平衡营养。宜采用水肥一体化管理，根据天气和苗的生长情况勤施薄施水肥，施肥浓度一般为2 000～3 000倍液，随苗龄增长适当增加施肥浓度。氮肥比例不宜过高，适当提高磷的施肥比例，以防止徒长。使用肥料要符合《NY/T 496肥料合理使用准则通则》的规定。

幼苗长有三叶一心后进入快速生长期，易发生猝倒病，应控制水分，放风炼苗并准备定植，使秧苗生长矮壮，防止出现空秆。

2. 光温湿控制　播种后白天温度控制在25～30℃、夜间18～22℃。子叶出土后，白天气温28～30℃，夜间18～20℃。如中午温度达30℃以上，需要适时降温，以防种子烧坏；当70％种子出苗后揭膜，开始通风降温。

视天气状况及基质干湿度决定浇水时间和浇水量，见干见湿，土壤相对湿度80％～90％，空气相对湿度70％～80％。早春育苗应注意补光，保证苗期生长日照时间不低于10h，光照度在10 000～30 000lx。

幼苗出土到第一片真叶顶心要尽可能增加光照，降低夜温和苗床水分，以防秧苗徒长，温度可调整至白天20～25℃、夜间12℃；第一片真叶顶心至第三叶展开前，白天温度保持25～28℃、夜间10～12℃；在定植前（4叶1心）4～5d进行降温炼苗，白天22～25℃、夜间8～10℃。

3. 病虫害防治　瓜类蔬菜病害主要有猝倒病、白粉病、枯萎病、炭疽病等，重在预防。苗床要选择地势高、干燥、通风好、无病害的地方，育苗场地、育苗基质及种子要充分做好消毒工作。猝倒病防治是在第一片真叶展平后喷施72.2％霜霉威盐酸盐水剂750倍液、0.15％磷酸二氢钾1 200倍液，以后每隔1周喷施1次；发现病株要及时拔除销毁，防止病害蔓延。白粉病可喷洒10％苯醚甲环唑水分散粒剂1 000倍液防治2次，50％多菌灵可湿性粉剂可防治枯萎病。苗期前中期浇透水的傍晚喷洒250g/L嘧菌酯悬浮剂

1 000倍液、80％代森锰锌可湿性粉剂或70％乙膦铝·锰锌可湿性粉剂800倍液预防疫病、炭疽病等真菌性病害，定植前喷洒苯醚甲环唑防治炭疽病。

瓜类蔬菜病害主要有蚜虫、美洲斑潜蝇、小地老虎、蓟马、粉虱、蕈蚊等。采用悬挂黄板、蓝板等绿色防控技术防治粉虱、蓟马、蕈蚊、蚜虫。蕈蚊多发于早春，需在育苗棚内喷施灭蝇胺，每周喷施1次；可用甲维盐类、茚虫威类药剂防治小地老虎幼虫；蓟马防治用60g/L乙基多杀菌素悬浮剂1 000倍液；粉虱用22％氟啶虫胺腈悬浮剂2 000倍液防治；地蛆可喷洒90％敌百虫800倍液；蚜虫可以用2.5％溴氰菊酯乳油2 500倍溶液。定植前3～5d喷施50％多菌灵可湿性粉剂1 000倍液，带药出苗。

（六）壮苗标准

广东地区瓜类蔬菜的壮苗标准见表2-10-3。

表2-10-3　瓜类壮苗标准

项目	冬瓜、节瓜	丝瓜	苦瓜	黄瓜
真叶	3片	3～4片	5～6片	4～5片
株高		10cm以内	6～8cm	15～18cm
茎	粗壮	茎粗壮，节间短，色稍深且有光泽	粗壮	茎粗3.0～3.5mm
苗龄	25～30d	20～30d	40d	20～25d
根	—	根系发育良好	根系白色，次生根发达，无锈根，根系紧密包裹且脱离育苗穴盘后基质不散	根系将基质紧紧缠绕形成完整根坨
叶	叶片墨绿色、表面有1层白色保护膜	子叶肥大，叶片平展，肥厚，颜色深绿	叶大而厚，叶色绿	叶色浓绿，无黄叶
病虫害	无	无	无	无

二、茄果类蔬菜育苗技术

(一) 品种选择

在广东地区茄果类春、秋季节皆可种植，普遍种植的品种如下：

1. 辣椒 粤红 3 号、华夏椒王、超越 80 等。

2. 番茄 粤科达 101、粤科达 201、粤科达 301、粤科达 401、粤科达 501、粤星 13、珍美等。

3. 茄子 农夫 2 号、农夫 3 号、公牛、紫荣 6 号、优美等。

(二) 种子处理

用 50～55℃温水浸种 15～20min，或 0.1％高锰酸钾溶液浸种 15min，然后用清水将种子上的药液冲洗干净，室温浸泡 6～8h，洗净捞出，将种子用棉布包好放置 25～35℃恒温箱内催芽，一般 48h 后即可出芽，待 70％的种子露白后可播种。

(三) 播种

选用 50 或 72 孔穴盘。将基质淋透水，一般每穴播 1 粒种子，种子平放，芽尖朝下，深度 1cm 左右为宜。然后用基质覆盖种子约 1cm 厚，最后淋水至覆盖土湿润。

(四) 苗期管理

1. 肥水管理 播种后，将育苗基质喷透水，使基质持水量达到 100％以上，视天气情况每 1～2d 喷水一次，干湿状态交替。2 片真叶后开始适当控制水分，防止幼苗徒长，培育壮苗。苗期三叶一心后，可结合喷施复合肥 200 倍液进行 1～2 次叶面喷肥。

2. 环境控制 日温 23～25℃，夜温 14～16℃，空气相对湿度以 70％～80％为宜。二叶一心后夜温可降至 13℃左右，但不低于 10℃。白天酌情通风，降低空气相对湿度。加强光照，白天不遮盖，当连续阴、雨天之后天气骤晴时，中午应及时遮阴。大棚塑料膜中加入远红光选择性光质吸收剂，调节红光和远红光比例，可有效控制幼苗徒长。

苗期子叶展开至二叶一心，土壤含水量为持水量的 65％～

70%；三叶一心至成苗，土壤含水量保持在 60%～65%。移栽前 5～7d 炼苗期，减少棚上膜、帘、网等覆盖物，空气相对湿度保持 60%～80%。

3. 病虫害防治　茄果类蔬菜主要病害有猝倒病、立枯病、灰霉病、早疫病、病毒病等。猝倒病、立枯病防治方法是播前进行基质消毒，用每立方含 30g 30%多·福可湿性粉剂（苗菌敌）的蛭石覆盖，控制浇水，浇水后放风，降低空气湿度。幼苗期夜温不得低于 10℃，发病初期喷洒普力克、百菌清、福·甲霜、代森锌等，出苗后每周喷药 1 次，连续 23 次；早疫病防治方法是播前用 0.1%硫酸铜溶液浸种 20min，发病初期用霜脲氰、百菌清、代森锌、波尔多液等喷淋结合灌根；灰霉病防治可采用 50%腐霉利可湿性粉剂 1 500 倍液喷雾防治，或使用烟剂进行熏蒸；病毒病防治方法是播种前种子用 10%磷酸三钠浸种 20min；发病初期用 2%氨基寡糖素水剂 400 倍液喷雾，或 20%盐酸吗啉胍可湿性粉剂 500 倍液喷雾，或 10%宁南霉素等药剂可溶性粉剂 1 000 倍液喷雾。

茄果类蔬菜主要虫害有蚜虫、烟粉虱和斑潜蝇等。在育苗设施的所有通风口及进出口设置 40 目防虫网，然后在设施内悬挂黄板，诱杀白粉虱、蚜虫等。喷施乐果吡虫啉、虫螨克、阿克泰。斑潜蝇防治可用 20%灭蝇胺可湿性粉剂 1 000～1 500 倍液、10%溴氰虫酰胺可分散油悬乳剂 3 000～4 000 倍液、3.0%啶虫脒乳油 1 500 倍、10%虫螨腈悬乳剂 1 000 倍、24%螺虫乙酯悬乳剂 1 500～2 500 倍等。

（五）壮苗标准

广东地区茄果类蔬菜的壮苗标准见表 2－10－4。

表 2－10－4　茄果类壮苗标准

项目	辣椒	番茄	茄子
真叶	6～7 片	4～5 片	5～6 片
株高	15～18cm	13～15cm	约 15cm
茎粗	4.0～4.5mm，节间短	2.5～3.5mm	4.0～5.0mm
苗龄	40～50d	25～30d	80～90d

（续）

项目	辣椒	番茄	茄子
根	根系发达，白色须根多	将基质紧紧缠绕形成完整根	根系发达，须根多且白嫩
叶	子叶完整，叶色浓绿	子叶完整，叶色浓绿	叶片大而厚，胚茎粗短，叶色浓绿
其他	出苗整齐，无病虫危害	出苗整齐，无病虫危害	出苗整齐，无病虫危害

三、甘蓝类蔬菜育苗技术

（一）品种选择

甘蓝类蔬菜在华南地区主要种植的有松花花椰菜、曼陀绿西兰花、芊秀兰花薹、奥奇娜结球甘蓝等。

（二）播种时间

在广东地区，结球甘蓝一年四季均可栽培，以春、秋季栽培为主，春甘蓝播种期在12月，秋甘蓝播种期在8～9月；花椰菜、西兰花以秋冬季栽培为主，秋季栽培选用中晚熟品种，于7～8月育苗，越冬栽培于10～11月播种。

（三）种子处理

用50～55℃热水浸泡5～10min，搅拌至水温降至25～30℃后，继续浸泡3～4h。将种子洗净滤干，用厚纱布包裹催芽，需保持18～20℃的环境温度，经1～2d胚芽露白后准备播种。

（四）播种

基质装盘后，用刮板平整穴面，淋透水。穴盘压0.5cm深度的穴，保证播种深度在0.5～1cm，防止浇水倒苗。每穴播种1粒，并用少量基质土填平，多播1～2盘备用苗，作补缺用。用喷壶淋湿基质土表面，出苗前保持基质土湿润，以保证出苗整齐。

（五）苗期管理

一般出苗期为3d，出苗后需严控温湿度。高温天气及时揭盖遮阳网，注意棚内通风、透光、降温。基质缺水，易造成幼苗萎蔫、老化苗，过湿则易徒长串苗。穴面基质发白应补充水分，一般早晚浇水 2 次，避免中午高温时浇水伤苗，每次浇匀、浇透，利于秧苗根下扎，形成根坨。待第一片真叶展平后，淋复合肥 500 倍液，一周后再淋复合肥 200 倍液。淋肥后应避免太阳暴晒，通常在 16：00 之后淋肥，以防灼伤叶片。

（六）病虫害防治

甘蓝类蔬菜主要病害有立枯病、猝倒病、黑胫病等。立枯病、猝倒病防治方法是，在出苗后至一叶一心期施用 72.2％霜霉威盐酸盐水剂 1 500 倍液、40.7％毒死蜱 800 倍液＋3％井冈霉素水剂 500 倍液，在二叶一心期用 72.2％霜霉威盐酸盐水剂盐酸盐 750 倍液、75％百菌清可湿性粉剂 1 000 倍液＋3％井冈霉素水剂 500 倍液。黑胫病防治可选用 70％百菌清 600 倍液、70％甲基硫菌灵 800 倍液喷施。

甘蓝类蔬菜主要病害有蚜虫、斑潜蝇等。主要虫害蚜虫可喷施 10％吡虫啉可湿性粉剂 3 000 倍液；小菜蛾、菜青虫可喷施 5％氯虫苯甲酰胺悬浮剂 1 500 倍液、50g/L 氟啶脲乳油 1 500 倍液、40.7％毒死蜱 2 000 倍液，几种农药交替使用；斑潜蝇可用 75％灭蝇安可湿性粉剂 2 000 倍液喷防。

（张白鸽　陈　潇）

<<< 参 考 文 献 >>>

蔡东海，邓汝英，张庆华，2019. 广东节瓜有机栽培技术 ［J］. 长江蔬菜，3：29 - 32.

柴文臣，阎世江，张微，2017. 蔬菜工厂化育苗关键技术研究现状与对策 ［J］. 山西农业科学，45（7）：1188 - 1192.

陈显雄，李世杰，王廷甫，2009 青瓜高产栽培技术 ［J］. 种子世界（9）：52.

董春娟，张晓蕊，尚庆茂，2018. 蔬菜潮汐式育苗技术应用概况与研究进展 ［J］. 中国蔬菜（3）：16 - 26.

高兵，周淑荣，董昕瑜，等，2016. 节瓜栽培管理 [J]. 特种经济动植物
　　(10)：43 - 46.

河北省蔬菜产业技术体系张承坝上错季蔬菜岗位专家王明秋团队. 甘蓝工
　　厂化育苗技术规范 [N]. 河北科技报，2017 - 4 - 27 (B06).

黄德芬，官开江，王霞，等，2018. 辣椒穴盘育苗技术 [J]. 科普惠农，
　　12 (19)：22 - 23.

黄淑瑜，2017. 青瓜的日常栽培管理技术 [J]. 农技服务，(34)：16.

李光河，2003. 蔬菜扦插育苗技术 [J]. 现代农业 (5)：19.

李武波，王大伟，李东徽，等，2018. 茄子穴盘育苗嫁接技术 [J]. 乡村
　　科技，8：75 - 77.

刘明池，季延海，武占会，2018. 我国蔬菜育苗产业现状与发展趋势 [J].
　　中国蔬菜 (11)：1 - 7.

梁朝辉，谢燕青，陈慧，等，2016. 秋种黄瓜、丝瓜和苦瓜育苗栽培不同穴
　　盘规格筛选与传统育苗栽培对比试验 [J]. 中国园艺文摘 (6)：25 - 26.

施菊琴，孙卉，曹光甫，等，2018. 设施蔬菜工厂化育苗研究进展 [J].
　　上海农业科技 (6)：83 - 85.

唐海瑛，于利，李建斌，等，2018. 盐城地区结球甘蓝育苗技术 [J]. 现
　　代农业科技，17：82，88.

万新建，张景云，关峰，等，2015. 不同育苗方式对苦瓜育苗效果的影响
　　[J]. 中国农学通报，31 (10)：97 - 100.

王华，2016. 工厂化育苗技术与发展对策研究 [J]. 山西林业科技，45
　　(2)：51 - 52.

王红梅，贺申魁，刘凤琼，2019. 蔬菜主要育苗方式及技术要点 [J]. 南
　　方园艺，30 (2)：47 - 49.

吴凤莲，姜发洋，王正文，等，2018. 番茄地方品种育苗技术 [J]. 现代
　　农业科技，21：102.

杨锦慧，虞敏涛，周耀，2016. 大棚设施丝瓜育苗技术 [J]. 现代园艺，
　　6：71.

殷琳毅，韩茹鑫，李进，2018. 夏秋季辣椒工厂化穴盘育苗技术 [J]. 设
　　施蔬菜，12：54 - 56.

袁华玲，张金云，张学义，等，2003. 蔬菜穴盘工厂化育苗技术及发展策
　　略 [J]. 安徽农业科学，31 (6)：977 - 979.

岳东杰，赵晓军，程艳荣，2018. 冬瓜工厂化穴盘育苗技术 [J]. 上海蔬菜（6）：22-24.

张丽娟，2018. 浅析茄子工厂化育苗技术 [J]. 农业开发与装备，6：165.

张志刚，李瑞云，马宾生，等，2018. 夏秋季番茄穴盘育苗技术 [J]. 中国果菜，38（11）：68-71.

邹国元，杨俊刚，孙焱鑫，等，2019. 设施蔬菜期间高效栽培 [M]. 北京：中国农业出版社.

第十一章
蔬菜水肥一体化技术

第一节 概　述

水肥一体化技术是将灌溉与施肥融为一体的农业新技术，即借助压力系统（或地形自然落差），将可溶性固体或液体肥料根据土壤基质养分含量以及作物需肥规律和特点，配成的肥液与灌溉水一起相融后利用可控管道系统，通过管道和灌水器形成滴灌、喷灌，均匀、定时、定量浸润作物根系发育生长区域，使主要根系土壤基质始终保持疏松和适宜的含水量，同时根据不同蔬菜的需肥特点，按照其需肥规律进行不同生育期的需求设计，把水分、养分定时定量，按比例直接提供给作物。应用水肥一体化的优点是节水、节肥、改善微生态环境、减轻病虫害发生、增加产量、改善品质、提高经济效益。

一、水肥一体化技术发展概况

水肥一体化随高效灌溉技术的应用而发展，20 世纪 30 年代，国外就开始研究运用喷灌技术，用于庭院花卉和草坪的灌溉。20世纪 50 年代以后，塑料工业的快速发展，价格低廉、质量较轻的塑料管制品的使用，促进了微、喷灌技术的应用和推广。国外关于水肥一体化技术研究开始较早，其中以美国、荷兰、以色列等为主的农业强国，不仅水肥一体化技术发展迅速，推广力度强，与水肥一体相配套的水溶肥研制和生产也取得了较大进步，并形成符合国家国情、特色鲜明的水肥一体化技术体系。

作为水资源短缺的发达国家，以色列在 20 世纪 60 年代就开始运用水肥一体化技术。20 世纪 80 年代，以色列的灌溉施肥技术开始推进机械灌溉系统，施肥系统也向多种模式发展，结合电脑控制技术及设备，养分均匀度有效提高，将近 90％的农业灌溉采用灌溉施肥方法，超过 50％的氮和磷、60％的钾以灌溉施肥的方法施用。荷兰水肥一体化技术的发展则依赖于日光温室的发展，20 世纪 50 年代开始，随着日光温室的增加，关于液体肥料以及用于养分供给的肥料罐的研究也得到发展，荷兰水肥一体化技术应用于设施农业，一般采用封闭式水肥一体化自动灌溉系统，回液的可消毒循环使用，实现了水肥循环灌溉，提高水肥利用率的同时，减少水肥排放，降低水肥渗漏污染地下水的风险，水肥利用效率达 90％以上。美国是目前世界上微灌面积最大，发展最快的国家之一，在灌溉农业中 60％的马铃薯、25％的玉米、33％的果树均采用水肥一体化技术，开发应用了新型的水溶肥料、农药注入控制装置，用于水肥一体化的专用肥料占肥料总量的 38％。

我国的水肥一体化技术自 1974 年由墨西哥引进滴灌设备算起，已有 40 多年的发展历史，1980 年，我国在引进国外先进工艺的基础上，自行研制生产出首台成套的滴灌设备。水肥一体化技术作为一项节水节肥的农业高新技术，也是我国推动农业现代化的重要举措，国家相继出台了一系列政策：《国家农业节水纲要（2012—2020）》《关于推进农田节水工作的意见》《水肥一体化技术指导意见》《推进水肥一体化实施方案（2016—2020 年）》，对我国水肥一体化的发展做出了战略部署，着力推进水肥一体化技术的本土化、轻型化、产业化。

水肥一体化技术作为广东省农业主推技术之一，已在全省范围推广应用十余年，但总体上主要是在蔬菜种植企业和合作社中广泛应用，农户的技术使用率不高。水肥一体化在设施蔬菜中的应用率普遍较高，包括育苗阶段和大田种植阶段。

二、水肥一体化设备

水肥一体化系统主要包括灌溉系统和施肥系统。

（一）灌溉系统

灌溉系统是水肥一体化的重要组成，灌溉系统作为水肥一体化技术的重要载体，由水源工程、首部控制系统、输配管道系统和灌水器等组成。水源工程为灌溉系统提供水源保障，一般水源需要先进行过滤达到符合灌溉水的要求。首部控制系统作为系统的驱动、检测和控制中枢，包括水泵、动力机、过滤器、施肥罐、控制与测定仪表和调节装置等。输配管道系统是将肥水输送到各个灌溉器，包括干管、支管、毛管以一些调节设备，灌水器再将水肥灌到作物根区附近的土壤中。灌水器系统作为水肥一体化技术中的核心，主要包括滴灌管、滴灌带、微喷、喷头等。

（二）施肥系统

施肥系统是在灌溉系统中向压力管道加入可溶解肥料的设备及装置，一般肥料罐在过滤器前安装，以防堵塞。主要有旁通施肥罐、文丘里施肥系统、重力自压式施肥系统、泵吸肥法施肥系统、泵注肥法施肥系统、比例施肥器及自动施肥灌溉系统等。

1. 旁通施肥罐 也称压差施肥罐，其工作原理是利用进水管、供肥管上两点之间形成的压力差将肥液带入灌溉系统中。其优点是省时省事、成本较低；缺点是稳定性差。肥料浓度在施肥后不断降低，需及时添加肥料（图 2-11-1）。

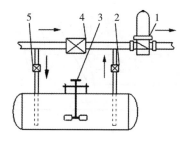

图 2-11-1 旁通施肥罐系统示意

（易文裕，2017）

1. 过滤器　2. 旁通出水、肥阀门　3. 搅拌装置　4. 节流阀门　5. 旁通进水阀门

2. 文丘里施肥系统　主要由文丘里施肥器和开敞式储液罐共同组成，用水流通过文丘里管产生的真空吸力，将肥料溶液从敞口的肥料桶中均匀吸入管道系统进行施肥。优点是成本低，施肥过程中肥液浓度均匀，无需外部动力。缺点是水头压力损失大，为使系统稳压，需要增压泵。在施肥机上应用较多（图2-11-2）。

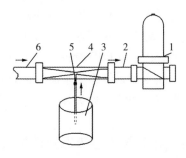

图2-11-2　文丘里施肥系统示意

（易文裕，2017）

1. 过滤器　2. 出水口　3. 肥料罐　4. 喉部　5. 阀门　6. 进水口

3. 重力自压式施肥系统　重力自压施肥法通常引用高处的山泉水或将山脚水源泵至高处的蓄水池，利用水位高差产生的压力进行施肥。优点是系统简单，成本低，农户易接受。缺点是水压不能调整，难以实现自动化。主要应用于丘陵山地果园、茶园、林地等的施肥（图2-11-3）。

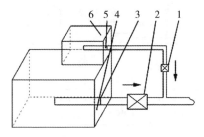

图2-11-3　重力自压式施肥系统示意

（易文裕，2017）

1. 肥液开关　2. 水开关　3. 水滤网　4. 水池　5. 肥液滤网　6. 肥料池

4. 泵吸肥法施肥系统 泵吸肥法是利用离心泵将肥料溶液吸入管道系统进行施肥，适用于任何田地的施肥，尤其是地下水位较浅的地区。优点是结构简单、操作简易、施肥速度快，无需外加施肥动力，在水压恒定的情况下可按比例施肥；缺点是需专人看管施肥过程（图 2 - 11 - 4）。

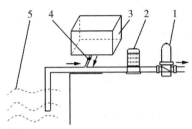

图 2 - 11 - 4　泵吸肥法施肥系统示意

（易文裕，2017）

1. 过滤器　2. 水泵　3. 肥料池　4. 肥液开关　5. 水源

5. 泵注肥法施肥系统 泵注肥法是利用加压泵将肥料溶液注入有压管道，注入口可在管道上的任意位置，且泵产生的压力必须大于输水管道的水压，否则肥料难以注入。优点是操作简易、易控制肥料浓度；缺点是需单独配置施肥泵（图 2 - 11 - 5）。

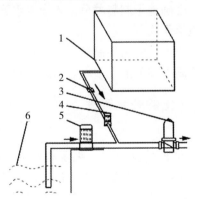

图 2 - 11 - 5　泵注肥法施肥系统示意

（易文裕，2017）

1. 肥料池　2. 肥液开关　3. 过滤器　4. 肥液泵　5. 水泵　6. 水源

6. 比例施肥器 比例施肥器的原理是通过一个连接到水流动力的活塞机心杆结合在一起的，这个装有防止倒流的活塞机杆在一个圆柱体内活动，将水压出去的同时，将装在底部容器里的液体添加剂通过管道均匀的吸入水流中。优点是在限定范围内可以按比例添加肥液（图2-11-6）。

7. 自动施肥灌溉系统 现在先进水肥控制系统多采用传感器技术、互联网技术、EC/pH综合控制、气候控制系统、自动排水反冲洗系统等高新技术，依据作物类型和生育期不同的施肥灌溉特征，采集环境数据信息，实时检测水肥浓度，经数据处理后指令控制系统执行相关操作，实现智能化施肥。

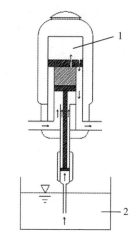

图2-11-6 比例施肥器原理示意
（吴松，2018）
1. 混合室 2. 肥液

自动灌溉施肥机是一个自动灌溉施肥系统，能够按照用户在可编程控制器上设置的灌溉施肥程序和EC/pH控制，通过机器上的一套肥料泵直接、准确地把肥料养分注入灌溉水管中，连同灌溉水一起适时适量地施给作物。

施肥机优点是浓度、流量控制精确。缺点是成本高，对操作人员要求高。适用于高附加值的温室花卉与蔬菜栽培等场合。

三、水肥一体化的肥水管理

（一）水源

水源可根据种植地情况决定，来源有江河、湖泊、井水、坑塘、自来水等，因水中含有杂质，需要进行过滤达到符合灌溉水的要求。首部控制系统均设置有过滤设备，常用过滤设备有离心过滤器、沙石过滤器、筛网过滤器、叠片过滤器和拦污栅等，河流等水质较差的水源需要建设沉淀池。

（二）肥料选择

水肥一体化技术是将灌溉和施肥结合在一体的技术，对肥料的要求也很严格。要想能够顺利运用水肥一体化技术，肥料必须符合以下要求；①肥料必须能够迅速溶于水，且溶解之后能够形成稳定的肥液，没有颗粒或杂质，能够长时间在管道内实现流通，不会腐蚀和堵塞管道。②使用肥料后不能够引起灌溉水 pH 的剧烈变化，避免当水的 pH 达到一定程度时，灌溉水中比如钙离子、硫酸根等产生沉淀，从而造成喷头堵塞，对灌溉系统有伤害，对作物生长造成不利影响。③肥料兼容性强，肥料配制时肥料之间不能产生颉颃作用，与其他肥料混合应用，基本不产生沉淀。④肥料对控制中心和灌溉系统的腐性小，水肥一体化自动控制系统通过各种管道和控制阀来实现水分和肥料的同时施加，离不开各种管道的建设，如果肥料腐蚀性强，会严重影响设施设备的使用寿命。⑤肥料配比要科学得当，在不同种类作物之间、作物生长发育的不同时期，肥料的需求均不一样，所以根据作物体内所需的营养物质，严格按照肥料的配比进行水肥的配兑，保证肥料配比的科学性，才能够满足作物在生长过程的每个阶段都能达到自身所需的营养目标。

（三）注意事项

（1）灌溉制度和施肥制度要根据肥随水走、分阶段拟合的原则有效拟合，根据灌溉制度将肥料按灌溉的灌水时间和次数进行分配。同时注意，在灌溉的过程中如果有降水，作物不需要灌溉，但为了施肥也要灌溉，完成施肥后立即停止灌溉。

（2）在实际操作中，施用过程配料混合时必须保证各元素之间的相溶性，不能有沉淀物产生；混合后不改变它们的溶解度。对于混合产生沉淀的肥料可以采用分别单一注入的办法来解决；或采用两个以上的贮肥罐把混合后相互作用会产生沉淀的肥料分别贮存分别注入。

（3）不同单质素施肥要求不一致，施肥时要合理安排大量元素和微量元素的使用，其中氮肥一般水溶性好，非常容易随着灌溉水滴入土壤而施入到作物根区；磷肥中磷酸二氢钾最适宜于微灌施肥，但价格较高，其他磷肥不适合微灌（多固体，溶解性不好），建议作基肥使用；钾肥以氯化钾、磷酸二氢钾为主，氯化钾溶解速度快、养分含量高、价格低，适宜使用，但要注意氯害；微肥施用时应选用螯合态微肥。生产上基肥与滴灌追肥相结合，氮、钾、镁肥可全部通过微灌系统追施，磷肥可用过磷酸钙作基肥，也可撒在滴灌管下；或将水浸湿到根系周围地面，不用覆土；有机肥最好做基肥施用；微肥最好通过叶面喷施。

（4）严控肥料浓度，严格按照肥料使用说明配制肥液，薄施勤施，以免出现肥害。

（5）肥液的注入一定要放在水源与过滤器之间，肥（药）液先经过过滤器之后再进入灌溉管道，使未溶解的化肥和其他杂质被清除掉，以免堵塞管道及灌水器。同时，及时检查清洗过滤设备，避免过滤设备堵塞造成危险。

（6）滴灌肥液前先滴清水 5～10min，肥液滴完后再滴清水 10～15min，以延长设备使用寿命，防止肥液结晶堵塞滴灌孔。发现滴灌孔堵塞时，可打开滴灌带末端的封口，用水流冲刷滴灌带内杂物，以使滴灌孔畅通。

第二节　蔬菜水肥一体化实用技术

本节主要介绍适合简易设施内的蔬菜水肥一体化技术。广东省农业科学院蔬菜研究所的研究成果表明：依据测土配方，结合科学的施肥原则进行合理施肥，满足蔬菜对各种养分的需求，可以取得显著的节本增效效果。

"测土"就是摸清土壤的养分含量状况，掌握土壤的供肥性能；"配方"就是根据土壤缺什么，确定补什么，缺多少，补多少；"施肥"就是执行上述配方，合理安排基肥和追肥比例，同时根据肥料的特性，选择切实可行的水肥一体化施肥方法，并与其他农艺措施相配套，以发挥肥料的最大增产作用。

一、采集土壤样品

测土配方施肥的效果很大程度取决于采集土壤样品的代表性，因此土壤样品的采集方法一定要科学严谨，严格按照以下步骤进行：

1. 选采样点 土壤采样点要选择能代表菜田肥力特点的田块，选一块能代表该菜区土壤肥力状况的代表性菜田采土。采土的田块不要离沟渠、肥堆、马路太近。可采用梅花点或蛇形点布点采样，采样点不能过于集中，务必均匀分布。采土时要避开作物的根系、粪堆肥料颗粒等杂物。

2. 采样深度 用专用的土钻、锄头或铁锹垂直均匀采样。采样深度为20cm，锄头或铁锹取样时先在采样点挖一个20cm的垂直面，然后再采样（图2-11-7）。

图2-11-7　采样深度（在采样点上挖深度为20cm的垂直面）

3. 采集装袋 将采集的土样装入一个干净的袋子中，注明采样日期、地点、农户名称、现种蔬菜品种、产量水平等。注意每个采样点采集的土壤重量基本一致，一般为400～500g。

4. 晾干去杂 采集的土样要放到阴凉处晾干，避免阳光直射，防止灰尘等异物污染。土样充分晾干后，平摊在干净的白纸或塑料布上，挑出根系、秸秆、石块、虫体、粪渣等杂物。

5. 混合土样 按图2-11-8的步骤将土样混合。先将土样用木棍压碎或木锤捣碎，后充分混匀，再用对角四分法，留一半、弃一半，多次反复至最后留1kg左右土样。

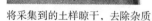

将采集到的土样晾干，去除杂质　　按照四分法混合

图2-11-8　土样采后处理方法

6. 测定分析 土样混合好以后装入土样袋，在土样袋内、外均写上标签，注明采样日期、地点或田块、农户名称、现种蔬菜品种、产量水平等，把样品及时送到广东省农业科学院蔬菜研究所等机构进行土壤养分含量的测定分析，同时做好采样相关的调查和记载。

二、确定施肥量

根据土壤样品的养分含量测定分析结果，结合广东省农业科学院蔬菜研究所制订的菜田土壤养分诊断指标以及不同蔬菜品种各生产期的营养特性，科学确定蔬菜对各种养分的需求量，合理施用各种肥料，下面以菜心为例，介绍各种肥料的合理施用量。

1. 氮肥用量的确定 在蔬菜播种或移植前按照以上土壤采样方法采集0～20cm耕作层的土壤测定其硝态氮含量，把测定值与菜心的目标产量（每亩1 000kg）相结合来确定氮肥推荐数量（表2-11-1）。如果施用有机肥，可减少15％左右的氮肥推荐用量。季节性的气候变化不但对菜心的产量影响比较大，而且对硝态氮的测定值影响也比较大，华南地区同等肥力的土壤，在冬季的硝态氮测定值比夏季测定值低；在炎热夏季要适当调减施氮量；低温天气或阴雨天也要控制氮肥的施用。

表 2 - 11 - 1 土壤氮分级及对应氮肥用量

肥力等级	硝态氮含量（kg/hm²）	氮肥总用量（N，kg/hm²）
极低	≤30	90～100
低	31～93	80～90
中	94～150	70～80
高	151～250	60～70
极高	＞250	＜60

2. 磷肥用量的确定　由于南方土壤对磷的固定能力强，磷肥利用率较低，所以磷肥用量比其吸收量大得多。磷肥用量的确定必须考虑土壤磷素供应水平及目标产量水平（表 2 - 11 - 2）。磷肥通常作为基肥施用，如果是直播可以在 0～10cm 土层全层施，如果是移植就在菜心定植前开沟条施，效果比撒施好。如果施用有机肥，可减少 10％左右的磷肥推荐量。华南地区同等肥力土壤，在冬季的有效磷含量测定值比夏季测定值低 50mg/kg 以上，低温天气要增加磷肥的施用量。

表 2 - 11 - 2 土壤磷分级及对应磷肥用量

肥力等级	有效磷含量（P，mg/kg）	磷肥用量（P₂O₅，kg/hm²）
极低	≤10	65～70
低	10～30	55～60
中	30～50	40～55
高	50～120	20～45
极高	＞120	＜20

3. 钾肥用量的确定　钾肥的推荐用量需要考虑土壤供钾水平及菜心带走钾的数量（表 2 - 11 - 3）。钾肥分配原则：1/3 作为基肥施用，2/3 作为追肥，出第三片真叶时开始追肥，分 3～4 次施用，如果有机肥施用量较大可减少 15％的钾肥推荐量。同等肥力土壤，在冬季的速效钾测定值比夏季测定值低 100mg/kg 以上，

低温天气要增加钾肥的施用量。季节性差别对菜心生长和产量水平有较大影响，在炎热夏季要适当调减施钾量，以避免烧苗。

表 2 - 11 - 3　土壤钾分级及对应钾肥用量

肥力等级	速效钾（K，mg/kg）	钾肥用量（K_2O，kg/hm²）
极低	≤60	90～100
低	60～80	80～90
中	80～120	70～80
高	120～220	60～70
极高	>220	0

4. 中、微量元素用量的确定　菜心生产中除了重视氮、磷、钾肥外，还应适当补充中、微量元素，特别是钙和硼的施用。在不良的环境条件下，缺乏中、微量元素，往往会出现生理病而影响产量和品质（表 2 - 11 - 4 至表 2 - 11 - 6）。

表 2 - 11 - 4　土壤钙丰缺指标及对应用肥量

肥力等级	交换性钙含量（Ca，mg/kg）	钙肥用量（CaO，kg/hm²）
极低	<154	70～80
低	155～756	60～70
中	757～846	40～60
高	847～1 920	30～40
极高	>1 921	0

表 2 - 11 - 5　土壤镁丰缺指标及对应用肥量

肥力等级	交换性镁含量（Mg，mg/kg）	镁肥用量（MgO，kg/hm²）
极低	<50	30～35
低	51～175	25～30
中	176～243	20～25
高	244～280	15～20
极高	>281	0

表 2 - 11 - 6　土壤微量元素丰缺指标及对应用肥量

元素	提取方法	临界指标（mg/kg）	基施用量（kg/hm²）
Zn	DTPA	0.7	$ZnSO_4$，10～15
B	沸水	0.7	硼砂，9.0～12.0

三、施肥原则

根据蔬菜生长特性、土壤肥力、气候条件及目标产量确定总施肥量、各种养分配比、基肥与追肥的比例；根据施肥量与养分配比合理选配肥料种类和用量，进一步制定具体施肥方案，如基肥用量，追肥时间、用量、比例、次数等。

蔬菜对矿质营养三要素的吸收量，以氮、钾较多，磷较少。华南地区同等肥力的菜田，在冬季的土壤有效养分测定值比夏季测定值低得多，土壤有效养分适宜含量的范围比较大。针对华南地区高温多雨气候条件，土壤保肥能力差，土壤对磷的固定能力强，肥料利用率较北方低以及土壤酸性大等特点，提出以下施肥原则：

（1）根据季节性的气候变化调节施肥量，在炎热的夏季要适当调减施肥量。

（2）在低温天气或阴雨天要控制氮肥的施用，适当增加磷、钾肥的施用量。

（3）根据土壤保肥能力及养分供应量等土壤条件调节施肥量。

（4）铺设管网前将全生育期施肥总量 20%～30% 的氮肥，以及有机肥、磷肥、钙肥、镁肥和微量元素肥料作基肥，有机肥施用量要注意土壤质地，沙土应少施，黏土可多施，夏季少施，冬季多施，结合整地采取全层施肥。无机氮、钾肥或复合肥 70% 以上应用现代水肥一体化技术进行追肥，适当增加追肥次数。

四、施肥注意事项

1. 科学选用肥料品种　使用微灌专用型液体肥比较方便，要根据土壤养分、蔬菜品种及其生育期选择适宜的肥料种类和养分配方；也有多种可溶性化学肥料可选用，如氨水、硫酸铵、氯化铵、碳酸氢铵、硝酸铵、尿素、磷酸铵、硫酸锌、硫酸锰、硼酸、硝酸钾、硝酸钙、硫酸钾、硫酸镁、硫酸铜、螯合铁、钼酸铵等。

2. 科学确定施肥次数　追肥应当参考土壤肥力、蔬菜营养状况及天气进行。宜勤施薄施，至少 5d 需追肥 1 次，在晴好的天气及蔬菜生长旺盛时可每天或隔天追施少量水肥。

3. 科学确定施肥比例　选用氮肥时要注意选择适宜的铵态氮和硝态氮的比例。各种化学肥料不能任意混配，避免肥料混配后产生沉淀反应和引起养分损失或堵塞系统设备。配制肥料母液时肥料浓度要低于其饱和浓度，防止重结晶。化学肥料配制成水肥一体化肥料母液可否混合贮存可参考表 2-11-7。追肥时将肥料配制成母液放入贮存罐后，在滴灌时通过调节注射泵的水肥混合比例或控制肥料母液贮存罐阀门开关，使肥料母液以一定比例与灌溉水混合施入田间。注意水肥混合液的 EC 值最好应控制在 $0.5\sim1.5$mS/cm，不宜超过 3.0mS/cm。

4. 各种肥料一定要溶解混匀　施用液态肥料时不需要搅动或混合，一般固态肥料需要与水混合搅拌成液肥，必要时分离杂质，避免出现沉淀物堵塞灌溉系统等问题；在土壤中移动较慢、吸收利用率较低的磷、钙，溶解度低的微量元素，有机肥料宜作为基肥施用。易徒长的瓜豆类等蔬菜忌在基肥和生育前期过多施氮肥。有机肥可选用腐殖酸、黄腐酸、氨基酸等可溶性有机肥，也可用自制的有机肥沤腐液，有机肥沤腐液制作方法如下：将干鸡粪或花生麸等有机肥料和水按质量比 1∶4 搅匀后，置于带盖塑料桶内沤腐，每周搅动 1 次。当液体呈黑褐色时沤腐完成。一般情况下，冬季沤腐时间需 90d 以上，夏秋季 45d 以上。取上层清液倒入装有石英砂（沙粒大小 d=0.8mm～3.0mm）的塑料桶，桶内砂厚度约为 70cm，塑料桶底流出液出口处用孔径为 0.2mm 尼龙网过滤后收集滤液备用。鸡粪及花生麸沤腐液的 11 种养分浓度见表 2-11-8。

表 2 - 11 - 7　水肥一体化肥料母液可否混合贮存一览表

	氨水	硫酸铵	氯化铵	碳酸氢铵	硝酸铵	尿素	磷酸铵	硫酸镁	硫酸锌	硫酸锰	硼酸	硝酸钾	硝酸钙	磷酸钾
氨水														
硫酸铵	●													
氯化铵	○	○												
碳酸氢铵	○	○	○											
硝酸铵	○	○	○	○										
尿素	○	○	○	○	○									
磷酸铵	●	○	○	○	○	○								
硫酸镁	●	○	○	●	○	○	●							
硫酸锰	●	○	○	○	○	○	○	●						
硼酸	○	○	○	○	○	○	○	○	○					
硫酸锌	●	○	○	○	○	○	●	○	○	○				
硝酸钾	○	○	○	○	○	○	○	○	○	○	○			
硝酸钙	●	●	●	●	○	○	●	●	○	●	○	○		
磷酸钾	○	○	○	○	○	○	●	●	○	○	●	○	●	
硫酸铜	●	○	○	○	○	○	●	○	○	○	○	○	●	●

注：○可以混合；●不可以混合。

表 2 - 11 - 8　鸡粪及花生麸沤腐液的养分组成（mg/L）

（张承林，杨坤，2006 年）

项目	氨态氮	硝态氮	磷	钾	钙	镁	铁	锰	锌	铜	硼
鸡粪沤腐液	230	31	6.2	157	43	17	6.8	0.51	0.15	0.08	0.03
花生麸沤腐液	950	29	8.6	24	23	25	0.4	0.12	0.23	0.03	0.03

注：沤腐液样品用120目尼龙网过滤后，滤液在80℃下烘干后称量，测定计算出沤腐液中的各种养分含量。

（张白鸽　曹　健）

<<< 参 考 文 献 >>>

北京爱琴海乐之技术有限公司 . Note Express V 3.0 功能图解 ［Z］.
　201436.

曹健，陈琼贤，张白鸽，等，2013. 蔬菜水肥一体化技术规程 ［N］. DB
　44/T 1245—2013.

陈琼贤，曹健，高惠楠，等，2011. 大田蔬菜水肥一体化技术操作规程 ［J］.
　广东农业科学，38 (1)：83 - 84.

陈琼贤，吕业成，万云巧，等，2010. 菜心土壤速效磷丰缺指标及合理施
　磷量研究 ［J］. 华南农业大学学报，2：5 - 8.

赫新洲，吕业成，万云巧，等，2011. 菜园土壤速效钾丰缺指标及合理施
　钾量研究 ［J］. 华南农业大学学报 (4)：14 - 17.

黄文敏，李思训，武艳荣，2018. 水肥一体化灌溉施肥制度研究 ［J］. 西
　北园艺（综合）(5)：54 - 56.

李保明，2016. 施肥一体化实用技术 ［M］. 北京：中国农业出版社 .

李恺，尹义蕾，侯永，2018. 中国设施园艺水肥一体化设备应用现状及发
　展趋势 ［J］. 农业工程技术，38 (4)：16 - 21.

李寒松，贾振超，张锋，等，2018. 国内外水肥一体化技术发展现状与趋
　势 ［J］. 农业装备与车辆工程，56 (6)：13 - 16.

李建勇，张瑞明，朱恩，2019. 设施黄瓜水肥一体化生产技术操作规程 ［J］.
　上海农业科技 (2)：79 - 82.

李强，陈琼贤，范梅红，等，2010. 珠三角主菜区土壤速效钾状况调查及
　施钾量研究 ［J］. 广东农业科学，10：87 - 89，96.

李强，陈琼贤，吕业成，等，2010. 珠三角主菜区土壤速效磷状况调查及
　施磷效应研究 ［J］. 广东农业科学，5：73 - 76.

李永梅，陈学东，李锋，等，2018. 我国水肥一体化技术发展研究 ［J］.
　宁夏农林科技，59 (9)：51 - 53.

唐振红，2016. 设施蔬菜水肥一体化技术应用探究 ［J］. 农业工程技术，
　36 (26)：39.

易文裕，程方平，熊昌国，等，2017. 农业水肥一体化的发展现状与对策
　分析 ［J］. 中国农机化学报，38 (10)：111 - 115.

王丹，2019. 水肥一体化对肥料的要求解析 [J]. 农业与技术，39（05）：40-41.

王春蕾，2018. 奉贤区蔬菜生产水肥一体化技术应用现状 [J]. 上海蔬菜，5：71-75.

吴松，李国辉，2018. 水肥一体化灌溉系统中的施肥设备 [J]. 农业技术与装备（10）：78-80.

张白鸽，陈琼贤，曹健，等，2011. 珠三角主菜区土壤交换性钙、镁的丰缺指标及分布特征 [J]. 华南农业大学学报，32（2）：25-29.

赵春江，郭文忠，2017. 中国水肥一体化装备的分类及发展方向 [J]. 农业工程技术，37（7）：10-15.

张承林，杨坤，2006. 由滴灌系统施用鸡粪和花生麸沤腐液对番茄生长的影响 [J]. 华南农业大学学报，27（1）：25-28.

郑育锁，2012. 蔬菜水肥一体化技术模式下肥料的选择与施用 [J]. 天津农林科技（1）：21-23.

周杰，杨景文，马良，等，2018. 基于物联网的水肥一体化技术 [J]. 资源节约与环保（10）：106-107.

第十二章
设施环境下病虫害综合防控技术

第一节　主要病害介绍

一、番茄黄化曲叶病

（一）发生与危害

番茄黄化曲叶病是番茄上的一种毁灭性病毒病，在世界各地都有报道，2004 年首次在广州花都区发现，目前已经流行于广州、佛山、茂名、梅州、惠州和汕头等番茄种植产区。番茄黄化曲叶病主要造成番茄花叶、卷叶、黄化、皱缩等症状，后期番茄植株明显矮小，果实畸形。

在设施环境内，番茄黄化曲叶病全年都可发生，危害程度与管理水平、防治措施、番茄品种、烟粉虱数量直接相关。

（二）病原与传播规律

引起番茄黄化曲叶病的主要病原是一类植物病毒，该类植物病毒属于菜豆金色花叶病毒属（*Begomovirus*），在全国已经发现至少 7 种该类病毒可以引起番茄黄化曲叶病，而在广东主要有番茄黄化曲叶病毒、台湾番茄曲叶病毒、广东番茄黄化曲叶病毒和广东番茄曲叶病毒。该类病毒由烟粉虱以持久方式传播，即一旦获毒将终身带毒。烟粉虱若虫和成虫通过取食发病植株汁液获得病毒，然后再取食健康植株传播病毒。番茄收获后，烟粉虱转而取食杂草等中间寄主植物，待番茄再次种植时，又开始新的侵染循环。另外，番茄黄化曲叶病还可通过嫁接传播，而不能通过机械摩擦和种子传播。

（三）防治措施

在植物病毒学家和遗传育种学家的共同努力下，人们对番茄黄化曲叶病的发生规律、传播途径和抗病基因已经有了深入的理解和挖掘，并通过杂交育种筛选获得了多个抗番茄黄化曲叶病的优良抗性品种。番茄黄化曲叶病的防治要以预防为主，综合防治。

（1）种植抗病番茄品种。如金钻王1号、金霸王、以色列307石头王、苏红9号、迪芬尼、佳西娜、格利、荷兰6号、迪抗等。

（2）控制烟粉虱数量。在棚内悬挂黄色粘虫板，并选用啶虫脒、溴氰虫酰胺、螺虫乙酯等药剂进行杀虫。

（3）清除棚内外杂草等病毒中间寄主植物。

（4）设置专门育苗房，防止番茄植株苗期感病。

（5）喷施植物病毒防治药剂提高番茄自身免疫力。可在发病初期每亩喷施5％氨基寡糖素水剂80～100mL、1％香菇多糖水剂100～120mL、8％宁南霉素水剂75～100mL、30％毒氟磷可湿性粉剂90～110g。

二、青枯病

（一）发生与危害

青枯病是我国南方热带及亚热带地区茄子、辣椒和番茄上的一种毁灭性病害，是一种土传细菌性病害，在广东省各蔬菜主产区均有发生，露地病株率10％～30％，严重时可达50％以上。青枯病造成的症状主要包括整株叶片萎蔫、枯死，叶片呈现灰绿色，茎基部木质部维管束变褐并向上蔓延，放到清水中会有白色黏液溢出。

设施环境下青枯病发病率与管理水平、种植模式和品种抗病性直接相关，水肥一体化可以大大减轻青枯病的发生。

（二）病原与传播规律

引起青枯病的病原菌是一种细菌，学名茄科劳尔氏菌（*Ral-*

stonia solanacearum），俗称青枯菌，属伯克氏菌目劳尔氏菌科劳尔氏菌属。青枯菌又演化出不同的生理小种，不同作物上的青枯菌分属于不同的生理小种。侵染广东茄子的青枯菌主要是 1 号生理小种，而广东番茄上青枯病病原主要为青枯菌 1 号和 3 号生理小种。

青枯菌潜伏在土壤中的病株残体内，当有茄子、辣椒和番茄等寄主植物时便会由植株的伤口以及气孔侵入到植物体内，再通过维管束侵染到植株其他部位，最终造成整株萎蔫。青枯病在田间的蔓延主要依靠灌溉水和雨水的流动将青枯菌从病株带到健康植株。

（三）防治措施

（1）种植抗青枯病品种。比如番茄新星 101、益丰 2 号、金瑞等，茄子农夫长茄、长丰 2 号紫长茄、紫荣 6 号、华育 2 号紫长茄，辣椒粤辣 19、中辣 6 号、辣优 16、辣优 15 等。

（2）对种子、苗床以及土壤进行消毒，杀灭青枯菌。

（3）与非茄科作物轮作。

（4）加强棚内管理。及时清理病株；采用高畦栽培，保持土壤湿度均匀，疏松透气；增施微生物菌肥，提高植株抗病性。

（5）药剂防治。发病初期可用蜡质芽孢杆菌可湿性粉剂、多黏类芽孢杆菌细粒剂进行灌根。

三、霜霉病

（一）发生与危害

霜霉病是一种非常流行的气传真菌性病害，具有来势凶、传播快、发病重等特点，如不加以防治将造成毁灭性的损失。在广东省霜霉病发病非常普遍，各地蔬菜产区均有发生。霜霉病一般侵染叶片，发病初期叶片呈现不规则褪绿斑，进而扩展为黄色不规则病斑。高湿度环境下叶片背面首先呈现水渍状，然后长出灰黑色霉层。发病后期，叶片病斑逐渐扩大，并呈现出铁锈色。发病严重时，叶片病斑相连，最后卷曲干枯。

（二）病原与传播规律

霜霉病的致病菌是专性寄生真菌古巴假霜霉菌（*Pseudopero-*

nospora cubensis），属藻菌纲霜霉目霜霉科假霜霉属。

霜霉菌由叶片气孔侵入植株体内开始萌发，孢子囊成熟后，借助气流和雨水等传播。霜霉病的发生与温、湿度有很大关系，最适温度20～24℃，最适相对湿度80%以上，所以多雨、多雾、有晨露的天气霜霉菌特别容易萌发引起霜霉病。

（三）防治措施

（1）种植抗病品种。不同的品种对霜霉病的抗性差异巨大，所以尽量选用抗病优质品种。

（2）加强棚内管理。及时清理病叶，适时调节棚内温、湿度，控制霜霉菌生长条件。

（3）药剂防治。发病初期，每亩选用25%甲霜·霜霉威可湿性粉剂150～180g、10%吡唑醚菌酯微乳剂75～100mL、50%烯酰吗啉可湿性粉剂35～40g、80%嘧菌酯水分散粒剂10～15g或80%代森锰锌可湿性粉剂150～200g等，每隔7～10d喷施1次，连续防治2～3次，并注意药剂的轮换使用。

四、白粉病

（一）发生与危害

白粉病是一种常见的真菌性病害，可危害黄瓜、苦瓜、豆角、茄子等众多瓜果蔬菜，在广东各蔬菜产区都有发生。白粉病主要危害叶片，发病初期在叶片正面出现不规则褪绿斑，背面产生灰白色霉点，后期形成近圆形病斑，适宜条件下病斑相连成片，导致整个叶片覆盖一层白粉状物。

（二）病原与传播规律

引起白粉病的病原菌是活体专性寄生真菌粉孢属真菌（*Oidium* sp.），属半知菌亚门丝孢纲粉孢属。

温暖湿润环境下白粉病容易爆发，最适发病温度为16～25℃，相对湿度80%以上，田间通风不良、透光性差、隐蔽繁茂会加重病情。白粉病病原菌以子囊孢子进行初侵染，发病后产生分生孢子，进行再侵染。初侵染后所生成的分生孢子，借风雨或农事操作向周围扩散蔓延。一个生长季病菌可以进行多次再侵染，使病害不断加重。

（三）防治措施

（1）选用抗病品种。选用适合本地气候并且性状优良的抗病品种。

（2）轮作。与非瓜类作物轮作。

（3）加强管理。及时清除病叶、病株，深埋或烧毁。合理整枝，适时摘除部分老叶提高通风和光照。

（4）控制棚内温湿度。阴雨天气注意排水，降低棚内湿度。

（5）药剂防治。发病初期，每亩可选用 250g/L 戊唑醇水乳剂 25～30mL、42%苯菌酮悬浮剂 25mL、10%苯醚甲环唑水分散粒剂 70～100g，叶片正反面都要打到，并注意轮换使用。注意打药之前要把病叶摘除。

五、黄瓜枯萎病

（一）发生与危害

黄瓜枯萎病又称蔓割病、死藤病，是一种危害性极强的土传真菌病害。黄瓜枯萎病是广东省黄瓜生产上的主要病害之一，在黄瓜种植主产区都有发生。田间的发病率一般在 20%左右，严重时可达到 50%。黄瓜枯萎病在黄瓜整个生长周期均可发病，尤其是在黄瓜开花结果时期发病更重。黄瓜枯萎病可造成叶片变黄、萎蔫，最后整株枯死。

（二）病原与传播规律

黄瓜枯萎病的病原菌是尖孢镰刀菌黄瓜专化型（*Fusarium oxysporum* f. sp. *Cucumerinum*），在我国普遍流行的是 4 号生理小种。

黄瓜枯萎病菌对环境适应能力极强，在各种环境下均可生长，环境温度在 23～29℃和酸性土壤条件下黄瓜枯萎病菌生长尤其迅速。黄瓜枯萎病菌可以通过土壤、肥料和种子进行传播，首先侵染黄瓜的根部伤口或根尖，进而通过黄瓜维管束传至整株。黄瓜枯萎病菌以菌丝体或厚垣孢子在土壤或未经腐熟的有机肥中越冬或度过无寄主植物期，成为下一次的初侵染源。

（三）防治措施

（1）轮作。将黄瓜与非瓜类作物实行轮流种植。

（2）种植抗病品种。如粤秀3号、力丰黄瓜、早青4号等。

（3）加强管理。深翻土壤，高畦起垄；施足腐熟有机肥及适量的复合肥做基肥，结瓜后及时追肥；清沟排水。

（4）种子消毒。①将种子浸泡在55℃温水中或用70％甲基硫菌灵500～800倍液浸泡种子；②用50％多菌灵盐酸盐800倍液＋0.1％消菌液浸泡种子。

（5）药剂防治。发病初期，每亩可用2％春雷霉素可湿性粉剂673～900g或6％春雷霉素200～300g、50％甲基硫菌灵悬浮剂60～80g（喷雾）或3％甲霜·噁霉灵水剂500～700倍液灌根。

六、黄瓜炭疽病

（一）发生与危害

黄瓜炭疽病是黄瓜上常见的重要病害之一，在广东各个黄瓜主产区都有发生。黄瓜炭疽病是一种真菌病害，在黄瓜整个生长周期内均可发病，中后期发病尤其严重。发病初期，病叶产生淡黄色圆形小点，随后病斑扩大呈现黑褐色轮状，天气干燥情况下，病斑容易穿孔破裂。瓜蔓和叶柄上的病斑呈现深褐色凹陷状，湿度大时病斑处会有红色黏液溢出。

（二）病原与传播规律

黄瓜炭疽病的病原菌主要是炭疽菌，属于半知菌亚门炭疽菌属。

高温、高湿、多雨条件有利于黄瓜炭疽病发病，病原菌以菌丝体或未成熟的分生孢子盘在病残组织或者土壤中越冬，也可附着在蔬菜温室大棚设施上存活。当温度、水分合适条件下分生孢子开始萌发，借助风力、灌溉、雨水、昆虫及农事操作进行传播，种子带菌也是炭疽病发病原因之一。

（三）防治措施

（1）轮作。将黄瓜与非瓜类如蒜葱类作物实行轮流种植。

（2）种植抗病品种。目前适合南方种植的抗黄瓜炭疽病品种较少，已知的只有早青 2 号。

（3）加强管理。深翻土壤，高畦起垄；施足腐熟有机肥及适量的复合肥做基肥，结瓜后及时追肥；清沟排水。

（4）种子消毒。①将种子浸泡在 55℃温水中或用 70％甲基硫菌灵 500～800 倍液浸泡种子；②用 50％多菌灵盐酸盐 800 倍液＋0.1％消菌液浸泡种子。

（5）药剂防治。50％甲基硫菌灵可湿性粉剂 800 倍液或 2％农抗 120 水剂 200 倍液防治，每隔 7～10d 喷 1 次，连喷 2～3 次。

七、烟草花叶病毒

（一）发生与危害

烟草花叶病毒（*Tobacco mosaic virus*，TMV）是危害番茄和辣椒的主要病毒之一，在全世界范围内广泛分布，可以侵染众多单子叶和双子叶植物。TMV 可以在番茄的整个生长周期进行系统侵染，造成的症状包括叶片黄化、皱缩，叶片呈现锯齿状，整株发育迟缓矮化，严重时叶片卷曲、蕨叶，产量大幅降低。

（二）病原与传播规律

TMV 属于杆状病毒科（Virgaviridae）烟草花叶病毒属（*Tobamovirus*），该属的病毒都极易通过机械摩擦传播，农事操作、病株与健康株之间的轻微摩擦也可以传播 TMV。TMV 还可以通过种子带毒传播，而且是 TMV 长距离传播的主要方式。TMV 病毒粒子极其稳定，可以在土壤或其他植物残体中存活数年之久，这也是 TMV 传播和扩散的主要毒源。

（三）防治措施

（1）选育抗病品种。

（2）种子消毒处理。10％磷酸三钠浸泡种子 1h，或者 70℃干热处理。

（3）加强田间管理。种植期内加强肥水管理，提高植株抗病力，及时清除病株，并清理干净病株残体。

（4）施用植物生长调节剂和抗病毒药物。适当喷施锌、硼、钙等叶面肥，促进植物生长，提高植株自身抗病力。番茄生长早期可以喷施病毒病预防药剂，如氨基寡糖素，既可以提高植株本身的抵抗力，也可以起到钝化病毒的作用。

八、黄瓜花叶病毒

（一）发生与危害

黄瓜花叶病毒（*Cucumber mosaic virus*，CMV）是危害黄瓜、番茄、辣椒等众多蔬菜、果树和园艺作物的病毒，在全世界范围内分布极其广泛，被列为全世界十大植物病毒之一。CMV 侵染之后，在不同的植物上产生的症状也有所不同，主要表现出矮化、畸形、花叶等症状，在番茄上会产生蕨叶等症状。

（二）病原与传播规律

CMV 属于雀麦花叶病毒科（Bromoviridae）黄瓜花叶病毒属（*Cucumovirus*）。CMV 的寄主极其广泛，能侵染 1 000 多种单、双子叶植物。CMV 主要依靠蚜虫和种子带毒来传播。

（三）防治措施

（1）选育抗病品种。

（2）种子消毒处理。10％磷酸三钠浸泡种子 1h，或者 70℃干热处理。

（3）加强田间管理。种植期内加强肥水管理，提高植株抗病力，及时清除病株，并清理干净病株残体。利用杀虫板、诱虫灯或遮虫网对蚜虫等传毒昆虫进行扑杀隔离。

九、辣椒疫病

（一）发生与危害

辣椒疫病是一种致命的真菌病害，具有发病快、传染性强的特点，辣椒疫病在广东乃至华南地区普遍发生，对辣椒产业造成了巨大的危害。辣椒疫病在辣椒整个生长周期都可发病，苗期感病会造成茎基部呈现绿色水渍状或猝倒，幼苗枯萎而死；成株期感病位置通常在茎干底部以及枝杈部位，早期呈现深绿色水渍状，后期变成深褐色，病变部分皮层腐烂；感病植株叶子自下而上逐渐枯死；根变成棕色，最后整株枯死。

（二）病原与传播规律

辣椒疫病是由真菌辣椒疫霉引起的，该真菌与霜霉病病原菌属同鞭毛菌亚门。

相对湿度高于 85％的时候辣椒疫病容易爆发，所以多雨潮湿天气以及农田灌溉有利于辣椒疫病的流行。辣椒疫病以卵孢子和厚垣孢子在土壤中的病残体内越冬，当条件合适的时候萌发形成游动孢子，侵染植物的根、茎、叶等，在侵染部位产生大量的孢子囊和游动孢子，借助雨水、灌溉水进行传播。

（三）防治措施

（1）选育抗病品种。

（2）轮作。辣椒疫病在土壤中可存活 2～3 年，连续种植辣椒、茄子、番茄等茄科作物会加重辣椒疫病的发生，可以选择与玉米、大豆、十字花科作物或是葱、姜、蒜等轮作，以减少辣椒疫病的存菌量，降低发病率。

（3）加强田间管理。种植期内加强肥水管理，提高植株抗病力，及时清除病株，并清理干净病株残体。科学灌溉，防止大水漫灌，雨后及时排水。

（4）种子消毒。使用 25％甲霜灵可湿性粉剂与细土等量混合，播种后用药土覆盖。

（5）药剂防治。苗期预防，以甲霜灵、杀毒矾进行灌根，杀除土壤病菌。成株期进行根部冲洗和药液喷雾，开花后可以使用 25％甲霜灵可湿性粉剂 500 倍液、64％噁霜锰锌可湿性粉剂。雨季期要重复喷洒以控制和预防。

（李正刚）

第二节　主要虫害介绍

一、烟粉虱 [*Bemisia tabaci*（Gennadius）]

烟粉虱又称为棉粉虱、甘薯粉虱。

1. 形态特征　粉虱的分类鉴定是根据粉虱四龄若虫后期的拟蛹特征来进行，其中拟蛹腹部端节背面的皿状孔的特征是分类的重要依据。成虫体翅覆盖白蜡粉，虫体淡黄至白色，复眼红色。烟粉虱的大小随寄主有差异，雌虫体长 0.81～0.91mm，雄虫体长 0.71～0.85mm，两翅合拢时，呈屋脊状。通常两翅中间可见到黄色的腹部。卵为长椭圆形，顶部尖，端部卵柄插入叶片中，以获得水分避免干死。卵变色均由顶部开始逐渐扩展到基部，烟粉虱的卵色为白到黄或琥珀色，近孵化时为褐色。若虫长椭圆形，淡绿色至黄白色，伪蛹为四龄若虫，蛹壳扁平椭圆形，黄色，背面中央隆起。

2. 危害特点　成虫、若虫刺吸作物汁液，尤其偏好番茄、茄子、瓜类作物，在葡萄上较少危害。卵能吸收叶片水分，使作物叶片褪绿萎蔫甚至枯死，能传染多种病毒病，诱发煤污病，造成作物严重减产。

3. 防治措施

（1）物理防治。悬挂黄板，能有效吸引烟粉虱，降低温室内危害基数；铺设反光地布，能改变烟粉虱的生存环境，茬口期对温室闷棚，消灭温室内残余成虫、若虫和卵，营造无虫环境。

（2）生物防治。胡瓜钝绥螨、斯氏钝绥螨等捕食螨能捕食烟粉虱卵和一龄若虫，刀角瓢虫、草蛉、丽蚜小蜂等都对烟粉虱起到良好的控制作用。

（3）化学防治。使用50％螺虫乙酯悬浮剂 4 000 倍液、10％溴氰虫酰胺悬浮剂 2 000 倍液、60％呋虫胺水分散粒剂 3 000 倍液。

二、二斑叶螨（*Tetranychus urticae* Koch）

1. 形态特征　雌成螨呈卵圆形，体长 0.45～0.55mm，宽

0.30～0.35mm，除越冬代滞育个体为橘红色外，均呈黄白色或浅绿色，足及颚体白色，体躯两侧各有 1 个褐斑，其外侧三裂，呈横"山"字形，背毛 13 对；雄成螨身体略小，体长 0.35～0.40mm，宽 0.20～0.25mm，淡黄色或黄绿色，体末端尖削，背毛 13 对，阳茎端锤十分微小，两侧的突起尖锐，长度约等。卵圆球形，有光泽，直径 0.1mm，初产时无色，后变成淡黄色或红黄色，临孵化前出现 2 个红色眼点。幼螨半球形，淡黄色或黄绿色，足 3 对，眼红色，体背上无斑或斑不明显。若螨椭圆形，黄绿色或深绿色，足4 对，眼红色，体背 2 个斑点。

2. 危害特点　二斑叶螨主要寄生在叶片的背面取食，刺穿细胞，吸取汁液。受害叶片先从近叶柄的主脉两侧出现苍白色斑点，随着危害的加重，可使叶片变成灰白色至暗褐色，抑制光合作用的正常进行，严重者叶片焦枯以至提早脱落。取食中的二斑叶螨每隔30min 把相当于身体 25％的水分通过后肠以尿的形式排出。另外，该螨还释放毒素或生长调节物质，引起植物生长失衡，以致有些幼嫩叶呈现凹凸不平的受害状，大发生时树叶、杂草、农作物叶片一片焦枯现象。二斑叶螨有很强的吐丝结网集合栖息特性，有时结网可将全叶覆盖起来，并罗织到叶柄，甚至细丝还可在树株间搭接，螨顺丝爬行扩散。

3. 防治措施

（1）生物防治。使用捕食螨能有效控制二斑叶螨发生数量，在发生前期释放捕食螨最佳。

（2）化学防治。苤口期使用硫制剂防治，效果良好。在发病期使用 1.8％阿维菌素乳油 3 000 倍液、43％联苯菊酯悬浮剂 2 500倍液、15％哒螨灵乳油 3 000 倍液、34％螺螨酯悬浮剂 4 000 倍液均匀喷洒。

三、斜纹夜蛾［*Spodoptera litura*（Fabricius）］

1. 形态特征　成虫前翅灰褐色，内横线和外横线灰白色，呈波浪形，有白色条纹，环状纹不明显，肾状纹前部呈白色，后部呈黑色，环状纹和肾状纹之间有 3 条白线组成明显的较宽的斜纹，自翅基部向外缘还有 1 条白纹。后翅白色，外缘暗褐色。卵半球形，直径约 0.5mm；初产时黄白色，孵化前呈紫黑色，表面有纵横脊纹，数十至上百粒集成卵块，外覆黄白色鳞毛。老熟幼虫体长 38～51mm，夏秋虫口密度大时体瘦，黑褐或暗褐色；冬春数量少时体肥，淡黄绿或淡灰绿色。蛹长 18～20mm，长卵形，红褐至黑褐色。腹末具发达的臀棘 1 对。中国从北至南一年发生 4～9 代。以蛹在土中蛹室内越冬，少数以老熟幼虫在土缝、枯叶、杂草中越冬。南方冬季无休眠现象。发育适温 28～30℃，不耐低温，长江以北地区大都不能越冬。各地发生期的迹象表明此虫有长距离迁飞的可能。成虫具趋光和趋化性。卵多产于叶片背面。幼虫共 6 龄，有假死性。四龄后进入暴食期，猖獗时可吃尽大面积寄主植物叶片，并迁徙他处危害。天敌有小茧蜂、广大腿蜂、寄生蝇、步行虫以及多角体病毒、鸟类等。

2. 危害特点 取食作物叶片、茎、果实，四龄后进入暴食期，可把叶片嚼食至只剩叶脉。

3. 防治措施 化学防治，使用 0.5％甲氨基阿维菌素苯甲酸盐微乳剂 1 000 倍液、150g/L 茚虫威悬浮剂 3 000 倍液、20％虫酰肼悬浮剂 3 000 倍液、10％虱螨脲乳油 3 000 倍液均匀喷洒。

四、蓟马

(一) 棕榈蓟马 (*Thrips palmi* Karny)

1. 形态特征 雌虫体长 1.00mm，全体黄色，包括足和翅，头长 72μm，触角 7 节，第三和第四节上有叉状感觉锥。单眼间鬃位于单眼间外缘连线之外。前胸、后角鬃粗长；后缘鬃 3 对，内侧的 1 对最长。后胸盾片前中部有 7～8 条横纹，其后及两侧为较密纵纹；前缘鬃在前缘上，前中鬃不靠近前缘；有 1 对亮孔（钟感器）。前翅上脉鬃不连续，基部鬃 7 根，端鬃 3 根；下脉鬃连续，12 根。腹部第二节背片侧缘纵列鬃 4 根；节Ⅷ背片后缘梳完整。

2. 危害特点 棕榈蓟马是设施蔬菜生产的一大威胁，主要危害瓜类蔬菜。作物受害后的嫩叶出现斑点，植株呈萎缩和丛生；受害的幼瓜表皮粗糙呈现锈褐色疤痕并生长缓慢、瘦小畸形甚至脱落，造成产量和品质下降。棕榈蓟马还可以持久性的方式传播病毒，如番茄斑萎病毒（TSWV）和花生黄斑病毒（PYSV）。

3. 防治措施

（1）生物防治。喷施 150 亿个孢子/g 白僵菌可湿性粉剂 800 倍液，可以有效防治棕榈蓟马的发生。

（2）化学防治。使用 60% 烯啶·呋虫胺悬浮剂 3 000 倍液、25g/L 多杀霉素悬浮剂 1 500 倍液、21% 噻虫嗪悬浮剂 3 000 倍液均匀喷洒，使用化学药剂防治时，应注意基质和植株都需要均匀喷洒。

（二）茶黄蓟马（*Scirtothrips dorsalis* Hood）

1. 形态特征　雌虫体长 0.9mm，体橙黄色。触角 8 节，暗黄色，第三、四节上有锥叉状感觉圈。复眼暗红色。前翅橙黄色，近基部有一小淡黄色区。腹部背片第二至八节有暗前脊，但第三至七节仅两侧存在，前中部约 1/3 暗褐色。腹片第四至七节前缘有深色横线。头宽约为长的 2 倍，短于前胸。雄虫触角 8 节，第三、四节有锥叉状感觉圈。下颚须 3 节。前胸宽大于长，背片布满细密的横纹，后缘有鬃 4 对。腹部第二至八节背片两侧 1/3 有密排微毛，第八节后绿梳完整。卵肾形，长约 0.2mm，初期乳白，半透明，后变淡黄色。初孵若虫白色透明，复眼红色，触角粗短，以第三节最大，头、胸约占体长的一半，胸宽于腹部。二龄若虫体长 0.5～0.8mm，淡黄色，触角第一节淡黄色，其余暗灰色，中后胸与腹部等宽，头、胸长度略短于腹部长度。三龄若虫（前蛹）黄色，复眼灰黑色，触角第一、二节大，翅芽白色透明，伸达第三腹节。四龄若虫（蛹）黄色，复眼前半红色，后半部黑褐色。触角倒贴于头及前胸背面，翅芽伸达第四腹节（前期）至第八腹节（后期）。

2. 危害特点　以成虫、若虫锉吸危害茶树新梢嫩叶，受害叶片背面主脉两侧有 2 条至多条纵向内凹的红褐色条纹，严重时叶背呈现一片褐纹，条纹相应的叶正面稍凸起，失去光泽，后期芽梢出现萎缩，叶片向内纵卷，叶质僵硬变脆。

3. 防治措施　参照棕榈蓟马。

（三）烟蓟马（*Trips tabaci* Lindeman）

烟蓟马又名葱蓟马。

1. 形态特征　成虫体长 1.2～1.4mm，两种体色，即黄褐色和暗褐色，前翅淡黄色，腹部第二至八背板较暗，前缘线暗褐色，头宽大于长，触角 7 节，第三、四节上具叉状感觉锥。前胸稍长于头，后角有 2 对长鬃。中胸腹板内叉骨有刺，后胸腹板内叉骨无刺。卵 0.29mm，初期肾形，乳白色，后期卵圆形，黄白色，可见红色眼点。若虫共 4 龄，各龄体长为 0.3～0.6mm、0.6～0.8mm、1.2～1.4mm 及 1.2～1.6mm，体淡黄，触角 6 节，第四节具 3 排微毛，胸、腹部各节有微细褐点，点上生粗毛。四龄翅芽明显，不取食；但可活动，称伪蛹。

2. 危害特点　以若虫、成虫在叶背吸食汁液，使叶面现灰白色细密斑点或局部枯死，影响植株生长发育。

3. 防治措施　参照棕榈蓟马。

五、小菜蛾［*Plutella xylostella*（Linnaeus）］

1. 形态特征　成虫体长 6～7mm，翅展 12～16mm，前后翅细长，缘毛很长，前后翅缘呈黄白色三度曲折的波浪纹，两翅合拢时呈 3 个接连的菱形斑，前翅缘毛长并翘起如鸡尾。触角丝状，褐色有白纹，静止时向前伸。雌虫较雄虫肥大，腹部末端圆筒状，雄虫腹末圆锥形，抱握器微张开。卵椭圆形，稍扁平，长约 0.5mm，宽约 0.3mm，初产时淡黄色，有光泽，卵壳表面光滑。

2. 危害特点　初龄幼虫仅取食叶肉，留下表皮，在菜叶上形成一个个透明的斑，三至四龄幼虫可将菜叶食成孔洞和缺刻，严重时全叶被吃成网状。在苗期常集中心叶危害，影响包心。在留种株上，危害嫩茎、幼荚和籽粒。

3. 防治措施

（1）物理防治。小菜蛾有趋光性，使用杀虫灯可以有效诱杀，减少虫源基数。

（2）生物防治。使用 16 000IU/mg 苏云金杆菌粉剂 600 倍液，可以有效防治小菜蛾幼虫。

（3）化学防治。5％甲氨基阿维菌素苯甲酸盐水分散粒剂 1 000 倍液、40％氰虫·啶虫脒悬浮剂 2 000 倍液、150g/L 茚虫威悬浮剂 1 500 倍液均匀喷洒。

六、菜粉蝶 ［*Pieris rapae*（Linne）］

菜粉蝶又称菜青虫。

1. 形态特征　成虫，体长 12～20mm，翅展 45～55mm。雄虫体乳白色，雌虫略深，淡黄白色。雌虫前翅前缘和基部大部分为黑色，顶角有 1 个大三角形黑斑，中室外侧有 2 个黑色圆斑，前后并列；后翅基部灰黑色，前缘有 1 个黑斑，翅展开时与前翅后方的黑斑相连接。雄虫前翅止面灰黑色部分较小，翅中下方的 2 个黑斑仅前面一个较明显。成虫常有雌雄二型，更有季节二型的现象，即有春型和夏型之分，春型翅面黑斑小或消失，夏型翅面黑斑显著，颜色鲜艳。卵散生，竖立呈瓶状，高约 1mm，短径 0.4mm，初产时淡黄色，后变为橙黄色，孵化前为淡紫灰色，卵壳表面有许多纵横列的脊纹，形成长方形的小格。幼虫，即俗称的菜青虫。幼虫共 5 龄，末龄幼虫体长 28～35mm。幼虫初孵化时灰黄色，后变青绿色，体圆筒形，中段较肥大，背部有一条不明显的断续黄色纵线，气门线黄色，每节的线上有两个黄斑，体密布细小黑色毛瘤，各体节有 4～5 条横皱纹。蛹长 18～21mm，纺锤形，两端尖细，中部膨大而有棱角状突起，体色随化蛹时的附着物而异，有绿色、淡褐色、灰黄色等。雄蛹仅第九腹节有 1 生殖孔，雌蛹第八、九节分别有 1 交尾孔和生殖孔。

2. 危害特点　幼虫咬食寄主叶片，二龄前仅啃食叶肉，留下一层透明表皮，三龄后蚕食叶片孔洞或缺刻，严重时叶片全部被吃光，只残留粗叶脉和叶柄，造成绝产，易引起白菜软腐病的流行。排出的粪便还污染菜心，使蔬菜品质变坏，并引起腐烂，降低蔬菜的产量和品质。

3. 防治措施

（1）生物防治。设施温室内菜粉蝶的天敌有隐翅虫、茧蜂、小蜂等，保护天敌充分起到生态调控的作用，使用 15 000IU/mg 苏云金杆菌水分散粒剂在发生前期能有效防治菜粉蝶的发生。

（2）化学防治。菜粉碟的抗性在多个地区已经非常严重，应当谨慎使用化学农药，替换性使用农药，使用 10％高效氯氟氰菊酯水乳剂 3 000 倍液、5％阿维菌素微囊悬浮剂 1 500 倍液、0.3％苦参碱水剂 800 倍液均匀喷洒。

七、美洲斑潜蝇 (*Liriomyza sativae* Blanchard)

美洲斑潜蝇又名蔬菜斑潜蝇、美洲甜瓜斑潜蝇、首楷斑潜蝇。

1. 形态特征 成虫额鲜黄色，侧额上面部分色深，甚至黑色，外顶鬃着生于黑色区域，内顶鬃着生于黑黄交界处，触角第三节黄色。中胸背板黑色，背中鬃 1＋3，鬃呈不规则 4 列，中侧片黑色区域大小有变化。翅长 1.3～1.7mm，M_{3+4} 脉末段长是次末段长的 3～4 倍。足基节、腿节鲜黄色，胫节、跗节色深。雄虫外生殖器端阳体豆荚状，柄部短。幼虫后气门每侧具 3 个孔突和开口。

2. 危害特点 成虫吸取植株叶片汁液；卵产于植物叶片叶肉中；初孵幼虫潜食叶肉，主要取食栅栏组织，并形成隧道，隧道端部略膨大；老龄幼虫咬破隧道的上表皮爬出道外化蛹。主要随寄主植物的叶片、茎蔓甚至鲜切花的调运而传播。

3. 防治措施 生物防治，利用寄生蜂防治，甘蓝斑潜蝇茧蜂 (*Opius dimidiatus* Ashmead)、潜蝇茧蜂 (*Opius dissitus* Mucscbeck)、底比斯釉姬小蜂 (*Chrysocharis pentheus* Walker)、异角亨姬小蜂 (*Hemiptaisenns varicornis* Girault) 等对美洲斑潜蝇都有良好的寄生防治作用。

八、种蝇 [*Delia platura* (Meigen)]

种蝇又名灰地种蝇、菜蛆、根蛆、地蛆。

1. 形态特征 成虫体长 4～6mm，雄稍小。雄体色暗黄或暗褐色，两复眼几乎相连，触角黑色，胸部背面具黑纵纹 3 条，前翅基背鬃长度不及盾间沟后的背中鬃之半，后足胫节内下方具 1 列稠密末端弯曲的短毛，腹部背面中央具黑纵纹 1 条，各腹节间有 1 黑色横纹。雌灰色至黄色，两复眼间距为头宽 1/3，前翅基背鬃同雄蝇，后足胫节无雄蝇的特征，中足胫节外上方具刚毛 1 根，腹背中央纵纹不明显。卵长约 1mm，长椭圆形，稍弯，乳白色，表面具网纹。幼虫蛆形，体长 7～8mm，乳白而稍带浅黄色；尾节具肉质突起 7 对，1～2 对等高，5～6 对等长。蛹长 4～5mm，红褐或黄褐色，椭圆形，腹末 7 对突起可辨。

2. 危害特点 以幼虫在土中危害播下的蔬菜（瓜类、豆类、十字花科蔬菜、菠菜、葱蒜等）种子，取食胚乳或子叶，引起种芽畸形、腐烂而不能出苗；钻食蔬菜根部，引起根茎腐烂或全株枯死。

3. 防治措施 对基质消毒，可使用 0.3% 苦皮藤素水乳剂、5% 二嗪磷颗粒剂、3% 辛硫磷颗粒剂对基质搅拌消毒；种子使用 600g/L 吡虫啉悬浮种衣剂拌种、或 25% 噻虫·咯·霜灵悬浮种衣剂、或 27% 精·咪·噻虫胺悬浮种衣剂拌种。

九、中喙丽金龟（*Adoretus sinicus* Burmeister）

1. 形态特征 前胸背板短阔，侧缘弧形。鞘翅上有 4 条不明显的隆起线夹有深褐色纵点，并有不甚明显的灰白色毛斑，端部常有 2 个较大的灰白毛斑。后足股节外侧有 2 个齿突。体腹面栗褐色，密生鳞毛。卵乳白色，近透明，初孵为椭圆形，长径 1.5～1.8mm，短径 1.0～1.2mm，发育后渐膨大至近球形。幼虫体长 16～18mm，头宽 2mm 左右，体淡黄色，头浅褐色，口器深褐色。臀节腹板复毛区稀疏排列扁钩状刚毛 35 根左右，其前端超过腹板中点。蛹前钩后尖，初为玉色，后渐变深呈淡黄色，近羽化时为黄褐色。

2. 危害特点 蛀食叶片。

3. 防治措施 对幼虫，使用 4.5% 敌百·毒死蜱颗粒剂、或 10%

毒死蜱颗粒剂、或 5％二嗪磷颗粒剂与基质充分搅拌。对成虫，使用黑光灯在夜间能有效诱集，使用 25g/L 联苯菊酯乳油 1 500 倍液、或 4.5％高效氯氰菊酯微囊悬浮剂 2 500 倍液、或 500g/L 丁醚脲悬浮剂 3 000 倍液均匀喷洒。

十、蚜虫

1. 形态特征 蚜虫体形较小，成虫体长 0.5～7.5mm，多为 1.0～4.0mm。体多椭圆形，有的长纺锤形或扁椭圆形，身体较柔软。蚜虫体色丰富多样，取食叶的蚜虫体色最为多样，大都为绿色、黄绿色至黄色，也有黄白色、褐色至黑色；虫瘿中的蚜虫多为淡绿色、乳白色、污绿色；植物茎或干上寄生的蚜虫大都为黄褐、红褐或土褐色，有的黄白色；许多蚜虫身体不同部位有不同的颜色，不同的龄期体色也有差别。蚜虫类有些种类体表覆盖有由蜡腺分泌的蜡粉或蜡丝。设施环境中常见的蚜虫有甘蓝蚜（*Brevicoryne brassicae*）、桃蚜（*Myzus persicae*）、豆长管蚜（*Macrosiphum pisi*）、菜蚜（*Lipaphisery simi*）。

2. 危害特点 多从植物的韧皮部吸取植物汁液，致使作物失去活力，并且分泌的蜜露容易带来煤污病，传播病毒。

3. 防治措施

（1）生物防治。蚜虫有众多天敌，如瓢虫、食蚜蝇、寄生蜂、食蚜瘿蚊、蟹蛛、草蛉及昆虫病原真菌绿僵菌等。在设施环境释放天敌，能有效控制蚜虫的发生。根据广东省农业科学院设施研究所的测定，每亩释放异色瓢虫 40～50 头，温室内蚜虫发生下降 90％。

（2）化学防治。可以选择矿物油、氰戊菊酯、溴氰菊酯、或氟啶虫胺腈均匀喷洒。

十一、橘小实蝇（*Bactrocera dorsalis* Hendel）

1. 形态特征 成虫体长 7～8mm，翅透明，翅脉黄褐色，有三角形翅痣。全体深黑色和黄色相间。胸部背面大部分黑色，但黄色的 U 形斑纹十分明显。腹部黄色，第一、二节背面各有 1 条黑色横带，从第三节开始中央有 1 条黑色的纵带直抵腹端，构成一个明显的 T 形斑纹。雌虫产卵管发达，由 3 节组成。卵梭形，长约 1mm，宽约 0.1mm，乳白色。幼虫蛆形，老熟时体长约 10mm，黄白色。蛹为围蛹，长约 5mm，全身黄褐色。

2. 危害特点 橘小实蝇喜爱危害瓜类、茄子、辣椒等果实，雌性成虫在果实接近成熟前产卵于果实内，幼虫孵化后在果内蛀食危害果肉，造成水果腐烂，或果实提早变黄，引起早落；另外，成虫产卵时在果实表面形成伤口，致使汁液大量溢出，伤口愈合后在果实表面形成疤痕，影响果品外观质量；成虫产卵所形成的伤口还易导致病原微生物的侵入，使果实腐烂落果。同一品种果实越接近成熟，被害的果实越多。

3. 防治措施 对橘小实蝇的防治必须贯彻"预防为主、综合防治"的方针，综合采取动态监测、农业防治、物理防治、化学药剂防治等各种防治方法。

（1）预防监测。使用性引诱瓶或含性诱剂的黄板，悬挂在温室，定期监测橘小实蝇的发生量，并起到诱杀橘小实蝇的作用。

（2）物理防治。套袋保果，在橘小实蝇常年发生的区域，实施幼果期套袋，保护果实不被害。

（3）化学防治。使用 5% 阿维·多霉素悬浮剂 1 500 倍液、或 55% 氯氰·毒死蜱乳油 1 000 倍液均匀喷洒，防治成虫。

有条件可以释放不育性雄虫。将橘小实蝇的蛹经上 ^{60}Co 射线上 ^{95}Gy 辐照处理，然后将羽化的不孕雄成虫释放到果园中去，使雌虫不孕不育。

（谭德龙）

<<< **参 考 文 献** >>>

曹金强，柴阿丽，谢学文，等，2016. 李宝聚博士诊病手记（九十九）番茄花叶病毒对番茄茎部和果实危害严重 [J]. 中国蔬菜（10）：84 - 86.

陈景芸，蔡平，张国彪，等，2011. 橘小实蝇发生与综合防治研究进展 [J].
  安徽农业科学，39（28）：17324－17326.

陈乃中，1999. 美洲斑潜蝇等重要潜蝇的鉴别 [J]. 昆虫知识，36（4）：
  222－226.

陈永华，2019. 辣椒疫病的发病原因及防治方法 [J]. 农家参谋（12）：97.

邓锋，2017. 浅谈黄瓜枯萎病的综合防治措施 [J]. 南方农业，11（20）：
  1－2.

韩运发，1997. 中国经济昆虫志·第五十五册·缨翅目 [M]. 北京：科学
  出版社.

胡敦孝，吴杏霞，2001. 烟粉虱和温室白粉虱的区别 [J]. 植物保护（5）：
  15－18.

高磊，2014. 中喙丽金龟形态特征补充描述及危害现状调查 [J]. 中国森
  林病虫（1）：17－20.

黄晓磊，乔格侠，2005. 蚜虫类昆虫生物学特性及蚜虫学研究现状（1）[J].
  生物学通报，40（11）：5－7.

李云瑞，2006. 农业昆虫学 [M]. 北京：高等教育出版社.

林平，1976. 中喙丽金龟和斑喙丽金龟的区别 [J]. 昆虫知识（5）：147－
  148.

孟和生，王开运，姜兴印，等，2001. 二斑叶螨发生危害特点及防治对策 [J].
  昆虫知识（1）：52－54.

那孜拉·哈拉别克，哈斯提尔·达吾烈提汗，2013. 打瓜白粉病综合防治 [J].
  农村科技（9）：31.

商泽宇，王文进，2018. 辣椒疫病的发生及综合治理 [J]. 农民致富之友
  （9）：150.

史云国，2018. 黄瓜常见病害种类及其防治技术 [J]. 上海蔬菜（6）：34－
  35.

孙士卿，邓裕亮，李惠，等，2010. 棕榈蓟马研究综述 [J]. 安徽农业科
  学，38（23）：12538－12541.

王恒亮，等，2013. 蔬菜病虫害诊治原色图鉴 [M]. 北京：中国农业科学
  技术出版社.

郐丽娟，2019. 黄瓜霜霉病反复发作，应该怎么防控? [J]. 农药市场信息
  （3）：51.

徐锐，2018. 番茄病毒病的识别与防治［J］. 新农村（4）：27.

徐彦刚，贺振，李瑞，等，2018. 黄瓜枯萎病研究进展［J］. 中国瓜菜，31（6）：1-6.

张维球，1976. 广东蔬菜常见蓟马种类及危害情况调查［J］. 昆虫知识（3）：83-85.

张耀莉，2017. 大棚番茄病害的综合防治措施［J］. 吉林蔬菜（Z2）：37-38.

第十三章
都市农业关键技术

第一节　都市农业概述

一、都市农业概念

都市农业是指靠近都市，可为都市居民提供优良农副产品和优美生态环境的高集约化、多功能的农业。都市农业不仅可以提供农业产品，还可以为人们休闲旅游、体验农业、了解农业提供场所。都市农业是以生态绿色农业、观光休闲农业、高科技现代农业为标志，以农业高科技武装的园艺化、设施化、工厂化生产为主要手段，以大都市市场需求为导向，融生产性、生活性和生态性于一体，高质高效和可持续发展相结合的现代农业。

二、都市农业起源

国外都市农业最早可以追溯到 18 世纪初，英国经济学家提出的劳动地域分工理论，到了 19 世纪 30 年代德国经济学家杜能提出了以城市为中心的农业区位理论。我国都市农业理论始于 20 世纪 80 年代，中国社会科学院重点课题"中国大城市城郊农村经济结构研究"。在进入 20 世纪 90 年代后，我国都市农业开始在北京、上海、广州等地开始发展。到了 21 世纪，都市农业的功能初步发展为集城乡融合发展、集约性、开放性、功能多样性、外部性和脆弱性六大功能。

三、广东都市农业发展

广东地处我国最南端的粤港澳大湾区，是我国开放程度最高、经济活力最强的区域之一，也是我国经济发达区域之一，技术与人才、资金高度汇集，该区域都市农业的发展也日新月异，产业交叉融合日趋紧密。

广东具有广阔的市场优势。随着人民生活水平的提高，生活消费水平高，可支配收入高，旅游需求旺盛，人们迫切希望提高生活质量，体验田园风光、休闲农业，寻求返璞归真的身心享受，获得与快节奏都市生活相对应的田园风光和农业休闲生活，这是发展都市型农业生态旅游的重要市场条件。

发展都市农业也是广东各个城市一个不错的选择，一方面可以让广大农村居民增加收入、提高生活水平，另一方面又可以让广大城市居民放松身心、回归自然，享受休闲的田园风光。

第二节　都市农业发展模式

我国地域广阔，由于各地自然气候条件、地理环境、人文环境和经济状况等条件差异，使之在发展都市现代农业上也形成了不同的模式，我们需要结合城市发展的优势与劣势、机遇与威胁进行城市的功能定位，建设突出生产功能，加强特色种养殖业规模化的现代都市农业发展模式、强调生态功能，推动循环生态农业标准化的现代都市农业发展模式、完善社会功能，促进休闲观光农业市场化的旅游资源驱动型现代都市农业发展模式。主要的模式有以下几种：

1. 有效的保障农产品供给模式　发展都市农业的首要功能，是保证城市居民的基本农产品供给，满足人民的生活物质需求。强化农产品的质量安全监管，完善市场流通与调控机制，使都市农业起到"保供给、稳物价、惠民生"的作用。

2. 休闲旅游带动模式　指以满足城市居民休闲、旅游、体验农事活动为目的，充分利用城市周边休闲地，结合农村自然景观和农业生产活动，使农业和旅游产业相互融合，推进农业与三产融合发展，实现美丽乡村、休闲观光、农耕文化的发展。

3. 农业园区模式 指都市农业以园区建设为载体，结合工业化发展的企业管理制度和工业化理念，继承现代化生产的高科技设备，辅助以科学的管理手段，将都市农业建设成为标准化、规模化、产业化和商品化的发展模式。

4. 科技创新驱动模式 指都市农业充分利用物联网、大数据、云计算等现代科学技术，大力发展高新农业技术，加快推进农业新品种、新技术、新设备的应用和推广，确实提高都市农业的科技含量，充分发挥农业科技的创新引领作用，将最新的研究成果运用于实践，造福人民，提升都市农业综合竞争力。

5. 特色农业发展模式 指都市农业发展依据各地资源禀赋、农业基础，按照区域化布局要求，实现"一镇一业""一村一品"的地域与空间上的高度集合，特色产业发展模式是优化区域农业产业布局与实现农业资源优化配置的重要途径，有利于增加农民收入和提高城镇化发展水平。

综合以上，都市农业处于农业发展的最新阶段，国内外对于都市农业的理论和技术研究都处于比较成熟的阶段。尤其在技术方面国内外学者对于设施园艺的研究进行了积极的探索，在园艺作物的栽培关键技术、模式等方面取得了很大的进步，如气雾栽培、营养液膜栽培等，现代农业的设施装备已经由简易的大棚温室装备升级到多功能的装备类型，并且采用机械化的设备控制操作生产。

第三节　蔬菜树栽培技术

蔬菜树栽培通常是发挥瓜果蔬菜无限生长的潜力，利用营养调控和栽培管理在合适的环境条件下形成具有树状结构和多年生长的蔬菜栽培模式。近年来蔬菜树栽培在广东省发展迅速，已经成为都市农业观光栽培的重要亮点，具有广阔的发展前景和应用推广价值。

一、水培蔬菜树

(一) 甘薯树

水培甘薯树是利用甘薯根系功能分离栽培模式，吸收根与块根实现位置和功能的分离，甘薯下部根系浸泡于栽培槽营养液内，以获得充足的营养物质和水分供甘薯生长，上方搭设棚架，压蔓产生的不定根成为贮藏根，实现连续"空中结薯"，四季生长，增加甘薯树的观赏性。

1. 品种选择 选择枝蔓生长势强、适应性广、薯蔓茎节上根原基多且较饱满的品种。这样的品种适合温室水培，枝蔓长势壮才能适应棚架栽培，并且茎节不定根多且粗壮，容易形成块根。可采用的甘薯品种有广紫薯 1 号、广薯 98、广薯 87 等。

2. 甘薯苗培育与定植 采用脱毒甘薯品种枝条，去掉下端 2～3 个节间的叶子，用海绵包裹后填充固定于泡沫板孔中，泡沫板下留 2～3 个的节间，浸入营养液中，进行育苗培育。定植时，要选用顶端留有 4～5 个分枝的单株，营养池用泡沫板盖住，甘薯植株根部完全浸入营养液中，植株通过线绳将顶端分枝固定于棚架顶部呈放射状分布。

3. 整枝和压蔓 在甘薯生长过程中不断除去细弱枝条和无效侧枝。并根据棚架布局和造型需要，掐去顶尖，形成多蔓，一般当薯蔓长到 10～15 个节位时掐尖促分枝。待植株展开到达一定程度后进行压蔓，选择健壮分枝进行诱导，并进行修剪整枝，去除 2～3 片叶片，去叶节间压于混合基质 6cm 左右下。

4. 营养液管理 甘薯树通常采用营养液水培，营养液的 EC 值控制在 2.0～2.5mS/cm，pH 控制在 6.0～7.0，营养液加氧泵每间隔 30min 开启 5～10min。

5. 适时收获 由于采用基质诱导措施结薯，可以容易触摸到甘薯膨大块根，从而可以使薯块能被随意挑选采收，未长到规格的块根可以继续膨大生长，以实现连续多次收获的目的。通常情况下，甘薯压蔓后 3 个月左右便可收获薯块（图 2-13-1）。

图 2-13-1 水培甘薯树

（二）番茄树

1. 品种选择 品种选择应注意以下几点：①选择无限生长型，分枝性旺盛。②选择果皮厚，耐储存，不易落果、裂果。③耐低温弱光和高温强光能力强。④抗病性强。⑤持续结果。

2. 育苗播种 多采用育苗盘育苗，基质采用草炭：蛭石＝2：1，洒水拌匀，以湿润不滴水为标准，番茄树一年四季均可用种子繁殖，在华南地区以 5～9 月育苗为好，当发芽白天温度超过 30℃时多采用加盖遮阳网，当有 60％种子出土时及时揭去遮阳网。

3. 苗期管理 番茄出苗后，一般在晴天上午浇水，尽量保持见干见湿。为了避免温室中的温度过高，要在晴天 10：00～16：00 采用遮阳网、水帘等措施进行降温，以保证苗木正常生长。当苗有 3～4 片真叶时移入直径 20cm 植树袋中，当苗高 30～50cm 即可定植于种植池中。

4. 移苗定植 为了给番茄树根系提供足够的生长空间，栽培池的容积一般为 $2m^3$ 左右，通常采用基质栽培，也可采用水培。栽培基质通常采用泥炭：蛭石：珍珠岩：陶粒＝3：1：1：1.5，栽培基质是番茄根系的生长环境，要求质地轻，理化性质稳定，有良好的保水性和透气性。

5. 营养液管理 番茄树采用营养液水培时，营养液的 EC 值控制 2.0～2.5mS/cm，pH 值控制在 6.0～7.0，营养液加氧泵每间隔 30min 开启 5～10min。

6.植株管理 番茄属于茄科，分枝类型为假二权分枝，一般每个叶腋都能产生分枝，容易造成分枝过多树冠过大从而影响树型，导致树型不美、产量降低，因此须要借助人工的适当修剪及外在的支持物，来促进其迅速成型，提高产量与增加观赏效果。

7.保花留果 待苗上架后，枝叶较为繁茂，叶子覆盖面积3～4m² 时，即可留花坐果。每年的春季和秋季可多留些果，夏季和冬季不能留果太多，否则很容易造成植株的早衰。

8.适时采收 一般来说果实成熟即进入采摘期，为了增加观光效果和采摘时间，尽量延长番茄树的挂果期，增加观赏效果，以果穗为单位或以单果采收（图2-13-2）。

图2-13-2 水培番茄树

二、基质栽培蔬菜树

（一）辣（甜）椒树

1.品种选择 辣（甜）椒树一般可以种植3年以上，需要选择一些枝蔓生长旺盛、抗性强的品种。

2.育苗管理 多采用育苗盘育苗，基质采用草炭：蛭石＝2：1，洒水拌匀，以湿润不滴水为标准。种子经过消毒处理后，在30％催芽露白后即可播种。播种后白天保持在22～27℃，夜间15～20℃，有利于种子发芽。苗期一般在晴天上午浇水，尽量保持见干见湿。当苗有3～4片真叶时移入直径20cm植树袋中，当苗高30～50cm即可定植于种植池中。

3.移苗定植 为了给辣椒树根系提供足够的生长空间，栽培池的容积一般为2m³左右，栽培基质是番茄根系的生长环境，要求质地轻，理化性质稳定，有良好的保水性和透气性。一般以草炭∶蛭石∶珍珠岩∶陶粒＝3∶1∶1∶1的比例比较适宜。浇透水后定植，有利于植株的成长。

4. 营养液管理 辣椒树前期主要进行营养生长，营养液浓度（EC值）控制在1.8~2.2mS/cm，在植株生长到预期冠幅后开始留花留果，EC值控制在2.3~2.5mS/cm，pH控制在6.0~7.0为宜。

营养液与水分的管理是辣椒树健康生长的关键技术之一，在高温干燥时，营养液EC值可适当降低，提高浇灌频率，每2~3d浇灌一次，在低温潮湿时，营养液EC值可适当提高，每个周浇灌一次。具体营养液的浇灌需带有一定的灵活性，需根据植株的生长状况及温度、湿度的变化而改变。

5. 植株管理 当辣椒树生长到一定幅度后，要及时对分枝进行固定整枝、造型，以达到美观的效果，通常按照每20cm保留一个分枝来进行处理，

6. 病虫害管理 辣椒树在栽培过程中需要注意蓟马、螨虫、疫病等病虫害的防治，防治方法参考本部分十一章节相关内容。

7. 适时采收 及时的摘掉畸形果、病态果，提高辣椒的可观赏性，及时采收成熟的果实，有利于辣椒树继续开花结果。

（二）茄子树

茄子树品种选择需要考虑生长势、观赏等因素，选择高产、抗病、美观的品种，栽培方式与方法参考辣椒树（图2-13-3）。

图2-13-3 基质栽培茄子树

第四节　阳台农业模式

随着人们生活水平的提高，城市化的深入，生活节奏的加快，人们正在逐步远离农村，远离大自然，同时人们对自然的追求、对绿色环保的概念的需求又在日益迫切，导致了大多数居民就会充分利用自己的阳台进行种植，阳台农业逐渐越来越受人们欢迎。

一、阳台农业概念

阳台农业在字面意思是指在阳台空间上从事农业生产，但是它真正从事生产的空间不仅仅局限于室内阳台，还包括屋顶、飘窗、露台甚至包括室内等，它所涉及的技术更加趋向于无土栽培技术，更加具有观赏性。阳台农业是充分利用阳台立体空间的一种多功能、高新技术集成的自动化、精准化综合农业。

二、无土栽培技术在阳台农业上的应用

阳台农业通常利用管道、栽培槽进行基质栽培、水培或雾培。这样既可美化阳台，还可以为家庭提供新鲜的蔬菜。

1. 管道水培　管道栽培是利用PVC管材按照阳台尺寸要求设计组装成合适栽培的装置，结合无土栽培，进行蔬菜种植的模式。由固定系统、栽培管道、定植杯、营养液循环系统和控制系统组成，具有制作容易、管理方便、环境洁净的优点，所以在生产上被广泛地运用于叶菜类小型蔬菜的生产。叶菜营养液配方与管理参考本部分第四章相关内容（图2-13-4）。

2. 基质栽培　由于基质栽培具有缓冲能力强，有良好的保水、保肥和通气性，并且栽培设备较水培和雾培简单，投资少，成本低，技术要求不高，所以在目前阳台农业中被普遍广泛采用。

基质选择：基质种类繁多，各有不同的特点，具体可参照本书第一部分第一章相关内容，阳台农业基质一般采用混合配制的方式，混合配置一般以2~3种为宜，使基质具有良好理化性质（图2-13-5）。

图 2 - 13 - 4　管道栽培叶菜

图 2 - 13 - 5　基质栽培叶菜

三、阳台农业蔬菜品种选择

通常适合在阳台种植的植物品种繁多，我们需要根据阳台的环境条件、季节性结合作物的生物学特性来选择作物品种。

1. 根据阳台的环境条件选择　阳光充足的平台可以选择喜光的矮生瓜果类如小青瓜、番茄、彩椒等；阳光不足的阳台需要选择耐阴的叶菜类如小白菜、菜心、小葱、香菜等。

2. 根据季节选择　春季大多数叶类蔬菜均适宜种植，菜心、白菜、芥蓝、番茄、西兰花、生菜等最为适宜。夏季晴热高温为主，以耐热的空心菜、苋菜、茄子、青瓜、韭菜等为宜。秋季温度和光照适宜，大部分的叶类菜均可种植。冬季气温下降，可以种植青白菜、西芹、菜心、生菜、花椰菜、西兰花、胡萝卜、菠菜、芥蓝、芹菜、萝卜等。

（聂　俊）

<<< 参 考 文 献 >>>

付明星，2012. 现代都市农业：阳台屋顶庭院农业 [M]. 武汉：湖北科学技术出版社.

杨其长，2009. 蔬菜树栽培技术与管理 [M]. 北京：科学普及出版社.

钟珊珊，2016. 东莞市阳台农业发展现状与对策分析 [D]. 广州：华南农业大学.

第三部分

广东现代设施园艺现状及
未来发展趋势

广东地处我国大陆最南端，以热带、亚热带季风气候为主，其优越的地理位置、资源禀赋和气候条件为特色农业的发展提供了有利的条件。近年来，广东省蔬菜、水果等特色农业产量及产值均位居全国前列。

长期以来，基于高温高湿的气候条件，传统观念认为广东并不需要设施农业尤其是设施大棚。但实际上，广东极端恶劣天气频发，暴雨、强对流、台风天气等，均会对农业生产造成极其严重的影响，而设施农业具有降温、防雨防风、防病虫害的作用，能够大幅提高土地利用率和产出率，显著提升农产品品质和产业效益，是促进农业稳产增产、农民增收致富的有效途径。虽然受到品种、技术、气候及土地资源等因素的制约，广东设施农业发展还相对滞后，但近年来设施农业因其显著的综合效益受到越来越多的重视，已经成为广东现代农业发展的重要趋势。

第一章
广东现代设施园艺现状

第一节　设施生产规模稳步发展

近年来广东省立足区域特色优势，坚持把加快发展设施农业作为农业结构调整的突破口，因地制宜，加大政策扶持及资金投入力度，推动农业现代化建设。2015 年，为加快推进农业供给侧改革，广东省农业厅下发《2015 年省级现代农业"五位一体"示范基地项目建设实施方案》，全省统筹整合财政资金 3.16 亿元，利用两年时间，集中力量、集成技术在 74 个县（市、区）高标准建设了一批融合"设施、农艺、科技、质量安全、经营主体"的现代农业"五位一体"示范基地，辐射带动了全省设施农业发展。截止2018 年年底，全省设施农业个数达 15.75 万个，建成各类设施农业面积 15 800hm²，占全省耕地面积（2.6×10⁶hm²）的 0.6%。在设施类型上，广东省设施农业生产以塑料大棚为主，面积约8 770hm²，约占全省设施农业总面积的 55.58%，其次为中小拱棚，面积约 5 900hm²，占比 37.41%。连栋温室发展规模最小，全省仅 1 110hm²。

在种植结构上，由设施蔬菜生产为主不断向设施园艺、水果、食用菌等种植种类扩展。在栽培模式上，则主要有旅游观光型（多见于农业观光园，特点是投资大，技术设备先进，品种新奇）、生产与观光兼用型（主打投入低、效果好的技术，边试验、边示范，依靠生产收入来维持运作，同时具备观光效果）、纯生产型（主要考虑成本低，效果好即可）等类型，目前第三种模式发展较快，是广东省设施农业生产发展的主要力量。

第二节　先进设施农业技术得到了较好的应用与推广

2015 年广东省现代农业"五位一体"示范项目实施以来，全省示范基地建设成效显著，产生了一批设施农业技术应用示范样板，无土栽培、水肥一体化喷滴灌技术、农业物联网等技术得到了较好的示范应用。如普宁市广东利泰农业开发有限公司樱桃番茄生产基地全部采用无土栽培技术，配备独立水肥循环系统，大幅提高了土地利用率的同时有效地阻隔了病害传播，并通过无害化处理及循环利用实现了零排放、无污染的绿色生产；广东华农互联农业科技有限公司大埔现代农业高新园区示范基地将通信、传感等现代农业物联网设施应用于整个产业链中，实现了农产品全程可追溯、保障了产品质量安全；惠州市惠阳区通过大力普及水肥一体化技术，使得当地每茬作物平均节水达 50%，节肥达 25%，一定程度上解决了干旱季节水、肥资源短缺的问题。各示范基地及重点发展区域通过应用现代农业生产装备和先进生产管理技术，对全省设施农业科技化发展起到了积极的示范和带动作用。

第三节　设施农业经济效益逐步显现

与露地农业相比，设施农业的发展在提高产量的同时也提升了农产品质量，效益十分可观。以设施蔬菜为例，通过温室大棚的建设，蔬菜生产相比露地生产每年多收 2 茬，可实现全年稳定供应，且整体产量可提高 40% 以上；将设施农业应用到兰花等花卉品种种植中，为花卉提供了更适宜的光照和通风条件，每公顷产值可达 75 万元，经济效益显著；在粤北山区，食用菌种植业依托先进的大棚及喷灌设施，采用立体栽培法，每公顷可提高产量 15 000kg，不仅节约了管理成本，也大幅提升了产品品质，市场价格优势明显，经济效益能够提高 4～5 倍；设施栽培使得原本不适宜南方种植的高档、优质的葡萄欧亚品种也可得以种植，不仅可以避开阴雨改善栽培环境、提高坐果率、减轻病害，还为葡萄提早或延后成熟提供重要的调节手段，在广东因年积温较高，可以实现一年双季果，优势明显。设施农业的推广应用有效带动了农民增收致富。

第四节 区域聚集效应明显、产业化发展不断加快

设施大棚在广东全省各地均有分布，但主要集中在广州、湛江、韶关、佛山、汕尾等地，其中广州市设施农业规模居首，达到 4 510hm²，这 5 个地市设施农业总规模达到 11 360hm²，占全省总面积的 72%，区域聚集效应明显。

广东省多地尤其是城市化发展较快的珠江三角洲地区各市顺应农业发展需要，充分挖掘地域优势，不断探索适合本地设施农业发展的模式：广州通过大力发展从化万亩鲜切花生产和旅游综合示范区、南沙现代都市农业产业园、从化友生玫瑰产业园、白云流溪湾风华园等国家级、省级、地方级的大型设施农业园区打造都市型现代农业；佛山依托交通区位及流通交易渠道优势，大力推进设施种植项目，如集花卉生产、销售、观光旅游、科研、信息五大功能于一体的佛山顺德陈村花卉世界，获批国家星火计划项目，带动了全省花卉产业发展转型升级；韶关市翁源县着力打造山区农业强县，大力发展设施花卉、设施水果等，依托广东省（韶关）粤台农业合作试验区翁源核心区，将翁源兰花发展成了吸引 300 多家企业聚集、拥有 6×10⁷m² 温室大棚的现代化产业，享有"中国兰花之乡"的美誉。

经过近年来的不断发展完善，广东省设施农业依托农业龙头企业及示范基地的带动，逐渐形成了"公司＋基地＋专业合作社＋农

户"的产业化经营模式，促进了农产品生产、加工、销售有机结合，并通过发展乡村旅游，充分拓展了设施农业的功能，产业化经营模式日趋成熟，有效推动了广东省设施农业科技化、标准化、专业化、规模化发展。

第二章

广东现代设施园艺
发展存在的主要问题

第一节　设施农业装备水平有待提高

广东省现在最主要的设施类型多是普通塑料大棚，具有一定规模和效益的高档连栋薄膜温室和玻璃温室规模并不大，主要集中于各地政府兴建的现代农业示范园区和社会资本投资的规模化休闲观光农业园区，而普通塑料大棚内部空间偏小，不利于机械化作业。广东气候复杂多变，局部性灾害性天气较为突出，然而目前，本地设施农业多是直接引用国外或者北方设施农业技术，并未进行深入的本土化改良，无法充分利用本地自然条件，气候适应性不够，如防御台风、洪涝灾害等恶劣天气的能力以及温室环境控制水平都较差，不适宜周年生产，大棚复种指数和土地利用率均较低，难以适应现代化生产的需求。此外，由于设施建设缺乏统一的规范标准，许多温室温光性能不达标，致使多数温室利用效率偏低，有些甚至闲置，再加上设施生产产前、产中及产后硬件设施配套也不完备，严重影响了设施农业产出效率。

第二节　缺乏设施栽培专用品种

设施农业专用品种的选育研究在设施农业产业发达的国家由来已久，如法国、保加利亚、荷兰等将耐低温、耐弱光、耐贮运、多抗作为番茄设施品种的主要育种目标，日本培育出耐高温、高湿、优质、高产、高效的设施葡萄专用品种阳光玫瑰。随着广东省设施农业面积的增加，对设施专用品种的需求也会越来越大。然而目前广东省设施农业生产品种特别是蔬菜设施品种大多是从外地引进，难以适宜本地气候，且抗病性、抗逆性及产品品质都差强人意。所以，培育出适应广东设施农业生产的设施栽培专用品种并加快推广是广东省设施农业产业发展的当务之急。

第三节　精准化生产管理技术尚不完善

设施农业是一个集成性、综合性的农业科技生产系统，除了完善的硬件设施设备及适宜设施栽培的专用品种外，还必须有配套的生产管理技术，形成一套涵盖品种选育、栽培技术及市场管理的精准化生产管理体系。但目前，广东省设施生产中仍以传统栽培管理技术为主，缺乏在设施环境下针对不同作物、不同生长阶段的精准化肥水、病虫害防治等配套管理技术，广东省发展设施农业的生产人员缺乏必要的生产管理经验，现有的专业技术人员大多也只能提供常规生产技术指导，设施农业方面技术力量不足，推广也不够全面，设施农业栽培管理技术的规范性、针对性、精准性还有待完善。

第四节　产业化发展程度低，设施农产品效益不稳定

目前，广东省设施农业发展尚处于初级阶段，未能形成育种、育苗、生产、交易和流通等专业分工。在设施栽培上，由于种植品种和结构较为单一、配套生产技术相对落后、农民生产盲目性大等问题，设施农业产品投入产出比低下、质量不稳定现象依然存在。同时，设施农业品牌建设滞后，销售渠道窄，未能形成良性的产销格局，导致产品价格波动较大。这些都造成许多设施农业发展无法达到预期效益，其高产高效的优势并未得到充分发挥。

第三章
广东现代设施园艺发展趋势

一、设施设备结构不断优化、环境控制能力进一步增强

不断提高自主创新能力，开发出适应广东气候、降温效果好、抗台风、投入产出比高的设施类型，发展适度规模化的生产配套设施设备，着力从保护设施、种植设备、采运、水肥等环节全面提升生产效率及设施技术水平。同时，设施农业将从硬件技术逐步向信息技术、控制技术、人工智能技术、物联网技术方向发展，对设施内温度、光、水、肥、气等环境因子的控制水平不断提升，实现设施结构标准化、作业管理机械化、环境监测自动化和智能化。

二、设施农业专用品种将更加满足生产及市场发展需求

广东省是全国人口城镇化率较高的省份之一，人口密度大、土地资源吃紧、环境污染问题突出，迫切需要优质高效、周年供应能力强的农产品品种及技术。然而目前广东省内设施农业种植较多地沿用露地种植品种，抗逆性、产量、产品品质、观赏性均欠佳，无法满足现代设施农业发展需求。因此，广东省在今后设施农业的发展中，将重点开发和应用包含营养价值高，品质优良，商品性好，观赏性、功能性、抗逆性俱佳的适宜于本省设施农业生产的专用品种，并逐步形成符合设施农业产业发展需求的配套种子种苗生产综合技术体系。

三、绿色高效精准生产技术推动设施农业可持续发展

未来广东将始终把绿色发展理念贯穿于设施农业发展中，针对农业生产化肥农药过量施用、土壤连作障碍、农产品品质及安全性不佳等问题，大力推进产学研合作，重点发展设施农业化肥农药的高效利用，研发推广袋培、槽培、水培、立体化种植、生态观光等现代化生产新技术，并根据不同作物、不同生长阶段进行精准化肥水管理，提高产量及产品品质。打造包含生产技术专业公司、种苗公司、肥水管理公司、植保服务公司等的涉及全产业链的技术服务体系，通过系统的技术优化提升和集成示范，形成适合广东省的设施农业生产模式，促进设施农业新技术新成果推广应用，推动设施农业可持续高质量发展，保障绿色生态优质设施农产品供给。

四、设施农业技术产业化示范与应用能力不断提升

（一）设施农业规模进一步扩大，发展布局思路明确

目前广东设施农业特别是温室大棚建设规模仍然较小，与福建等兄弟省份存在较大差距。未来，广东省将进一步扩大设施农业发展规模，以新型农业经营主体为重点，发挥典型带动作用，加快发展规模化设施农业，大力提升设施农业生产效益和产业化水平。

在发展布局上，将结合各地产业资源优势和现有基础，优化完善全省设施大棚建设区域布局，重点建设珠江三角洲高端花卉和蔬菜产业设施大棚优势区、粤西热带花卉和北运菜产业设施大棚优势区、粤北反季节瓜菜、南药产业设施大棚优势区、粤东沿海特色果菜药产业设施大棚优势区。同时，还将建设生产规模大、供种能力强的省级区域性商品化农作物育苗基地。

（二）设施农业产业科技创新及技术服务水平显著增强

广东发展设施农业一方面需要不断加强产学研合作，切实解决设施农业生产中的关键性技术难题，完善设施农业建设标准，研究培育适宜本地种植的优良品种，并开发相应的配套生产管理技术，提高设施农业的科技支撑水平。

另一方面，加大设施农业优良品种及技术的推广力度，以多种形式广泛宣传发展设施农业的益处，提高群众的认识水平，并对设施农业的生产人员、技术人员和管理骨干进行有针对性的技能培训，提高从业人员的专业技术水平和生产管理水平，最大程度地发挥设施装备和技术的先进性，充分挖掘优良品种的增产潜力。

（三）设施农业资金投入有望进一步加大

进一步加大设施农业资金投入，设立专项资金扶持设施农业发展，对先进种植技术的应用、大棚建设及相应配套设施设备等进行补贴，如将设施农业发展纳入"省级乡村振兴战略专项资金"计划，设立设施农业科技产业园，打造广东省设施农业发展新标杆；拓展政策性金融的服务功能，鼓励金融机构积极投入设施农业发展；创新融资方式，建立政府投资为引导、企业等经营主体投资为主体、社会投资为补充的多元化资金投入机制。

（四）充分调动新型经营主体积极性，推动设施农业产业集约化发展

积极调整发展思路，着力培育一批经营规模大、市场开拓能力强、辐射带动面广的设施农业龙头企业、专业合作社和专业大户，鼓励企业率先发展设施农业，以高产出、高效益带动农民主动参与发展设施农业。促进设施农业生产方式从以传统分散为主向集约化、标准化方向转变，经营方式从注重生产环节向产加销一体化方向转变。同时，建设典型示范园区，充分发挥示范园区研发、示范、推广、营销功能，及时推广设施农业新品种新技术，为设施农业的持续健康发展积累后劲。

（五）市场流通体系逐渐完善，品牌打造力度加大

加强市场信息网络建设，打造设施农产品营销平台，为设施农业生产经营者提供及时准确的市场供求信息；建设设施农产品直销采购基地，积极培育产地交易市场和社会中介组织，促进产销有效衔接，均衡供给，保障合理收益；大力实施产业和品牌"同建共享"战略，注重设施农业优质品牌创建。抓好有机、绿色设施农产品认证工作，加强宣传推广，积极组织开展设施农产品品牌推介活

动，鼓励引导设施农业企业参加各类品牌评选活动和各级展示展销会，提升广东省设施农产品品牌效应和影响力。

(六)设施农业功能得到不断拓展

随着设施农业在广东省农业生产中得到广泛应用，设施种类将得到不断发展、功能也将逐渐得到拓展和延伸，各类以设施农业为载体，以全域、全时休闲度假为理念的产业发展模式将会成为乡村旅游发展的新引擎。设施农业休闲项目适用范围广、可塑性强，能够在不改变农业用途的前提下增加市场受众，且规模大小可以根据功能需求设置，如生产依托型、科普型、展览展销型等。适时打造设施农业特色生产基地，结合农业生产与旅游发展的双重目标，实现设施农业休闲化升级，能够有效提升产业附加值，促进设施农业增效、农民增收。

(熊瑞权　叶蔚歆)

<<< 参 考 文 献 >>>

崔聪聪，王秀芝，曲宝茹，等，2013. 赤峰市设施蔬菜产业发展及设施专
　用品种的应用概况 [J]. 农业工程技术 (温室园艺) (6)：16 - 18.

姬立平，2015. "五位一体"：广东设施农业新起点 [J]. 现代农业装备
　(5)：10 - 12.

梁肇均，马海峰，黄河勋，等，2011. 广东省设施蔬菜的现状与发展策略
　[J]. 福建农业科技 (1)：97 - 99.

刘惠珍，冯伟明，温华良，等，2015. 浅谈优质葡萄设施栽培在广东地区
　发展的可行性 [J]. 农业科技通讯 (10)：199 - 201.

赵姜，龚晶，孟鹤，2015. 北京设施农业发展问题研究 [J]. 经济研究参
　考 (57)：65 - 70.

附录 1 广东部分设施园艺基地介绍

一、广东胜天农业工程有限公司设施农业基地

广东胜天农业工程有限公司是现代设施农业国家高新技术企业，为用户提供从项目规划设计、施工建设、生产营运到产品销售的现代化设施农业一站式全产业链综合性服务。公司在设施农业方面专业技术力量雄厚，技术团队成员从事设施农业专业超过20年，拥有多项设施农业及栽培种植专利技术。

公司主要产品系列包括：观光造型温室、玻璃温室、PC板温室、薄膜温室、简易大棚；自动化育苗、移栽、采收、物流输送园艺设备；基质栽培、水雾栽培设施；温室气候环境、水肥一体化智能控制设备；农业信息物联网、智慧农业控制系统等现代化设施农业装备。公司产品为自主研发及生产，多年来承建的设施农业项目遍布全国各地。

公司主要服务内容包括：现代化设施农业项目规划设计、可研编制、工程设计、项目建设及营运管理；新品种选育、引进和筛选、栽培种植技术服务、农资产品配套服务；农产品销售支持服务及市场化运行。为用户提供产业链资源支撑，量身定制现代化农业产业化模型及解决方案。

公司拥有自主栽培种植示范基地及全国多个合作种植基地，自主栽培种植示范基地位于广州市白云区钟落潭镇竹料寮采村（白云现代化农业示范基地内），地处白云区流溪湾现代农业示范园区。经营面积180亩，主要采用温室无土栽培生产技术和水肥一体化自动施肥滴灌技术，专业种植生产进口彩椒和精品瓜果。现已建成100多亩各类型蔬菜生产温室，是广州市规模化种植生产彩椒的现代设施农业示范基地，产品直销广州市场，部分配送香港、澳门等

地区，公司主要种植世界第三大种子公司荷兰瑞克斯旺种子有限公司的红、黄椒系列品种，整个生产过程严格按照中国绿色食品生产规程进行生产，年产量 500t。公司一直以来，都在不断研究进口彩椒的生产技术，以生产优质、健康、绿色的产品为目标，同时与国内多家科研机构、外资农业企业合作，积极参与技术交流，探索适合于我国华南地区进口彩椒品种温室设施生产的栽培技术，公司通过产学研结合，不断创新，使公司发展为集生产、销售、加工、培训于一体并带动农民致富的科技型农业龙头企业。

二、普宁飞鹅岭设施蔬菜农业生态公园

广东利泰农业开发有限公司飞鹅岭农业生态公园（下称广东利泰）位于普宁币大南山街道破沟村，基地占地面积 250 亩，主要从事樱桃番茄、日本橘红小南瓜、哈密瓜等十余个蔬菜品种的种植、加工、销售。2015 年，广东利泰成为第一批省级现代农业"五位一体"示范基地之一，在各级部门的支持下，基地建设温室大棚 32 亩，节水灌溉系统 82 亩，2017 年 6 月，项目建设顺利完成并通过验收。

现代农业设施的发展可有效缓解不同季节气候环境对农业生产造成的不利影响，实现农业高产优质生产。不同于其他示范基地，广东利泰所建设的设施大棚采用独特的"一亩一棚"三拱形结构、"上膜下网两头通"技术。"一亩一棚"即每亩地建设一个三拱连体大棚，拱形大棚中间层采用钢架结构搭建，这种结构坚固耐用，可抵御夏季一般台风的影响；"上膜下网两头通"即大棚的顶端薄盖高质量薄膜，四周采用 40 目纱网密封，顶部薄膜可保障棚内作物的光照需求，避免酸雨对棚内环境造成污染，纱网可将番茄与外界昆虫进行隔离，使作物不受虫害侵袭，减少杀虫剂药物的使用，大棚的两头各留一个进出大门，保障棚内空气流通，属经济实用型大棚。

在满足樱桃番茄稳定生产所需基本需求的基础上，广东利泰积极发挥科研优势，樱桃番茄种植环节全部采用无土栽培技术，每个

大棚建设一个蓄水池，搭建独立水肥循环系统，大幅度提高土地利用率的同时有效阻隔了番茄青枯病等病害的相互传播。经作物利用过后的污水统一通过管道抽送至无害化处理中心，棚内作物茎、杆等部位全部进行堆沤，制作有机肥再利用。广东利泰"五位一体"示范项目不仅有效提高基地产量，还达到了零排放、无污染的高效现代农业生产水平。

通过采用现代农业生产装备和先进生产管理技术，广东利泰生产的樱桃番茄果形美观，色泽鲜艳，酸甜适中，经农业部蔬菜水果质量监督检验测试中心检测，利泰樱桃番茄总酸、总糖、维生素C、可溶性固形物等指标相比普通土壤栽培樱桃番茄均有大幅度提高，市场售价提高 300% 以上，广受消费者好评。产地及其产品也先后获得广东省农业厅无公害产地认证、农业部无公害农产品认证。广东利泰已成为当地现代农业发展样板区，由广东利泰制订的揭阳市农业地方标准《鲜食型番茄水培生产技术规程》已正式发布实施，填补了揭阳市番茄水培生产标准的空白，对当地樱桃番茄的现代化种植起到了积极的指导和带动作用。

三、始兴县有机农业标准示范园

始兴县澄江镇有机农业标准示范园（下称示范园）位于始兴县澄江镇暖田村，由始兴县盛丰生态农业科技有限公司于 2013 年创建，是广东省现代农业"五位一体"高标准示范基地之一，主要从事有机蔬菜种植、加工和销售。

示范园占地面积 1 326 亩，是广东省最大的现代化有机蔬菜生产基地，示范园基础设施完善，有高标准蔬菜大棚 500 亩，沼液沼气池、山泉水灌溉蓄水池、全自动水体一体化灌溉系统、蔬菜真空预冷机、信息化检测系统等现代农业设施一应俱全。

始兴县自然生态环境优美，示范园所在位置远离工业污染，非常适合有机蔬菜种植，但粤北山区冬季温度较低、春夏多雨的气候点严重影响有机蔬菜整体产量和品质。在广东省农业厅的支持指导下，示范园建设 30 亩高标准钢架薄膜大棚，棚内统一建设水肥一体化设施和信息监测系统。信息监测系统对棚内温度、湿度、光照、二氧化碳含量等作物生长要素进行不间断监控，工作人员可通过电子显示屏实时掌握环境数据。当某项指标出现较大偏差时，技术员可随时开启或关闭遮阳、通风等设备，为植物生长提供最适宜的生长环境。通过温室大棚的建设，示范园可实现全年蔬菜稳定供应，且相比露天种植平均每年可多采收成 2 茬，整体产量提高 40％以上，大大提升了示范园经济效益。

在满足植物生长基本条件的基础上，示范园种植过程中完全按照有机农业生产标准，遵循生态系统物质循环和生态平衡规律。植物生长所需营养物质全部由本厂生产的有机肥、沼液肥提供，全程拒绝使用化学肥料、植物生长调节剂等生产资料。在病虫害防治方面，坚持多种方法进行综合防治，例如选用抗病性优良的品种，合理安排间作和轮作，增设防虫网、杀虫灯、粘虫板等方法。在病虫害高发季节，示范园采用经过第三方评定合格的纯植物源、矿物源的专用药剂进行防治，同时使用纱网对棚内进行分区，阻隔病虫害的传播扩散，保证作物健康生长。示范园全程管理采用视化溯源体系，使生产、加工各环节严格按照标准流程操作，有效保障了农产品质量安全。

广东省现代农业"五位一体"始兴县澄江镇有机农业标准示范园的建设，将企业打造成为区域现代农业的标杆。示范园 105 个品种通过有机认证，创立的"自然之星"品牌的有机产品深受珠江三角及香港地区消费者认可。依托该项目的顺利开展，企业进一步采用"公司＋自有基地＋专业合作社＋农户"的发展模式，扩大当地农业产业化规模。广东省现代农业"五位一体"示范基地的建设将进一步发挥企业的带动效应，加快转变农业发展方式促进农民增收、农业增效。

四、翁源县绿丰农业专业合作社

翁源县气候环境优越，适合多种水果种植。近年来，随着种植规模不断扩大，整体种植技术水平不高、规模较小、基础设施落后等问题也成为制约当地水果产业进一步升级转型的瓶颈。广东省现代农业"五位一体"示范基地之一——翁源县绿丰园农业专业合作社（下称绿丰园合作社）将现代农业设施运用到火龙果种植生产中，走出一条优质高产创新发展之路。

　　绿丰园合作社拥有种植基地 1 150 亩，主要种植火龙果、三华李、蜜桃等名、特、优水果品种。2015 年，在广东省农业厅的支持下，绿丰园合作社建设标准温室大棚 30 亩，配备湿温调控器、智能环境监测系统、水肥一体化等设施，用于火龙果种植和兰花试种，2017 年项目基础建设全部完成。火龙果为热带、亚热带水果，喜温不耐寒，传统露天种植中，农户往往需在冬季对火龙果进行覆膜保温，保温效果较差。通过采用大棚种植，冬季补光和保温效果明显提升，减少霜冻天气对火龙果造成的威胁，延长火龙果采收期。除了利用温室大硼保障作物越冬外，绿丰园合作社将滴灌技术运用到水果栽培中，按照作物不同生长时期的需水量进行供水，最大限度地节约用水量，节省种植成本。除此之外，大棚环境相对独立，可有效避免周边环境对火龙果生长的影响，减少病虫害威胁，降低农药的使用频率。通过采用一系列现代农业设施和管理手段，绿丰园合作社火龙果生产可节水 30%，减少农药使用量 50% 以上，相比露天种植，平均每年可多采收 3 批熟果，产品 100% 符合食品安全国家标准，深受消费者认可。

　　除了将现代农业设施运用到火龙果种植中，绿丰园合作社积极尝试兰花种植。相比普通简易大棚设施，现代农业"五位一体"温室大硼顶部活动顶网可根据关气变化随时开启或关闭，使基地能够更加灵活应对外部关气变化，为兰花生长提供更加适宜的光照和通风条件，保障兰花健康生长。在现代化农业生产设施的帮助下，绿丰园合作社生产出的绿翡翠、企黑等品种的兰花株型好，叶片光泽靓丽，亩产值高达 5 万以上，经济效益明显。

　　广东省现代农业"五位一体"示范基地的建设，使绿丰园合作社逐步走上了规模化种植、标准化生产和产业化经营之路，同时为周边种植户起到了积极的示范带动作用。绿丰园合作社多次协助农业主管部门提供农技培训场地，开展现场观摩会、水果栽培技术培训班，带动周边水果种植户 200 多户，带动特色水果种植 5 000 多亩，使周边农户人均年纯收入得到明显提高，带动翁源县水果产业向机械化、科技化、标准化、信息化、专业化不断发展。

五、湛江市正茂休闲农业观光基地

广东省湛江市南蔬北运基地是我国五大蔬菜生产基地之一，徐闻县是湛江蔬菜生产重要产区。徐闻县正茂蔬菜种植有限公司拥有种植基地 5 000 多亩，其中位于大黄村华丰岭的正茂休闲农业观光基地成为首批广东省现代农业"五位一体"示范基地。

徐闻县地处广东省最南部，北部依靠我国内陆地区，南部毗邻海南，气候温暖，土壤肥沃，是我国冬季的天然温室，是发展反季节蔬菜的天然宝地。但极端天气较多，冬季平均气温偏低，露天种植蔬菜品相、口感均一般。

该基地建设蔬菜大棚 34.1 亩，其中经济大棚 23.3 亩，加强型大棚 10.8 亩，主要以辣椒、叶菜和瓜类种植为主。加强型大棚全部采用钢架结构，高标准网膜，能够抵御十一级台风，保障了在台风季节基地的正常生产。统一建设喷滴管设备，采用水肥一体化技术，采用全程智能化监控设备。智能化监控设备对大棚内温度、湿度、二氧化碳含量、土壤信息进行 24h 监控，并通过远程终进行监控，技术人员可根据终端数据判断棚内环境及作物生长情况，并直接操作实现通风降温、灌溉作物等工作。通过物联网信息化建设，不仅数据反馈及时、准确，而且水肥控制均匀、合理，节省人力成本，真正实现了信息化、智能化。

通过五位一体建设，实现增产增收，以辣椒为例，"五位一体"标准示范大棚产量可达 12 500～15 000kg，均价达 6～8 元/kg，产值较普通大棚种植可提高 30％以上。且在冬季蔬菜产量整体降低时，可连续稳定出产，产品品质、口感均达到市场优质蔬菜水平，市场价格优势明显。实现增产增收。除此之外，该示范基地带动徐闻县大棚种植 1 万亩，提供免费种植技术，对当地反季节蔬菜产业起到了积极的推动作用。

在加快推进农业现代化的同时，大力推动产业转型升级，农业供给侧架构性改革，大力推动特色农业发展，打造农业文化生态观光园。基地规划建设"百果园""百菜园"，规划蔬菜、水果观光带，将人与自然完美融合。园区主要以特色热带水果、蔬菜采摘为主，同时将农耕文化参与体验，园内植物科普介绍，儿童拓展亲子游乐相结合。届时，园区将成为融合种植、休闲、旅游为一体的现代化农业示范园区。

六、梅州华农互联大埔现代农业高新园区

广东华农互联农业科技有限公司大埔现代农业高新园区（下称园区）成立于 2015 年，位于梅州市大埔县百候镇，占地面积317.55 亩，主要种植菜心、小白菜、上海青、南瓜、蜜柚、葡萄、草莓等 30 多个果蔬品种，是梅州市农业龙头企业。

2016 年广东省现代农业"五位一体"示范基地落地该园区，在各级农业部门的支持指导下，园区新建设施大棚 30 亩，并配套水肥一体化、田头冷库及通信、传感等现代农业物联网设施，用于农产品种植、加工、贮藏、运输、销售，打造集机械化、科技化、标准化、信息化、专业化为一体的现代设施农业示范区，是第二批最早建成的"五位一体"基地之一。

大埔县地处粤东山区，冬季气温偏低，极端天气可达 0℃ 以下，严重影响当地蔬菜等作物的稳定生产。通过建设温室大棚，园区技术人员可在不同季节灵活调节棚内温度、光照等条件，棚内全部采用水肥一体化技术，按照土壤养分含量和作物种类的需肥规律，将肥料配置成肥液通过管道和喷头洒向作物，在进行灌溉的同时完成肥料施用。温室大棚和水肥一体化的应用不仅为作物提供了适宜生长的环境，同时还可达到抵御自然灾害、提高水肥利用率、降低病虫害发生率等作用，大大提高了园区生产能力。

设施农业的建设实现了园区农产品全年稳定供应，在提高农作

物产量的同时，园区对农产品质量同样进行严格把控。在日常生产管理中，所有生产资料的使用数量、日期、使用地块、相关作物信息均由专人进行管理登记。农产品成熟上市前，所有产品必须通过严格的质量安全检测，确保其符合国家相关标准。视频、信息传输设备的应用使园区生产、加工、储藏等各环节均全程可监控、可追溯，进一步保障了农产品质量安全。

广东省级现代"五位一体"示范项目的落地实施，极大地带动了园区农业生产效益。目前园区日均生产时令蔬菜可达 1t 以上，"优一鲜"品牌蔬菜远销珠江三角洲地区市场，草莓、葡萄、百香果等水果广受当地居民追捧，节假日前往园区采摘观光的游客络绎不绝，游客对园内农产品品质连连称赞。"优一鲜旗舰店"电子商务平台的正式上线运营，也让优质健康的农产品出现在了更多城市消费者的餐桌上。

依托完善的基础设施，园区将进一步融合生态景观、乡土风情、休闲度假、文化娱乐、科普教育、农事体验等项目，规划打造集游览观光、特色采摘、农耕体验、特色饮食为主的休闲农业和乡村旅游示范区，进一步推动大埔县现代设施农业与休闲农业和乡村旅游的融合发展。

七、惠州市四季绿设施蔬菜基地

惠州市四季绿农产品有限公司（下称四季绿）位于惠阳区平潭镇，是一家集自主研发、种养加工、储存配送、市场营销为一体的全产业链国家级重点农业龙头企业。在惠阳区积极推动设施农业建设的政策支持下，四季绿在当地拥有标准化设施种植基地 2 000 余亩，主要种植蔬菜为主。四季绿技术人员利用标准化大棚进行工厂化育苗，选育出的蔬菜秧植株健康、壮硕，提高了蔬菜种苗成活率，当蔬菜苗生长到一定阶段之后，再由大棚转入大田种植，大田种植环节采用水肥一体化技术对植物进行精细化水肥管理，通过合理利用大棚、喷灌溉设施，可有效缩短蔬菜苗生长时间，甚至可以根据季节和市场需求变化提早或延后成品菜上市时间。此外，四季绿种植基地大面积使用粘虫板，最大程度降低农药使用量或杜绝使用农药，有效提高了蔬菜品质。在保证基地日常生产的基础上，该公司成立四季绿农科院，聘请国内知名蔬菜专家，组建了一批高素质技术团队，依托完善的农业设施，开展传统作物种植技术改良、病虫害防控、新品种研发试验等工作，有效地推动了当地蔬菜种植的规模化、产业化、专业化。

四季绿公司始终坚持"每一颗菜都是一个承诺"的企业理念，研发、种植符合国家相关标准的健康安全特色农产品。该公司"四季绿如蓝"品牌蔬菜外观靓丽，口感品质优良，得到珠江三角洲地区市场广泛认可。近年来随着互联网快速发展，四季绿公司的产品也搭乘电商快车逐步销往全国，得到各地消费者的一致好评。

惠阳区设施农业的发展取得了较好的成效，接下来还将继续投入，积极鼓励引导有条件的企业、合作社因地因时开展设施农业建设，特别是对于规模化发展的企业和合作社、种植大户要分别加以正确引导，各级财政计划安排 7 000 万元用于补助温室大棚建设，计划安排 700 万元用于水肥一体化建设。目前有意向申报相关扶持的企业、合作社已经近 15 家，辐射面积近 3 000 亩。在设施农业大棚普惠性补贴制度的推广下，惠阳区设施农业将实现更大面积的堆广，提高农业综合生产能力，加快推进农业供给侧结构性改革。

八、南雄市优源阳光玫瑰葡萄现代农业产业园

南雄市优源阳光玫瑰葡萄现代农业产业园（下称南雄优源）位于南雄市雄州街道迳口村委会安背村小组八仙洞内，园区占地面积1 500 亩，主要从事阳光玫瑰葡萄的种植、加工、销售。园区以设施化生产和有机化生产为导向，建设有总面积为 1 300 亩的现代种植大棚，致力于打造成为一个集现代设施、生产、加工、科普、旅游、本土文化特色的现代农业产业园。

现代农业设施的发展可有效缓解不同季节气候环境对农业生产造成的不利影响，实现农业高产优质生产。不同于其他示范基地，南雄优源所建设的设施大棚采用独特的"一棚多亩"十一连拱形结

构、"上膜下网两头留门"技术。"一棚多亩"即每一个大棚建设十一连拱连体小棚，拱形棚中间层采用钢架结构搭建，这种结构坚固耐用，可抵御夏季一般台风的影响，最高可抗十级台风；"上膜下网两头留门"即大棚的顶端薄盖高质量薄膜，四周采用铁丝网密封，顶部薄膜可保障棚内作物的光照需求，避免酸雨对棚内环境造成污染和损害，铁丝网可将农作物与外界昆虫进行隔离，使农作物不受虫害侵袭，减少杀虫剂药物的使用，同时也保障棚内空气流通。大棚的两头各留一个进出门，则主要出于人性化考虑，优化大棚整体结构，同时方便劳作人员进出，属经济实用型大棚。

在满足阳光玫瑰葡萄稳定生产所需基本需求的基础上，南雄优源积极发挥科研优势，阳光玫瑰葡萄种植环节全部采用有机种植技术，严格执行有机种植标准，一颗颗水灵灵的葡萄，在有机土壤上生长，以内蒙古羊粪和原生态有机肥混合作为基质，从而保证种植环境的安全、原生态和有机。园区内的每一串葡萄，都是经过精细人工筛选和严格的疏果过程，来精心呵护每一颗葡萄的成长。搭建水肥一体化系统，大幅度提高土地利用率的同时有效阻隔了病虫害的相互传播。完善垂直滴灌管和滴灌带设施，实行精细化管理、精细化操作，追求葡萄的卓越品质。南雄优源"水肥一体化"和"垂直滴灌"示范项目不仅有效提高园区产量，还达到了零排放、无污染的高效现代农业生产水平。

通过采用现代农业生产设备和先进生产管理技术，南雄优源生产的阳光玫瑰葡萄果品肉质细嫩，浓郁多汁，口感清甜，还带有淡淡的玫瑰清香。作为葡萄品种的新贵，每一颗都晶莹剔透，水润饱满，自然成熟后的含糖量高达 22%，是目前最受市场追捧的品种之一，被誉为"葡萄界的爱马仕"，产品深受广大消费者的高度认可和一致好评，产品远销全国各地。南雄优源生产的阳光玫瑰葡萄已于近日通过了国家认监委的审核认证，获得了有机转换认证证书。南雄优源已成为当地现代农业发展的样板区，带动当地农业生产转型升级，加快由传统农业生产模式向现代农业生产模式转变，对当地现代农业发展和建设现代农业产业起到了积极的带动和引领作用。

附录 2 华南地区设施园艺病虫害 绿色防控技术规程

前言

本技术规程按照 GB/T 1.1—2009 给出的规章起草。

1 范围

本技术规范了设施农业主要病虫害绿色防控的术语和定义、防控原则和防控技术，适用于广东省设施农业生产过程中病虫害的绿色防控。

2 规范性引用文件

NY/T 1276 农药安全使用规范 总则

GB 2763—2016 食品安全国家标食品中农药最大残留限量

3 防控原则

坚持"预防为主，综合防治"的植保方针，以农业防治、物理防治、生物防治和生态调控为主，科学合理和安全使用高效低毒低残留农药，有效控制设施环境下作物病虫害，确保设施作物生产安全、质量安全和生态安全。

4 防控对象

4.1 主要防控虫害螨害

4.1.1 烟粉虱

4.1.2 美洲斑潜蝇

4.1.3 蓟马

4.1.4 斜纹夜蛾

4.1.5 棉铃虫

4.1.6 蚜虫

4.1.7 橘小实蝇

4.1.8 二斑叶螨

4.2 主要防控病害

4.2.1 病毒病（黄化曲叶病毒病、花叶病毒病、蕨叶病毒病）

4.2.2 枯萎病

4.2.3 叶霉病

4.2.4 灰霉病

4.2.5 青枯病

4.2.6 白粉病

4.3 次要防控对象

中喙丽金龟、蜗牛、蛞蝓、种蝇、菜粉蝶、卷蛾、霜霉病、溃疡病、炭疽病等。

5 农业防治

5.1 品种选择

根据广东的气候选用抗病抗虫的作物品种，最好选择设施专用品种。樱桃番茄品种推荐浙樱粉 1 号、樱莎红 2 号、樱莎黄 2 号、粤科达 101、粤科达 201、粤科达 301。

黄瓜品种推荐早春 4 号、力丰、津优 1 号、中农 106 号。

南瓜品种推荐广蜜 1 号、东升、丹红 3 号、蜜本南瓜。

甜瓜品种推荐伊丽莎白、银辉。

5.2 温室规划

选择日照充足，地势平整的地块，温室骨架选择优质镀锌钢，肩高不低于 3m，选用耐用透光性好的玻璃、薄膜或日光板。温室出入口搭建缓冲室或防虫帘，缓冲室提供杀菌脚垫、紫外消毒或臭氧消毒。通风处使用 60 目不锈钢防虫网。

5.3 基质配比

基质配比以透气疏水、保水适宜为主，基质混配后，暴晒或 50％多菌灵 800 倍液喷洒消毒。

5.4 壮苗培育

使用 55℃温水泡种或杀虫杀菌种衣剂拌种，使用泥炭土作为育苗基质。育苗温室与其他温室隔离。

5.5 温室管理

5.5.1　温室消毒

高温闷棚，在天气晴朗，室外温度＞30℃以上时，全封闭温室5～7d，使温室内气温达55℃以上。

对营养液池、管道等，使用50％多菌灵800倍液冲洗，然后用清水循环干净。

5.5.2　移栽

由育苗穴盘移栽到温室栽培，使用1次预防性药剂。

5.5.3　栽培管理

适当降低温室湿度，优先使用滴灌，加强排水和通风，覆盖地膜，有条件可以覆盖反光地膜，可以有效破坏烟粉虱等害虫的生存环境，减少危害，及时整枝打杈，修剪残枝败叶。

6　物理防治

6.1　性诱

斜纹夜蛾、烟青虫、小菜蛾、美洲斑潜蝇、橘小实蝇等成虫高发期，采用性诱剂诱捕，每亩悬挂2份性诱剂，每月更新1次，诱捕器高度以与作物最高点中点为宜。

6.2　灯诱

悬挂杀虫灯，每亩悬挂一盏杀虫灯，高度以离地面1.5～2.5m为宜。

6.3　色诱

悬挂黄板，防治烟粉虱、美洲斑潜蝇、种蝇等害虫；悬挂蓝板，防治蓟马等害虫；每亩悬挂10～15张色板。使用色板时，加入性引诱剂效果更好。释放异色瓢虫、茧蜂、姬蜂等天敌时，应该取下黄板。

7　生物防治

7.1　释放天敌

设施环境适宜使用天敌，可以释放草蛉、捕食螨、刀角瓢虫等防治粉虱，释放异色瓢虫捕食蚜虫和鳞翅目卵块，释放寄生蜂防治斑潜蝇。

7.2 生物药剂

使用生物药剂防治设施作物病虫害，应该在病虫害发生初期使用，易取得良好效果；

使用苏云金杆菌、核型多角体病毒、球孢白僵菌防治夜蛾类害虫；

使用枯草芽孢杆菌、荧光假单胞杆菌防治青枯病；

使用淡紫拟青霉防治线虫；

使用香菇多糖、宁南霉素、氨基寡糖素防治病毒病；

使用生物制剂，应该减少化学杀菌剂的使用。

8 化学防治

使用化学药剂，应该遵循《农药管理条例》，不使用禁用农药，不使用剧毒、高毒农药，不超量超范围使用农药，对症下药，做好农药使用记录。药剂安全间隔期内禁止采摘。

8.1 烟粉虱

单株虫数 2～3 头时，优先使用生物防治。虫口基数达到 50 头以上时，叶片正反面都要喷施。

8.2 美洲斑潜蝇

使用内吸性药剂搭配触杀性药剂防治。

8.3 蓟马

重点喷洒作物嫩叶、叶片背面、花部，对基质灌根。

8.4 斜纹夜蛾

四龄后进入暴食期，在四龄前用药。

8.5 棉铃虫

参照斜纹夜蛾。

8.6 蚜虫

单株虫数 2～3 头时，优先使用生物防治。虫口基数达到 50 头以上时，叶片正反面都要喷施。

8.7 橘小实蝇

优先使用甲基丁香酚诱剂诱杀。

8.8 二斑叶螨

重点喷施叶片背部，交替用药，同一药剂一季度不超过一次使用。

8.9 病毒病

以预防为主，对发病严重的植株拔除清理。

8.10 枯萎病

对初发病的植株全面喷施，同时灌根。

8.11 叶霉病

发病初期，及时摘除病叶、病果和严重病枝，全面均匀喷施。发病较重时，清除中心病株再用药。

8.12 灰霉病

好发于草莓种植，重点在三个时期用药，分别是苗期、初花期、果实膨大期。

8.13 青枯病

以灌根为主。

8.14 白粉病

使用硫制剂铲除越冬菌源，发生初期使用保护性和治疗性杀菌剂为主，发生严重时，交替用药，均匀喷施。

附表 2-1 可用于设施园艺作物病虫害防治的部分药剂

病虫害	药剂名称	
	化学药剂	生物药剂或天敌
烟粉虱	螺虫乙酯、溴氰虫酰胺、啶虫脒、呋虫胺、螺虫·噻虫啉	草蛉、刀角瓢虫、斯氏钝绥螨
美洲斑潜蝇	灭蝇胺、阿维·灭蝇胺、溴氰虫酰胺	甘蓝斑潜蝇茧蜂、底比斯釉姬小蜂
蓟马	烯啶·呋虫胺、多杀霉素、噻虫嗪	加州钝绥螨、南方小花蝽
斜纹夜蛾	甲氨基阿维菌素苯甲酸盐、茚虫威、虫酰肼、虱螨脲	苏云金杆菌、核型多角体病毒、球孢白僵菌；叉角厉蝽

（续）

病虫害	药剂名称	
	化学药剂	生物药剂或天敌
蚜虫	溴氰菊酯、呋虫胺、氟啶虫胺腈	异色瓢虫、食蚜蝇
橘小实蝇	噻虫嗪、氯氰·毒死蜱、阿维菌素	目前无商业化生物或天敌
二斑叶螨	阿维菌素、联苯菊酯、哒螨灵、螺螨酯、虫螨腈	胡瓜钝绥螨、加州钝绥螨、巴氏钝绥螨
病毒病	吗胍·硫酸铜、混脂·硫酸铜	香菇多糖、宁南霉素、氨基寡糖素
枯萎病	噁霉灵、苯甲·嘧菌酯、戊唑醇	枯草芽孢杆菌、解淀粉芽孢杆菌、乙蒜素、多粘类芽孢杆菌
叶霉病	甲基硫菌灵、唑醚·氟酰胺、抑霉唑	丁子香酚、甲基营养型芽孢杆菌、枯草芽孢杆菌
灰霉病	氟菌·肟菌酯、唑醚·氟酰胺、嘧霉·异菌脲	丁子香酚、枯草芽孢杆菌、荧光假单胞杆菌
青枯病	噻唑锌、噻森铜、噻菌铜	枯草芽孢杆菌、荧光假单胞杆菌
白粉病	戊唑醇、吡唑醚菌酯、丙环唑、苯醚甲环唑、乙嘧酚、硫黄	

附录3 绿色食品樱桃番茄设施 水培生产技术规程

1 范围

本规程规定了绿色食品樱桃番茄设施水培生产的产地环境条件及生产技术管理。

本规程适用于绿色食品樱桃番茄在塑料大棚的保护设施内的水培生产。

2 规范性引用文件

下列文件对于本文件的应用是必不可少的。凡是注日期的引用文件，仅注日期的版本适用于本文件。凡是不注日期的引用文件，其最新版本（包括所有的修改单）适用于本文件。

GB 4285 农药安全使用标准

GB/T 8321（所有部分）农药合理使用准则

GB 16715.3 瓜菜作物种子 第3部分：茄果类

NY/T 391 绿色食品 产地环境质量标准

NY/T 393 绿色食品 农药使用准则

NY/T 655 绿色食品 茄果类蔬菜

NY/T 658 绿色食品 包装通用准则

NY/T 1056 绿色食品 贮藏运输准则

3 产地环境条件

产地环境条件应符合绿色食品产地环境质量标准（NY/T 391）。选择空气清新、没有工业厂矿污染的地块建造塑料大棚。

4 茬口安排

秋冬栽培：8～9月播种，9～10月移栽，11月至翌年2月采收。

冬春栽培：11～12月播种，12月至翌年1月移栽，3～6月采收。

5 设施的要求

5.1 营养液槽

用于配制贮存营养液。一般置于地下，用砖和水泥砌成，不漏水，其容积大小根据栽种株数而定。

5.2 栽培床

用于种植樱桃番茄的设施，置于地下或地上。为了使栽培床中营养液温度少受气温的影响，同时降低樱桃番茄设施成本，置于地下更为有利。置于地下的栽培床用砖和水泥砌成，要求不漏水。也可以用 PE 板、PVC 板制成栽培床。栽培床的容积在 $1m^3$ 左右，底部设溢水口，上盖 5cm 厚聚苯板，使栽培床与外界环境隔开。聚苯板上开 5～10cm 小洞，用于定植樱桃番茄。

5.3 加液设施

用于供给樱桃番茄营养液，用铁管或 PVC 管制成。营养液槽中装有水泵。在电源处安装上定时器，以便自动控制水泵开关时间。

5.4 回液设施

回液管置于地下，用 PVC 管制成。回液管将栽培床中的溢水口与营养液槽连接起来，使营养液循环使用。

5.5 充氧泵

为增加营养液中溶氧，需使用充氧泵充氧。

5.6 栽培架

栽培架高约 2m，面积 30～50m²，主架用铁管焊成，主管间用铁丝连成网状，用于固定樱桃番茄枝条。

6 种子及其处理

6.1 品种选择

选用优质、高产、抗病、抗逆性强、商品性好、适合市场需求的优良品种。不得使用转基因品种。

6.2 种子质量

应符合 GB 16715.3 的要求。种子纯度＞95％，净度＞98％，发芽率>85％，水分<7.0％。

6.3 种子处理

将种子放在阳光下晒种（早晨或傍晚 2～3h），然后放入 55℃ 热水中，维持水温搅拌 15～20min。捞出并洗净种子后，用温水浸泡 6～8h，沥干水，催芽。

7 播种与育苗

选用塑料大棚育苗设施。采用遮阳、防雨、防虫棚育苗。可采用水培育苗或基质栽培育苗。

7.1 水培育苗

将育苗盘每个孔内装入半孔深的蛭石，每穴放入 2～3 粒种子，覆盖 0.8～1cm 厚的覆盖物，然后将育苗盘及托盘放入半盆深的水中，使覆盖物自然吸收水分。当表层覆盖物湿透时即可拿出，将托盘中的水倒出，再将育苗盘盖上育苗盘盖放入托盘中，放在平稳地方等其发芽。

7.2 基质栽培育苗

基质可选购专门的育苗基质。也可以按照蛭石：珍珠岩：陶粒：泥炭＝1：1：1.5：3 的比例配置，并用绿色食品生产许可使用的消毒剂对基质进行消毒（附表 1）。播种前宜适当补充有益生物菌肥。将配好的基质均匀铺于苗床上，厚度 10cm。每亩用种量 10g。播种前将基质淋透。水渗下后均匀撒播种子，播后覆盖基质 0.8～1.0cm。育苗床面覆盖遮阳、防雨设施。

8 苗期管理

8.1 温度

育苗主要利用遮阳、喷雾降温。

8.2 光照

适当遮光降温。

8.3 水肥

苗期不旱不浇，以控为主。若缺水时，可在晴天浇水，一次浇透，严禁浇大水。在秧苗 3～4 叶时，可视苗况追施苗肥。

9 定植前准备

9.1 棚室准备

定植前 15～20d 修整好大棚，配备防虫网和扣棚膜。栽培前需在顶膜上加盖遮阳网，定植前棚室要进行消毒。

9.2 营养液配方

营养液配方采用华南农业大学番茄营养液专用配方。硝酸钙 $[Ca(NO_3)_2 \cdot 4H_2O]$ 900mg/L、硝酸钾（KNO_3）500mg/L、磷酸二氢铵（$NH_4H_2PO_4$）50mg/L、磷酸二氢钾（KH_2PO_4）150mg/L、硫酸镁（$MgSO_4 \cdot 7H_2O$）300mg/L、螯合铁（EDTA·Na_2Fe）2.8mg/L、硫酸锰（$MnSO_4 \cdot H_2O$）0.5mg/L、硫酸铜（$CuSO_4 \cdot 5H_2O$）0.02mg/L、硫酸锌（$ZnSO_4 \cdot 7H_2O$）0.05mg/L、硼酸（H_3BO_3）0.5mg/L、钼酸铵 $[(NH_4)_6Mo_7O_{24} \cdot 4H_2O]$ 0.01mg/L。

9.3 营养液循环

为了增加营养液的溶氧，同时确保营养液的养分均衡，需将配好的营养液从营养液槽中用水泵输送至栽培床中，使之形成循环。测试营养液的 EC 值、pH 是否符合目标值。可在电源处加装定时器，并与水泵相连，以控制开关泵时间，从而实现加液自动化。根据幼苗生长情况及季节确定开关时间，间断循环加液。

10 定植

10.1 水培苗定植

当番茄幼苗长到 4～5 叶时，从育苗盘中取出幼苗，定植至栽培床的定植穴中，茎的基部用绳子吊到栽培架上。

10.2 基质苗定植

当樱桃番茄幼苗长到 4～5 叶时，将幼苗从基质苗床中取出，将根用清水洗净，不要伤到根茎，然后将其定植至栽培床的定植穴中，茎的基部用绳子吊到栽培架上。

11 田间管理

11.1 温度

大棚四周及顶部昼夜通风，遇雨合上顶部风口；晴天温度高时，在棚膜上覆盖遮阳网或喷洒降温涂料，以防棚内温度过高。

11.2　光照

缓苗期适当遮阳降温。

11.3　空气湿度

根据番茄不同生长阶段对湿度的要求和控制病害的需要，空气相对湿度控制在：缓苗期 80％～90％、幼苗生长期 45％～50％、结果期 60％～70％。可通过通风排湿、温度调控等措施控制湿度。

11.4　营养液管理

营养液 EC 值控制在 2.3～2.8mS/cm，pH 控制在 6.0～6.8，温度控制在 18～20℃，循环时间为 10～20h/d。

11.5　植株管理

11.5.1　整枝

植株高达 35cm 以上时，保留强壮侧枝，及时摘除弱小侧枝和老弱病叶，并将侧枝基部用绳牵引至栽培架上。栽培架上的枝条需要有顺序的均匀分布，互不遮压。

11.5.2　蔬果

应适时适当蔬果。

11.6　病虫害防治

11.6.1　病虫害的种类

苗期主要病虫害：猝倒病、立枯病、病毒病、白粉虱、蚜虫等。

生长期主要病虫害：灰霉病、早疫病、晚疫病、叶霉病、青枯病、病毒病、蓟马、烟粉虱、蚜虫、菜青虫等。

11.6.2　防治原则

以"预防为主，综合防治，保护环境"为植保原则，以物理防治为基础，提倡生物防治，按照病虫害的发生规律，科学使用化学防治技术，有效控制病虫害。

11.6.3　物理防治

设施防护：放风口覆盖防虫网；覆盖塑料薄膜、遮阳网和防虫网，进行避雨、遮阳、防虫栽培，减轻病虫害的发生。

采用黄粘板诱杀蚜虫、白粉虱等；覆盖银灰色反光膜驱避蚜虫；防虫网阻断害虫进入；频振式诱虫灯诱杀成虫。每亩宜悬挂粘虫板 50 个，粘虫板应高出植株 10cm；采用 60 目以上防虫网；频振式诱虫灯每公顷悬挂 1 个为宜。在通风口处罩上涂有黄漆和机油的尼龙网，挂在行间高出植株顶部，每亩 30～40 块，7～10d 涂抹一次机油和黄漆，防治蚜虫及白粉虱效果达 80％～90％。

11.6.4 生物防治

保护或释放天敌，如蚜虫可用瓢虫、蚜茧蜂、蚜霉菌、食蚜蝇等天敌防治，菜青虫等可用赤眼蜂等天敌防治。生物源农药防治，如利用昆虫性信息素诱杀害虫，利用苦参碱防治蚜虫，用苏云金杆菌防治菜青虫。

11.6.5 化学防治

农药应符合 NT/T 393 的要求，农药使用应按照 GB 4285 和 GB/T 8321 或农药产品标签的规定使用。所选农药应允许在番茄上使用，优先使用 AA 级绿色食品生产允许使用的农药，不能满足要求时可选择 A 级绿色食品生产允许使用的农药。注意不同机理农药交替使用，合理复配，严格控制农药安全间隔期。

早疫病用 0.3％多抗霉素可湿性粉剂 500 倍液喷雾，休药期 5d；灰霉病每亩用 50％腐霉利（速克灵）可湿性粉剂 80g 喷雾，休药期 7d；病毒病用 2％宁南霉素可湿性粉剂 200 倍喷雾，休药期 9d；蚜虫每亩用 70％吡虫啉可湿性粉剂 2g 喷雾，休药期 9d。

12 采收与包装

12.1 采收标准

长期贮藏的番茄可在绿熟期采收；长距离运输或需暂时贮藏的可在转色期进行采收；鲜食番茄可在果实自然红熟、色艳、商品性佳时采收。产品质量应符合 NY/T 655 的要求。

12.2 包装

应符合 NT/T 658 的规定。

12.3 贮藏运输

贮藏运输应符合 NT/T 1056 的规定。长期贮藏，温度以 11～13℃为宜，湿度宜保持在 90％。

12.4　生产档案

建立田间生产档案。对绿色食品樱桃番茄的生产技术、病虫害防治中各环节所采取的措施进行详细记录，并妥善保存 2 年以上。

附表 3-1　绿色食品番茄基质、苗床消毒方法

消毒对象	农药名称	使用方法
基质	98％棉隆微粒剂	每立方米基质加 98％棉隆微粒剂 150g 混合均匀，加水使其保持 60％～70％的相对湿度，覆盖塑料薄膜，密闭 7～10d，揭膜疏松，并使之充分散气至少 7d 以上
苗床 分苗容器	80％代森锰锌 30％噁霉灵	分苗前一天每平方米苗床喷洒 80％代森锰锌 600 倍液或 30％噁霉灵 1 200 倍液 1mL，分苗容器喷洒均匀即可

（黄晓梅）

<<< 参 考 文 献 >>>

河南省质量技术监督局 . DB41/T 1054—2015 绿色食品 番茄生产技术规程 ［M］.

刘增鑫，2002. 新颖神奇的水培蔬菜——番茄树 ［J］. 农业新技术（3）：8-9.

万正林，李立志，武鹏，等，2012. 南方樱桃番茄树设施生产技术规程 ［J］. 热带农业工程，36（4）：11-13.

张亚丽，李红军，戚国富，等，2014. 绿色食品番茄生产技术规程 ［J］. 园林生态（1）：89-90.

聂俊，吕娜，李艳红，等，2018. 不同栽培方式对番茄产量及品质的影响 ［J］. 广东农业科学，45（6）：25-29.

附录4 国家禁用和限用的农药名单

附表 4-1 国家禁用和限用的农药名单（66种）

农药名称	禁/限用范围	备 注	农业农村部公告
氟苯虫酰胺	水稻作物	自 2018 年 10 月 1 日起禁止使用	农业部公告第 2445 号
涕灭威	蔬菜、果树、茶叶、中草药材		农农发〔2010〕2 号
内吸磷	蔬菜、果树、茶叶、中草药材		农农发〔2010〕2 号
灭线磷	蔬菜、果树、茶叶、中草药材		农农发〔2010〕2 号
氯唑磷	蔬菜、果树、茶叶、中草药材		农农发〔2010〕2 号
硫环磷	蔬菜、果树、茶叶、中草药材		农农发〔2010〕2 号
乙酰甲胺磷	蔬菜、瓜果、茶叶、菌类和中草药材作物	自 2019 年 8 月 1 日起禁止使用（包括含其有效成分的单剂、复配制剂）	农业部公告第 2552 号
乐果	蔬菜、瓜果、茶叶、菌类和中草药材作物	自 2019 年 8 月 1 日起禁止使用（包括含其有效成分的单剂、复配制剂）	农业部公告第 2552 号
丁硫克百威	蔬菜、瓜果、茶叶、菌类和中草药材作物	自 2019 年 8 月 1 日起禁止使用（包括含其有效成分的单剂、复配制剂）	农业部公告第 2552 号
三唑磷	蔬菜		农业部公告第 2032 号

（续）

农药名称	禁/限用范围	备　注	农业农村部公告
毒死蜱	蔬菜		农业部公告第 2032 号
硫丹	苹果树、茶树		农业部公告第 1586 号
	农业	自 2018 年 7 月 1 日起，撤销含硫丹产品的农药登记证；自 2019 年 3 月 26 日起，禁止含硫丹产品在农业上使用	农业部公告第 2552 号
治螟磷	农业	禁止生产、销售和使用	农业部公告第 1586 号
蝇毒磷	农业	禁止生产、销售和使用	农业部公告第 1586 号
特丁硫磷	农业	禁止生产、销售和使用	农业部公告第 1586 号
砷类	农业	禁止生产、销售和使用	农农发〔2010〕2 号
杀虫脒	农业	禁止生产、销售和使用	农农发〔2010〕2 号
铅类	农业	禁止生产、销售和使用	农农发〔2010〕2 号
氯磺隆	农业	禁止在国内销售和使用（包括原药、单剂和复配制剂）	农业部公告第 2032 号
六六六	农业	禁止生产、销售和使用	农农发〔2010〕2 号
硫线磷	农业	禁止生产、销售和使用	农业部公告第 1586 号
磷化锌	农业	禁止生产、销售和使用	农业部公告第 1586 号
磷化镁	农业	禁止生产、销售和使用	农业部公告第 1586 号
磷化铝（规范包装的产品除外）	农业	①规范包装：磷化铝农药产品应当采用内外双层包装。外包装应具有良好密闭性，防水防潮防气体外泄。内包装应具有通透性，便于直接熏蒸使用。内、外包装均应标注高毒标志及"人畜居住场所禁止使用"等注意事项。②自 2018 年 10 月 1 日起，禁止销售、使用其他包装的磷化铝产品	农业部公告第 2445 号

（续）

农药名称	禁/限用范围	备　注	农业农村部公告
磷化钙	农业	禁止生产、销售和使用	农业部公告第 1586 号
磷胺	农业	禁止生产、销售和使用	农农发〔2010〕2 号
久效磷	农业	禁止生产、销售和使用	农农发〔2010〕2 号
甲基硫环磷	农业	禁止生产、销售和使用	农业部公告第 1586 号
甲基对硫磷	农业	禁止生产、销售和使用	农农发〔2010〕2 号
甲磺隆	农业	禁止在国内销售和使用（包括原药、单剂和复配制剂）；保留出口境外使用登记	农业部公告第 2032 号
甲胺磷	农业	禁止生产、销售和使用	农农发〔2010〕2 号
汞制剂	农业	禁止生产、销售和使用	农农发〔2010〕2 号
甘氟	农业	禁止生产、销售和使用	农农发〔2010〕2 号
福美胂	农业	禁止在国内销售和使用	农业部公告第 2032 号
福美甲胂	农业	禁止在国内销售和使用	农业部公告第 2032 号
氟乙酰胺	农业	禁止生产、销售和使用	农农发〔2010〕2 号
氟乙酸钠	农业	禁止生产、销售和使用	农农发〔2010〕2 号
二溴乙烷	农业	禁止生产、销售和使用	农农发〔2010〕2 号
二溴氯丙烷	农业	禁止生产、销售和使用	农农发〔2010〕2 号
对硫磷	农业	禁止生产、销售和使用	农农发〔2010〕2 号
毒鼠强	农业	禁止生产、销售和使用	农农发〔2010〕2 号
毒鼠硅	农业	禁止生产、销售和使用	农农发〔2010〕2 号
毒杀芬	农业	禁止生产、销售和使用	农农发〔2010〕2 号
地虫硫磷	农业	禁止生产、销售和使用	农业部公告第 1586 号
敌枯双	农业	禁止生产、销售和使用	农农发〔2010〕2 号
狄氏剂	农业	禁止生产、销售和使用	农农发〔2010〕2 号
滴滴涕	农业	禁止生产、销售和使用	农农发〔2010〕2 号
除草醚	农业	禁止生产、销售和使用	农农发〔2010〕2 号

（续）

农药名称	禁/限用范围	备 注	农业农村部公告
草甘膦混配水剂（草甘膦含量低于 30%）	农业	2012 年 8 月 31 日前生产的，在其产品质量保证期内可以销售和使用	农业部公告第 1744 号
苯线磷	农业	禁止生产、销售和使用	农业部公告第 1586 号
百草枯水剂	农业	禁止在国内销售和使用	农业部公告第 1745 号
胺苯磺隆	农业	禁止在国内销售和使用（包括原药、单剂和复配制剂）	农业部公告第 2032 号
艾氏剂	农业	禁止生产、销售和使用	农农发〔2010〕2 号
丁酰肼（比久）	花生		农农发〔2010〕2 号
灭多威	柑橘树、苹果树、茶树、十字花科蔬菜		农业部公告第 1586 号
水胺硫磷	柑橘树		农业部公告第 1586 号
杀扑磷	柑橘树		农业部公告第 2289 号
克百威	蔬菜、果树、茶叶、中草药材		农农发〔2010〕2 号
	甘蔗作物	自 2018 年 10 月 1 日起禁止使用	农业部公告第 2445 号
甲基异柳磷	蔬菜、果树、茶叶、中草药材		农农发〔2010〕2 号
	甘蔗作物	自 2018 年 10 月 1 日起禁止使用	农业部公告第 2445 号
甲拌磷	蔬菜、果树、茶叶、中草药材		农农发〔2010〕2 号
	甘蔗作物	自 2018 年 10 月 1 日起禁止使用	农业部公告第 2445 号

（续）

农药名称	禁/限用范围	备 注	农业农村部公告
氧乐果	甘蓝、柑橘树		农农发〔2010〕2号、农业部公告第1586号
氟虫腈	除卫生用、玉米等部分旱田种子包衣剂外	禁止在除卫生用、玉米等部分旱田种子包衣剂外的其他方面使用	农业部公告第1157号
溴甲烷	草莓、黄瓜		农业部公告第1586号
	除土壤熏蒸外的其他方面	登记使用范围和施用方法变更为土壤熏蒸，撤销除土壤熏蒸外的其他登记；应在专业技术人员指导下使用	农业部公告第2289号
	农业	自2019年1月1日起，将含溴甲烷产品的农药登记使用范围变更为"检疫熏蒸处理"，禁止含溴甲烷产品在农业上使用	农业部公告第2552号
氯化苦	除土壤熏蒸外的其他方面	登记使用范围和施用方法变更为土壤熏蒸，撤销除土壤熏蒸外的其他登记；应在专业技术人员指导下使用	农业部公告第2289号
三氯杀螨醇	茶树		农农发〔2010〕2号
	农业	自2018年10月1日起禁止使用	农业部公告第2445号
氰戊菊酯	茶树		农农发〔2010〕2号

附表 4-2　其他 3 种采取管理措施的农药名单

农药名称	管理措施	农业部公告
2，4-滴丁酯	不再受理、批准 2，4-滴丁酯（包括原药、母药、单剂、复配制剂）的田间试验和登记申请；不再受理、批准其境内使用的续展登记申请。保留原药生产企业该产品的境外使用登记，原药生产企业可在续展登记时申请将现有登记变更为仅供出口境外使用登记	农业部公告第 2445 号
百草枯	不再受理、批准百草枯的田间试验、登记申请，不再受理、批准其境内使用的续展登记申请。保留母药生产企业该产品的出口境外使用登记，母药生产企业可在续展登记时申请将现有登记变更为仅供出口境外使用登记	农业部公告第 2445 号
八氯二丙醚	撤销已经批准的所有含有八氯二丙醚的农药产品登记；不得销售含有八氯二丙醚的农药产品	农业部公告第 747 号

附表 4-3　限制使用农药名录（2017 版）

限制规定	农业部公告
甲拌磷、甲基异柳磷、克百威、磷化铝、硫丹、氯化苦、灭多威、灭线磷、水胺硫磷、涕灭威、溴甲烷、氧乐果、百草枯、2，4-滴丁酯、C 型肉毒梭菌毒素、D 型肉毒梭菌毒素、氟鼠灵、敌鼠钠盐、杀鼠灵、杀鼠醚、溴敌隆、溴鼠灵（以上 22 种农药实行定点经营）、丁硫克百威、丁酰肼、毒死蜱、氟苯虫酰胺、氟虫腈、乐果、氰戊菊酯、三氯杀螨醇、三唑磷、乙酰甲胺磷	农业部公告第 2567 号

　　注：列入本名录的 32 种农药，标签应当标注"限制使用"字样，并注明使用的特别限制和特殊要求；用于食用农产品的，标签还应当标注安全间隔期。

附录 5　常用高效低毒农药名称

一、霜霉病

农药名称	农药类别	剂型	总含量
吡醚·代森联	杀菌剂	水分散粒剂	60%
烯酰·嘧菌酯	杀菌剂	悬浮剂	50%
烯酰·异菌脲	杀菌剂	悬浮剂	51%
烯肟·霜脲氰	杀菌剂	可湿性粉剂	25%
霜脲·嘧菌酯	杀菌剂	水分散粒剂	60%
烯酰·唑嘧菌	杀菌剂	悬浮剂	47%
精甲霜·锰锌	杀菌剂	水分散粒剂	68%
苦参·蛇床素	杀菌剂	水剂	1.5%
甲霜·锰锌	杀菌剂	可湿性粉剂	58%
霜脲·锰锌	杀菌剂	水分散粒剂	44%
苯甲·霜霉威	杀菌剂	悬浮剂	63%
烯酰·嘧菌酯	杀菌剂	悬浮剂	50%
霜脲·嘧菌酯	杀菌剂	水分散粒剂	60%
唑醚·丙森锌	杀菌剂	水分散粒剂	50%
丙森·缬霉威	杀菌剂	可湿性粉剂	66.8%
氰霜·嘧菌酯	杀菌剂	悬浮剂	35%
烯酰·霜脲氰	杀菌剂	悬浮剂	40%
烯酰·吡唑酯	杀菌剂	悬浮剂	45%

二、灰霉病

农药名称	农药类别	剂型	总含量
氟菌·肟菌酯	杀菌剂	悬浮剂	43%
唑醚·氟酰胺	杀菌剂	悬浮剂	42.4%
嘧霉·异菌脲	杀菌剂	悬浮剂	40%
嘧环·咯菌腈	杀菌剂	水分散粒剂	62%
异菌·腐霉利	杀菌剂	悬浮剂	40%
唑醚·啶酰菌	杀菌剂	水分散粒剂	38%
啶酰·异菌脲	杀菌剂	悬浮剂	35%
嘧霉·异菌脲	杀菌剂	悬浮剂	40%
双胍·吡唑酯	杀菌剂	可湿性粉剂	24%
嘧环·咯菌腈	杀菌剂	水分散粒剂	62.0%
啶酰·嘧菌酯	杀菌剂	悬浮剂	27%
嘧环·咯菌腈	杀菌剂	悬浮剂	25%
唑醚·啶酰胺	杀菌剂	悬浮剂	35%
嘧霉·咯菌腈	杀菌剂	悬浮剂	40%

三、病毒病

农药名称	农药类别	剂型	总含量
吗胍·硫酸铜	杀菌剂	水剂	1.5%
混脂·硫酸铜	杀菌剂	水乳剂	24%
寡糖·链蛋白	杀菌剂	可湿性粉剂	6%
寡糖·吗呱	杀菌剂	可溶粉剂	31%
氨基寡糖素	杀菌剂	水剂	5%
葡聚烯糖	杀菌剂	可溶粉剂	0.5%
盐酸吗啉胍	杀菌剂	可溶粉剂	5%
宁南霉素	杀菌剂	水剂	8%
香菇多糖	杀菌剂	水剂	1%
香菇多糖	杀菌剂	水剂	0.5%

四、白粉病

农药名称	农药类别	剂型	总含量
戊唑醇	杀菌剂	水乳剂	25%
粉唑醇	杀菌剂	悬浮剂	25%
吡唑醚菌酯	杀菌剂	水分散粒剂	20%
硫黄	杀菌剂	干悬浮剂	80%
唑醚·啶酰菌	杀菌剂	悬浮剂	38%
氟菌唑	杀菌剂	可湿性粉剂	30%
丙环唑	杀菌剂	乳油	250g/L
苯醚甲环唑	杀菌剂	水分散粒剂	10%
戊唑醇	杀菌剂	水乳剂	250g/L
咪鲜胺	杀菌剂	乳油	25%
叶菌唑	杀菌剂	水分散粒剂	50%
烯唑醇	杀菌剂	可湿性粉剂	12.5%
戊唑醇	杀菌剂	悬浮剂	430g/L
硝苯·嘧菌酯	杀菌剂	悬乳剂	36%
苯甲·丙环唑	杀菌剂	悬浮剂	30%
醚菌酯	杀菌剂	可湿性粉剂	30%
戊菌唑	杀菌剂	乳油	10%
丙环唑	杀菌剂	乳油	250g/L
氟菌唑	杀菌剂	可湿性粉剂	40%
戊唑醇	杀菌剂	悬浮剂	430g/L
苯甲·醚菌酯	杀菌剂	悬浮剂	40%
乙嘧酚	杀菌剂	悬浮剂	25%
烯肟·戊唑醇	杀菌剂	悬浮剂	20%
硅唑·多菌灵	杀菌剂	悬浮剂	40%
嘧菌酯	杀菌剂	悬浮剂	250g/L
氟环唑	杀菌剂	悬浮剂	12.5%
锰锌·腈菌唑	杀菌剂	可湿性粉剂	62.25%
甲基硫菌灵	杀菌剂	可湿性粉剂	50%
腈菌·福美双	杀菌剂	可湿性粉剂	20%

（续）

农药名称	农药类别	剂型	总含量
醚菌酯	杀菌剂	水分散粒剂	50%
三唑酮	杀菌剂	可湿性粉剂	25%
枯草芽孢杆菌	杀菌剂	可湿性粉剂	1 000 亿孢子/g
腈菌唑	杀菌剂	乳油	25%
咪鲜·己唑醇	杀菌剂	微乳剂	28%
醚菌酯	杀菌剂	水分散粒剂	50%
氟菌唑	杀菌剂	可湿性粉剂	30%

五、青枯病

农药名称	农药类别	剂型	总含量
噻唑锌	杀菌剂	悬浮剂	40%
蜡质芽孢杆菌	杀菌剂	可湿性粉剂	20 亿孢子/克
噻森铜	杀菌剂	悬浮剂	30%
多粘类芽孢杆菌	杀菌剂	细粒剂	0.1 亿 CFU/g
海洋芽孢杆菌	杀菌剂	可湿性粉剂	10 亿 CFU/g
溴菌·壬菌铜	杀菌剂	微乳剂	25%
氯化苦	杀菌剂	液剂	99.5%
甲霜·福美双	杀菌剂	可湿性粉剂	35%
多粘类芽孢杆菌	杀菌剂	可湿性粉剂	10 亿 CFU/g
氯尿·硫酸铜	杀菌剂	可溶粉剂	52%
解淀粉芽孢杆菌 PQ21	杀菌剂	可湿性粉剂	200 亿孢子/克
中生·寡糖素	杀菌剂	可湿性粉剂	10%
中生菌素	杀菌剂	可湿性粉剂	3%
解淀粉芽孢杆菌	杀菌剂	可湿性粉剂	10 亿 CFU/g
多粘类芽孢杆菌 KN-03	杀菌剂	悬浮剂	5 亿 CFU/g
噻菌铜	杀菌剂	悬浮剂	20%
荧光假单胞杆菌	杀菌剂	粉剂	3 000 亿个/g
甲霜·噁霉灵	杀菌剂	可湿性粉剂	45%

（续）

农药名称	农药类别	剂型	总含量
多粘类芽孢杆菌	杀菌剂	可湿性粉剂	10 亿 CFU/g
枯草芽孢杆菌	杀菌剂	可湿性粉剂	100 亿芽孢/g
甲霜·福美双	杀菌剂	可湿性粉剂	43%
三氯异氰尿酸	杀菌剂	可湿性粉剂	42%

六、炭疽病

农药名称	农药类别	剂型	总含量
戊唑醇	杀菌剂	水乳剂	25%
苯甲·嘧菌酯	杀菌剂	悬浮剂	325g/L
咪鲜胺铜盐	杀菌剂	悬浮剂	50%
咪鲜胺	杀菌剂	乳油	25%
咪铜·多菌灵	杀菌剂	悬浮剂	38%
二氰蒽醌	杀菌剂	水分散粒剂	66%
戊唑醇	杀菌剂	悬浮剂	430g/L
吡唑醚菌酯	杀菌剂	乳油	250g/L
咪鲜胺	杀菌剂	乳油	25%
福·福锌	杀菌剂	可湿性粉剂	80%
苯甲·嘧菌酯	杀菌剂	悬浮剂	325g/L
福·福锌	杀菌剂	可湿性粉剂	80%
代森锌	杀菌剂	可湿性粉剂	80%
苯醚·甲硫	杀菌剂	可湿性粉剂	40%
氟啶胺	杀菌剂	悬浮剂	500g/L
代森锰锌	杀菌剂	可湿性粉剂	50%
苯醚甲环唑	杀菌剂	悬浮剂	40%
嘧菌酯	杀菌剂	悬浮剂	250g/L
苯醚甲环唑	杀菌剂	微乳剂	10%
二氰蒽醌	杀菌剂	悬浮剂	22.7%
嘧菌·百菌清	杀菌剂	悬浮剂	560g/L

（续）

农药名称	农药类别	剂型	总含量
苯甲·嘧菌酯	杀菌剂	悬浮剂	30％
甲硫·锰锌	杀菌剂	可湿性粉剂	50％
福·福锌	杀菌剂	可湿性粉剂	40％
咪鲜胺	杀菌剂	乳油	25％
琥胶肥酸铜	杀菌剂	可湿性粉剂	30％

七、早疫病

农药名称	农药类别	剂型	总含量
多菌灵	杀菌剂	水分散粒剂	80％
苯醚甲环唑	杀菌剂	水分散粒剂	10％
异菌脲	杀菌剂	悬浮剂	500g/L
烯酰·吡唑酯	杀菌剂	水分散粒剂	19％
异菌·福美双	杀菌剂	可湿性粉剂	50％
代森锌	杀菌剂	可湿性粉剂	65％
代森锰锌	杀菌剂	可湿性粉剂	80％
琥铜·甲霜灵	杀菌剂	可湿性粉剂	50％
百菌清	杀菌剂	悬浮剂	54％
啶酰菌胺	杀菌剂	水分散粒剂	50％
噁酮·霜脲氰	杀菌剂	水分散粒剂	52.5％
唑醚·氟酰胺	杀菌剂	悬浮剂	42.4％
醚菌酯	杀菌剂	悬浮剂	30％
啶酰菌胺	杀菌剂	水分散粒剂	50％
嘧菌酯	杀菌剂	悬浮剂	250g/L
苯甲·百菌清	杀菌剂	悬浮剂	44％
百菌清	杀菌剂	悬浮剂	40％
肟菌·戊唑醇	杀菌剂	水分散粒剂	75％
异菌脲	杀菌剂	悬浮剂	500g/L
苯醚甲环唑	杀菌剂	水分散粒剂	10％

八、晚疫病

农药名称	农药类别	剂型	总含量
烯酰·吡唑酯	杀菌剂	水分散粒剂	18.7%
烯酰吗啉	杀菌剂	可湿性粉剂	50%
烯酰·锰锌	杀菌剂	可湿性粉剂	69%
烯酰·噻霉酮	杀菌剂	水分散粒剂	80%
氟啶胺	杀菌剂	可湿性粉剂	50%
甲霜·嘧菌酯	杀菌剂	悬浮剂	30%
氨基寡糖素	杀菌剂	水剂	0.5%
氟啶胺	杀菌剂	悬浮剂	500g/L
代森锰锌	杀菌剂	可湿性粉剂	70%
多抗霉素	杀菌剂	可湿性粉剂	3%
双炔酰菌胺	杀菌剂	悬浮剂	23.4%
霜脲·嘧菌酯	杀菌剂	水分散粒剂	60%
波尔·甲霜灵	杀菌剂	可湿性粉剂	85%
噁酮·霜脲氰	杀菌剂	水分散粒剂	52.5%
氢氧化铜	杀菌剂	水分散粒剂	46%
氟菌·霜霉威	杀菌剂	悬浮剂	70%
氰霜·嘧菌酯	杀菌剂	悬浮剂	35%
氟噻唑吡乙酮	杀菌剂	可分散油悬浮剂	10%
氨基寡糖素	杀菌剂	水剂	0.5%
烯酰·吡唑酯	杀菌剂	水分散粒剂	18.7%
百菌清	杀菌剂	水分散粒剂	75%
丁子香酚	杀菌剂	可溶液剂	0.3%
氨基寡糖素	杀菌剂	水剂	0.5%
嘧菌酯	杀菌剂	水分散粒剂	60%
精甲·百菌清	杀菌剂	悬浮剂	440g/L

（续）

农药名称	农药类别	剂型	总含量
烯酰·氟啶胺	杀菌剂	悬浮剂	40％
氟菌·锰锌	杀菌剂	可湿性粉剂	60％
肟菌酯	杀菌剂	悬浮剂	30％
氟啶胺	杀菌剂	悬浮剂	50％
枯草芽孢杆菌	杀菌剂	可湿性粉剂	1 000 亿芽孢/g
氟嘧·百菌清	杀菌剂	悬浮剂	51％

九、粉虱

农药名称	剂型	总含量
螺虫乙酯	悬浮剂	50％
溴氰虫酰胺	悬浮剂	10％
啶虫脒	水分散粒剂	70％
	可溶液剂	20％
呋虫胺	水分散粒剂	60％
		20％
螺虫·噻虫啉	悬浮剂	22％

十、叶螨

农药名称	剂型	总含量
阿维菌素	乳油	1.8％
联苯菊酯	悬浮剂	25g/L
哒螨灵	乳油	15％
螺螨酯	悬浮剂	240g/L
虫螨腈	悬浮剂	240g/L

十一、夜蛾

农药名称	剂型	总含量
甲氨基阿维菌素苯甲酸盐	微乳剂	0.5
茚虫威	悬浮剂	150g/l
虫酰肼	悬浮剂	24％
虱螨脲	乳油	10％

十二、蓟马

农药名称	剂型	总含量
球孢白僵菌	可湿性粉剂	150 亿孢子/g 50 亿孢子/g
烯啶·呋虫胺	可湿性粉剂	60％
多杀霉素	悬浮剂	25g/L
噻虫嗪	悬浮剂	21％

十三、小菜蛾

农药名称	剂型	总含量
甲维·丁醚脲	悬浮剂	43.7％
苏云金杆菌	悬浮剂	6000IU/μL
茚虫威	乳油	150g/L
氰虫·灭幼脲	悬浮剂	30％

十四、菜青虫

农药名称	剂型	总含量
溴氰菊酯	乳油	25g/L 20%
甲维·虱螨脲	水分散粒剂	45%
氰·鱼藤	乳油	1.3%
苏云金杆菌	悬浮剂	6000IU/μL
除虫脲	可湿性粉剂	25%

十五、实蝇

农药名称	剂型	总含量
噻虫嗪	饵剂	1%
氯氰·毒死蜱	乳油	55%
阿维菌素	浓饵剂	0.1%
地中海实蝇引诱剂	诱芯	95%
假丝酵母	饵剂	20%

十六、蚜虫

农药名称	剂型	总含量
溴氰菊酯	乳油	25g/L
呋虫胺	悬浮剂	20%
金龟子绿僵菌 CQMa421	可分散油悬浮剂	80 亿孢子/mL
氟啶虫胺腈	悬浮剂	22%

图书在版编目（CIP）数据

现代设施园艺新品种新技术 / 郑锦荣等编著 . —北京：中国农业出版社，2020.1
ISBN 978-7-109-26346-8

Ⅰ.①现…　Ⅱ.①郑…　Ⅲ.①园艺－设施农业－研究
Ⅳ.①S62

中国版本图书馆 CIP 数据核字（2019）第 289404 号

中国农业出版社出版
地址：北京市朝阳区麦子店街 18 号楼
邮编：100125
责任编辑：浮双双　国　圆　郭晨茜
版式设计：杜　然　责任校对：沙凯霖
印刷：北京通州皇家印刷厂
版次：2020 年 1 月第 1 版
印次：2020 年 1 月北京第 1 次印刷
发行：新华书店北京发行所
开本：880mm×1230mm　1/32
印张：9.25　插页：8
字数：280 千字
定价：28.00 元
